人文社会科学与生态文明建设丛书

生态文明的伦理诉求

张云飞　著

中国环境出版集团·北京

图书在版编目（CIP）数据

生态文明的伦理诉求/张云飞著. —北京：中国环境出版集团，2023.3
（人文社会科学与生态文明建设丛书/洪大用主编）
ISBN 978-7-5111-5420-0

Ⅰ. ①生… Ⅱ. ①张… Ⅲ. ①生态环境建设—生态伦理学—研究—中国 Ⅳ. ①X321.2②B82-058

中国版本图书馆 CIP 数据核字（2022）第 248520 号

出 版 人 武德凯
策划编辑 李修棋 周 煜
责任编辑 周 煜 宋慧敏 钱冬昀
封面设计 宋 瑞

出版发行 中国环境出版集团
（100062 北京市东城区广渠门内大街 16 号）
网 址：http://www.cesp.com.cn
电子邮箱：bjgl@cesp.com.cn
联系电话：010-67112765（编辑管理部）
发行热线：010-67125803，010-67113405（传真）
印 刷 北京中科印刷有限公司
经 销 各地新华书店
版 次 2023 年 3 月第 1 版
印 次 2023 年 3 月第 1 次印刷
开 本 787×960 1/16
印 张 28.5
字 数 290 千字
定 价 118.00 元

前　言

生态兴则文明兴，生态衰则文明衰。生态文明是人与自然和谐共生达到的程度和水平，是人化自然和人工自然积极进步的成果总和。生态文明是人类时时处处都需要的文明。从文明形态的演进来看，它是贯穿于渔猎文化、农业文明、工业文明、智能文明等人类文明始终的基本要求（见图 1）。从文明系统的构成来看，它与物质文明、政治文明、精神文明、社会文明等共同构成了人类文明系统的要素（见图 2）。从逻辑语义来看，生态文明是取代和超越生态蒙昧和生态野蛮的产物，而不是超越和取代工业文明的新的文明。从社会性质来看，社会主义生态文明是战胜资本主义生态危机、取代和超越生态资本主义（自然资本主义、绿色资本主义）的科学抉择，是走向人道主义和自然主义相统一的共产主义理想的现实过程。

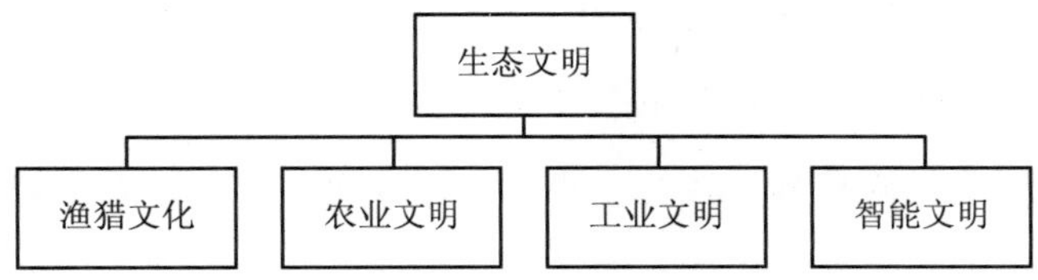

图 1　生态文明在文明形态中的位置

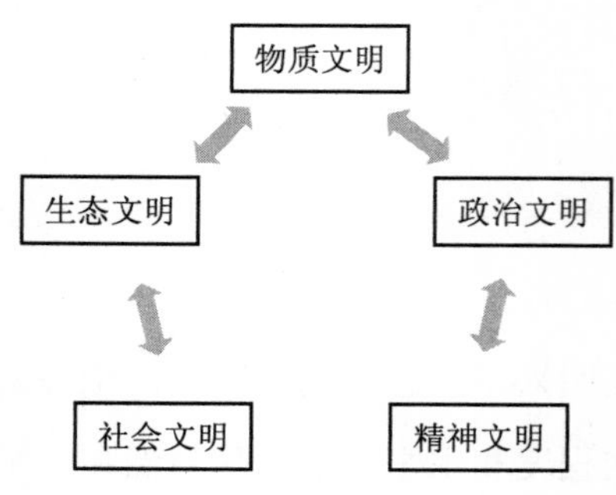

图 2　生态文明在文明系统中的地位

作为一个复杂的整体，生态文明有自己的伦理表征和伦理表现——生态伦理。在一般的意义上，可以将生态文明看作是由生态环境系统、生态经济系统、生态政治系统、生态文化系统、生态社会系统构成的整体。在中国特色社会主义进入新时代的情况下，根据问题导向和目标导向相统一的原则，我们强调，加快解决历史交汇期的生态环境问题，必须加快构建生态文明体系。即，加快建立健全以生态价值观念为准则的生态文化体系，以产业生态化和生态产业化为主体的生态经济体系，以改善生态环境质量为核心的目标责任体系，以治理体系和治理能力现代化为保障的生态文明制度体系，以生态系统良性循环和环境风险有效防控为重点的生态安全体系。[1] 无论如何，生态伦理是生态文化体系的重要构成部分，生态文化体系是生

1 习近平：《论坚持人与自然和谐共生》，北京：中央文献出版社，2022 年，第 14-15 页。

态文明体系的重要构成部分。科学的生态伦理可以为生态文明建设提供正确的伦理导引和伦理支撑，因此，我们应该将生态文明上升为社会主流价值观，纳入社会主义核心价值体系和核心价值观当中。显然，社会主义生态文明同样有自己的伦理形态。为此，我们必须加强生态伦理学研究，为弘扬社会主义生态道德和张扬社会主义生态正义提供学科支撑。[1]

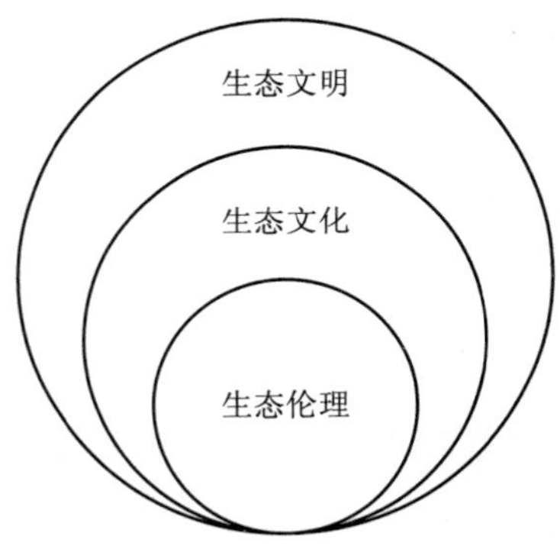

图 3　生态伦理的方位

生态伦理学是研究生态道德和生态正义的交叉学科，是道德生态化和生态道德化相统一的科学，是正义生态化和生态正义化相统一的科学产物。生态道德是调节和评价人与自然交往行为的规范体系，集中表明了人与自然交往行为的善恶选择。生态正义是关涉人与自然关系的人与人交往的正义诉求体系，

---

1 按照新中国马克思主义伦理学的研究传统，我们将伦理学看作是研究道德的学科，将道德看作是调节和评价人类行为的规范体系。

集中表明了生态环境“善物”和生态环境“恶物”在不同人群中的配置方式。生态道德和生态正义构成了生态伦理学的“双螺旋”结构。

生态伦理学是不同于环境伦理学的学科范式。尽管国内外生态中心主义者所讲的“环境伦理学”与我们所讲的生态伦理学似乎相近或相同，但从语义学上来看，环境伦理学只能是一种应用伦理学，而以反人类中心主义自居的“环境伦理学”本身具有“人类中心主义”的色彩。这在于，“环境”总是人周围的环境。相比之下，“生态”讲的是人与环境的不可分割性。因此，只有生态伦理学才能在生态道德和生态正义方面充当起“哥白尼革命”的角色。科学的生态伦理学只能是坚持人与自然和谐共生的伦理学或坚持人与自然是生命共同体的伦理学，而不可能是走出人类中心主义、走进生态中心主义的环境伦理学。

开展生态伦理学研究，必须坚持以马克思主义为指导，坚持以生态科学、环境科学、地球科学、系统科学等为科学基础，坚持将本来、外来、未来统一起来，坚持综合创新。

为了抵制西方中心主义和生态中心主义对我国社会主义生态文明建设的消极影响，我们有必要从中国传统生态文化中汲取营养，坚持对民族生态文化的自觉和自信。习近平总书记指出：“中华民族历来讲求人与自然和谐发展，中华文明积累了丰富的生态文明思想。”[1] 党的二十大报告进一步指出，“天人合一”，“同科学社会主义价值观主张具有高度契合性”[2]。在这个意义上，中华文明中存在着丰富的生态伦理资源。当然，我们也要看到中国传统生态文化的历史和阶级的局限，努力实现中国传统生态文化的创造性转化和创新性发展。在这个问题上，我们应该将传统文化和文化传统、传统伦理和伦理传统、传统道德和道德传统区别开来。我们必须与传统文化、传统伦理、传统道德实行彻底的“决裂”，与文化传统、伦理传统、道德传统保持密切的互动。

绿色思潮表达了世人对全球性问题的关切，承载着当今生态伦理学意识的丰富信息。我们要坚持用马克思主义引领环境主义和生态主义等绿色思潮。绿色思潮是生态文明趋势和潮流的大众意识表达。由于其经济基础不同、利益取向不同、阶级立场不同、哲学视野不同，绿色思潮呈现出复杂的图谱。我们要对之持一分为二的科学态度，既要充分肯定其在推动生态文明建设中的积极作用，又要避免绿色资本主义、生态中心主义等绿色思潮的误导。绿色思潮是建构科学的生态伦理学的重要资源。

绿水青山也是人民群众健康的重要保障。科学的生态伦理

---

1 习近平：《论坚持人与自然和谐共生》，北京：中央文献出版社，2022年版，第273页。

2 习近平：《高举中国特色社会主义伟大旗帜　为全面建设社会主义现代化国家而团结奋斗——在中国共产党第二十次全国代表大会上的报告》，《人民日报》2022年10月26日第1版。

学必然是“重生”“爱生”“护生”的伦理学，必须将维护人民群众的生态环境健康作为自己的关切。我们要以维护人民群众的生态环境健康为价值取向，大力维护生物安全和生态安全，大力统筹推进“美丽中国”建设和“健康中国”建设，全面修订和严格执行野生动物保护法，形成野生动物保护的全民动员的局面，创新爱国卫生运动的方式和方法。这样，才能切实保证人民群众的生命安全和身心健康。这是生态伦理学应有的学理责任和社会使命，是生态伦理学在当下经世致用的具体体现。

在现实中，人与自然的关系总要受人与社会关系的影响，生态道德与生态正义存在着内在关联，因此，在大力弘扬社会主义生态道德的同时，我们必须坚持共同富裕的社会主义本质和共享发展的科学理念，大力彰显生态正义。我们要实事求是地评价绿色思潮提出的生态正义主张，以推进我们的研究。按照生态正义的原则，我们要在人与自然、人与社会的复杂关系构成的复合系统中重构人类中心主义。在国内层面上，中国的生态扶贫和生态脱贫，集中体现着社会主义生态正义的原则和要求。在国际层面上，按照人类命运共同体的科学理念，我们要大力伸张国际生态正义。

图 4　生态伦理的构成

展望未来，我们必须坚持以马克思主义生态思想和伦理思想，尤其是以习近平生态文明思想为科学指导，在中国共产党的领导下，紧紧依靠人民群众，坚持对社会主义生态文明建设的理论自信、道路自信、制度自信、文化自信和伦理自信，不断开拓创新，努力走向社会主义生态文明新时代，为中华文明和人类文明做出重大的贡献。在此基础上，我们要始终不忘人道主义和自然主义相统一的共产主义理想这一初心。这是科学的生态伦理学的唯一的社会进路和社会前景。人道主义和自然主义的统一，是生态文明的普照之光，是生态伦理学的普照之光。

目录

第一章　生态伦理学的学科建构之旅

自然是生命之母，人与自然是生命共同体，人类必须敬畏自然、尊重自然、顺应自然、保护自然。

——习近平[1]

生态伦理学主要是由生态道德和生态正义“双螺旋”结构构成的整体。在我国生态文明建设中，一方面，要“积极培育生态文化、生态道德，使生态文明成为社会主流价值观，成为社会主义核心价值观的重要内容”。[2] 这就要大力弘扬生态道

1 习近平：《论坚持人与自然和谐共生》，北京：中央文献出版社，2022 年版，第 225 页。

2 《十八大以来重要文献选编》（中），北京：中央文献出版社，2016 年版，第 500 页。

德，尤其是社会主义生态道德。生态道德主要是调节、规范、评价人与自然交往行为的准则、尺度和体系。另一方面，“良好的生态环境是最公平的公共产品，是最普惠的民生福祉。”[1]这就要大力促进实现生态正义。生态正义主要是在不同社会行为主体中公平地配置生态环境善物和生态环境恶物的准则、规则和制度。只有将生态道德和生态正义有机地统一起来，才能形成完整的生态伦理。

长期以来，由于受奈斯的“深层生态学”为代表的生态中心主义的影响，生态中心主义已经成为我国生态伦理学研究的“霸权”范式，以“环境伦理学”的方式呈现出来。第一，“内在价值”的本体论。内在价值是指自然界独立于人类，尤其是对人类的有用性而自然而然具有的价值。由于自然界具有内在价值，因此，人类应该爱护和保护自然。这似乎承认了自然价值的“客观性”，但是，存在着将价值泛化的问题，存在着复活万物有灵论的危险。第二，“整体主义”的方法论。从表面上来看，整体主义强调人与自然的整体性，但是，这一概念的提出者——南非前总理史末资（Jan Christiaan Smuts）以此为依据制造了臭名昭著的种族主义政策。法西斯以“血”与“土”的“有机”统一为依据，制造了令人发指的种族大屠杀。第三，“自然权利”的价值观。以内在价值和整体主义为依据，生态

1 习近平：《论坚持人与自然和谐共生》，北京：中央文献出版社，2022 年版，第 26 页。

中心主义呼吁走出人类中心主义，尊重“自然权利”（动物权利）和“自然福利”（动物福利）。在人的权利和福利，尤其是穷人和工人的权利和福利都难以得到保证的情况下，如何才能张扬自然权利和自然福利呢？其实，这些字眼都是将人类自身的价值创制投射到自然界中去的一种拟人化的主张。第四，“前发展”或“后发展”的发展观。生态中心主义将工业文明（工业化）看作是造成生态危机的根本原因，将回归农业文明或超越工业文明作为生态文明的前进方向，刻意遮蔽全球性问题（生态危机）的资本逻辑根源。他们将资本主义和社会主义或者都归结为现代性，或者都归结为人类中心主义。这样，不仅势必会固化和拉大发展差距，让落后就要挨打的悲剧重新上演，而且会动摇人们的社会主义自觉和自信。就是这样一种破绽百出的理论，竟然在中国俘获了一大批拥趸。

在这种情况下，我们有必要建立和完善中国特色的生态伦理学学科。“中国特色哲学社会科学应该涵盖历史、经济、政治、文化、社会、生态、军事、党建等各领域，囊括传统学科、新兴学科、前沿学科、交叉学科、冷门学科等诸多学科，不断推进学科体系、学术体系、话语体系建设和创新，努力构建一个全方位、全领域、全要素的哲学社会科学体系。”[1] 生态伦理学是中国特色哲学社会科学学科体系的重要组成部分。在生态

1　习近平：《论党的宣传思想工作》，北京：中央文献出版社，2020年版，第233页。

伦理学问题上，一切“言必称希腊”的做法都无济于事。为此，我们要在马克思主义生态思想和伦理思想的指导下，从社会主义生态文明建设的实际出发，坚持综合创新，推动生态学和伦理学交叉，形成高度的学科自觉和学科自信，努力实现马克思提出的人道主义和自然主义相统一的崇高理想。

第一节 生态伦理学的学科问题

生态伦理学是最近几十年才在西方兴起的一门新学科。改革开放以来，我国一些哲学和伦理学工作者对此曾做过若干介绍。[1]另外，也有一些同志从我国的实际情况出发，提到应该大力提倡环境道德的问题。[2]但是，对如何以马克思主义为指导思想，建立科学的生态伦理学的问题，长期以来似乎还没有人进行过探讨。因此，我们有必要将生态伦理学作为一门独立的学科来建设。

1 石毓彬：《现代西方伦理学与现代科学》，载于《哲学现代化》上册，中国社会科学院哲学研究所，1985 年；周国平：《科学技术革命与苏联当代哲学》，《哲学现代化》下册，中国社会科学院哲学研究所，1985 年；余谋昌：《自然科学与伦理学》，《学习与探索》1985 年第 5 期；杨国璋等主编：《当代新学科手册》中“生态伦理学”介绍，上海人民出版社，1985 年。

2 蔡守秋：《应该提倡环境道德》，《武汉大学学报》（社会科学版）1981 年第 3 期。

一、生态伦理学的研究对象

任何一种思想、学说和学问之所以能够成为一门独立的学科，都由于它具有独特的研究对象。“科学研究的区分，就是根据科学对象所具有的特殊的矛盾性。因此，对于某一现象的领域所特有的某一种矛盾的研究，就构成某一门科学的对象。”[1]同样，要建立科学的生态伦理学理论，我们首先也需要弄清楚它是否具有独特的研究对象。

我们知道，人和自然构成了一个现实的系统——生态系统，二者相互作用并保持着一定的平衡。但是，第二次世界大战以来，主要由于人为方面的原因，使生态平衡日益遭到破坏，以致严重威胁着人类的生存和发展。如在世界范围内曾出现过著名的“八大公害事件”[2]，就是很典型的例子。我国在这方面的问题也很严重。例如，在20世纪80年代初期，土地沙化面积就达约19亿亩，仅中华人民共和国成立以来土地沙化面积就有近1亿亩，其中90%是由于不适当的利用造成的。又如，据统计，我国在20世纪80年代初的环境污染造成的经济损失每年约360亿元，也很惊人，如此等等。

1 《毛泽东选集》第1卷，北京：人民出版社，1991年版，第309页。

2 “八大公害事件”是指：1930年发生在比利时的“马斯河谷事件”，1948年发生在美国的“多诺拉事件”，20世纪40年代初发生在美国的“洛杉矶光化学烟雾事件”，1952年发生在英国的“伦敦烟雾事件”，1961年发生在日本的“四日市哮喘事件”，1953—1956年发生在日本的“水俣病事件”，1955—1972年发生在日本的“痛痛病事件”，1968年发生在日本的“米糠油事件”。

出现这类问题有很多方面的原因，但毋庸置疑的一点是：它与人们的道德水准相关。在资本主义世界，攫取超额剩余价值既是资本主义生产的出发点，也是资产阶级道德的出发点，因此，资本家往往不惜一切手段来达到其目的。例如，他们不仅搞灭绝人性的“生态灭绝战”，制造“无人区”，而且还运用先进的科学技术手段将各种公害转嫁到别国或公海上。这些便是资产阶级在生态问题上的道德表现。在我国，尽管我们大力进行共产主义道德教育，但有些人仍然置道德于不顾，随意破坏生态环境，谋求个人或小团体的利益。因此，既然伦理道德是与生态问题有关的一个重要因素，那么，就要求人们必须建立对待生态问题的必要的伦理道德规范。

现在已有不少人意识到，生态问题是关乎全人类的大事。因此，生态伦理问题在全世界逐渐引起广泛重视，近几十年来学术界作了如下一些理论上的强调和实际上的努力：

第一，西方青年知识分子对环境或生态道德给予了很大关注。20 世纪 60 年代，一些西方工业国家中的青年运动蓬勃兴起。西方青年知识分子对生态伦理方面的问题非常敏感。有关文献指出，“运动的根本矛头，主要指出资本主义社会那些粗鄙的世俗风俗，而运动的最初冲击却是在文化方面（或者说，尤其是在‘反文化’方面），是在政治，特别是生态学和环境的生活质量问题方面。”[1] 正是以“五月风暴”为契机，一些人士投入到了环境运动当中。

第二，未来学派对环境或生态道德的强调。针对日益严重的生态问题，他们认为，“对生态的保护和对其他生命形式的尊重，是人类生命的素质和保护人类两者所不可缺少的重要条件”；人们“对世界的自然资源没有绝对的使用权利”，“必须尽可能公平地保护和共享之，不论其所处的地理位置如何”；人们应该认识到“我们知识的增加和力量的发展，是对我们子孙后代和其他形式的生命的责任与义务”[2]。

第三，人民群众及一些进步人士运用道德武器开展了反对公害的斗争。例如，在战后的公害大国日本，每年都有几万起的“公害上诉案件”。它体现了人民群众和一些进步人士对生态问题的一种责任感。同样，在韩国等现代化“后起之秀”，这种抗议也层出不穷。

第四，不结盟运动国家为保护自然环境进行斗争。他们强调，人们应当“认清帝国主义是妨碍符合人的尊严这一基本规范的生活水准的主要障碍，真正行使对于天然资源的永久主权”[3]。这也是不结盟国家和人民对环境或生态道德的一种看法。

---

1 ［美］丹尼尔・贝尔：《第二次世界大战以来的社会科学》，范岱年译，北京：中国社会科学院情报研究所，1982 年版，第 117-118 页。

2 ［意］奥雷利奥・佩西：《未来的一百页——罗马俱乐部总裁的报告》，汪帼君译，北京：中国展望出版社，1984 年版，第 159 页。

3 ［日］岩崎允胤：《现代伦理学的基本课题》，卞崇道译，《哲学译丛》1984 年第 5 期。

第五，党的十一届三中全会以来，我国开展了“五讲四美三热爱”的活动，将之作为社会主义精神文明建设的重要内容。这当中的“讲卫生”和“环境美”便可理解为是在社会主义条件下所提倡的一种环境或生态道德观念。这些要求将社会主义精神文明的建设与生态环境的保护联系了起来。

第六，共产主义生态道德的研究。我们的目标是共产主义。在马克思主义看来，共产主义是人与自然、人与社会双重和解（和谐）的社会。因此，在 20 世纪 80 年代初期，人们就把生态问题同共产主义理论特别是共产主义道德联系起来进行研究[1]。共产主义道德是人类先进生产力的代表——工人阶级为了最终实现人类的崇高目标——共产主义而制定出来的伦理学说和道理规范，因此，它不仅要调整人与人、人与社会的关系，而且也要制定调节和评价人与自然关系的正确规范。

由以上可知，现实生活中确实存在着对环境或生态的道德观念，而且在世界各国都没有例外。这表明生态道德确实是人们同自然环境交往过程中的一种行为规范、评价体系。因此，如果对生态道德问题加以拒斥，那绝不是一种科学的态度。也因为如此，马克思主义伦理学就应当充分重视并加强对生态道德问题的研究，推动生态伦理学学科建设。

---

1 蔡守秋：《应该提倡环境道德》，《武汉大学学报》（社会科学版）1981 年第 3 期。

二、生态伦理学的学科地位

任何一种思想、学说和学问能够成为一门独立学科，还取决于它在相关学科中的地位。恩格斯指出："当我先把物理学叫做分子的力学、把化学叫做原子的物理学，再进一步把生物学叫做蛋白质的化学的时候，我是想借此表示这些科学中一门向另一门的过渡，从而既表示出两者的联系、连续性，又表示出它们的差异、非连续性。"[1] 同样，要建立科学的生态伦理学，还需要对它与相关学科的关系作一番考察。

生态伦理学既然是"生态"伦理学，便首先涉及与生态学的关系。同时，它作为生态"伦理学"，又涉及与伦理学的关系。

"生态学"（öekologie）一词最早是由德国动物学家欧·赫克尔（海克尔）于 1869 年提出的，英文译为 Ecology。该词来源于希腊文 Oilos 和 Logos。Oilos 是"家"或"住所"的意思，Logos 是"道理"或"学问"的意思。öekologie 整个词是指关于生物居住环境的科学。按照赫氏的理解，生态学是"有机体与周围环境关系的整体科学。广义的环境包括生命的所有条件"[2]。关于生态学的思想在古代虽有所萌芽、发展，但是作为一门科学的生态学则是从 16 世纪以后逐渐发展起来，直到进入 20 世纪以后其基本观点和理论体系才大体奠定。第二次世

1 《马克思恩格斯全集》第 26 卷，北京：人民出版社，2014 年版，第 583 页。

2 ［德］卓其姆·埃累斯：《动物·环境·历史》，许维枢，王宗祎译，呼和浩特：内蒙古人民出版社，1983 年版，第 1 页。

界大战以后，人口压力、资源枯竭、环境污染、能源危机等成为全球性的问题，特别是20世纪60年代以来，这些问题日趋严重，而它们都与生态学有密切的关系。这样，生态学的研究对象和范围也就开始了深刻的变化，“一方面被局限在生物学范围内（例如Krogerus的‘生存生态学’），另一方面又广泛应用在所有学科的‘自然体系’中（Thieneman和Friederich）……生态学研究的是有机体与环境的关系”。[1]今天的生态学是研究整个自然界的结构和功能的科学，在一定意义上说，生态学就是环境生物学，是管理大自然的科学，是人类生存的科学。正是由于其本身的特点，生态学成为当今世界的带头学科，并出现了把生物科学、物理科学和社会科学联系在一起成为新兴的学科的明显趋势和潮流。生态伦理学就是生态学向伦理学扩展的结果。

“伦理学”（Ethics）来源于希腊文Ethika，是由Ethos（习惯）一词发展而来的。一般认为，伦理学是研究道德的学问，而道德是调整人际关系的社会规范和评价体系。事实上，Ethos指的便是人们在环境中（既有社会的，又有自然的）所形成的社会评价和规定。它含有不可避免的规范因素，当人们用其来对行为进行评价或规定时，它便在运用它的主体心理上加以积淀，这种积淀是一个不断建构的过程。这一建构的过程便是道

1 ［德］卓其姆·埃累斯：《动物·环境·历史》，许维枢，王宗祎译，呼和浩特：内蒙古人民出版社，1983年版，第1页。

德。因此，道德不仅仅包括习惯本身，也包括将要做的事。由于行为及对行为的评价或规定是在一定的环境下进行的，而这与环境本身是一个双向的过程（既有社会的又有自然的），也是不断发展变化的，因而，道德本身也是发展变化的。这不仅从微观方面说是如此（各个时代、民族、阶级有不同的道德），而且从宏观方面说也是如此（道德的层次、范围等是不断建构的）。如前所述，20 世纪以前人们主要将道德看成是调整人际关系的社会规范和评价体系，后来，人们适应实际需要，逐渐将道德扩大到人与自然之间，并对实际生活产生着重要影响。这样，伦理学也便开始过问起人与自然关系的问题了。它在实际生活中扩大了自己的范围，于是，便形成了生态伦理学。

生态伦理学就是在这样的背景下产生的，同时，它还吸收了相关学科的有关成果来充实自己。它最早是由法国哲学家施韦泽和美国哲学家利奥波德提出的。施韦泽提出了“敬畏生命”的伦理学，利奥波德提出了“大地伦理学”的观点。

在西方社会，学术界不仅发表了大量有关论文，而且出版了以《生态伦理学》为书名的专著。[1]他们提出的主要问题是，“在错综复杂的生态系统里究竟需要什么形式的伦理学？我们和我们的尖端技术的创造物，即与实际自然平衡相抵触的污染和潜在的社会崩溃问题，应是什么关系？我们与动物界、与无

---

1 Günthe Patzig，*Ökologische Ethik：Innerhalb der Grenzen der bloßen Vernunft*，Göttingen：Vandenhoeck & Ruprecht，1983.

数被我们的技术发明和贪婪所破坏而将灭绝的大量生物种，应是什么关系？”[1]他们的主要观点可以简略地概括为三点：一是反对“人类沙文主义”。他们认为，人只不过是自然界大家庭中普通的一员，不应该将人看作是自然界的顶峰，由此，他们便反对“以人为中心的伦理准则的理论”；否则，便认为是“人类沙文主义”。二是实行“泛人道主义”。他们要求把社会正义从人扩大到其他动物中，要求尊重所有动物，认为“奶牛有做奶牛的权利！”三是有的人甚至主张将权利概念扩大到自然界的一切实体和一切过程中去，因此，他们主张消除人和自然的任何固定界限，要消除主体和客体、人与自然的任何差别。

在苏联，一些学者认为，在生态危机的情况下，必然会引起人和自然关系的变化，而这种变化可能会引起文化本身的变化，这些变化要求形成一种具有重要生态学意义的新文化，这种新文化将在解决人和自然关系的问题上发生重要作用。他们研究了自然环境保护的道德方面：认为如何运用道德力量来调节人和自然的关系，是伦理学当中的一个新问题，有必要将人和自然界的关系纳入道德规范和评价的体系。“道德教育的目的是形成个人在保护和改善自然方面积极的生活态度，对当前和未来环境的社会责任”[2]。他们注意到了生态学和伦理学的密

1 ［美］H. 瓦格斯乔尔：《朝着科技文化方向发展的伦理学》，作劲草译，《哲学译丛》1984 年第 4 期

2 ［苏］瓦·谢·利比茨基：《在成熟的社会主义条件下培养个人生态文化的途径》，《莫斯科大学学报》（科学社会主义）1984 年第 2 期。

切关系，在 20 世纪 80 年代试图建立“生态伦理学”这一专门学科。

现在，生态伦理学不仅成为一个学派、一个潮流，而且正在成为一门独立学科。生态学、伦理学、生态伦理学三者之间的相异之处是：

首先，三者的研究对象不同。生态学以有机体和环境的关系为研究对象，是研究自然界的结构和功能的科学；伦理学以道德为研究对象；而生态伦理学以生态道德为研究对象。当然，也应包括生态正义。即它的研究对象是生态学的研究对象和伦理学的研究对象的结合。

其次，三者的学科性质不同。尽管具有综合性，生态学主要是一门自然科学；伦理学是一门正从哲学中独立出来的社会科学；而生态伦理学是一门介于二者之间的学科，具有交叉科学、横断科学、综合科学的性质。

再次，三者的研究方法不同。生态学主要运用的是观察和实验等经验自然科学的方法和数学方法等；伦理学主要运用的是历史分析法、阶级分析法、理论联系实际法等；而生态伦理学主要运用的是类比法和移植法。例如，罗尔斯顿等人运用类比法试图证明自然权利的合理性，清除人和自然之间的伦理界线，以确立生态伦理学的基本思想；同时，西方学者也运用移植法吸收了相关学科的成就。作为科学的生态伦理学，也要借鉴西方各国已有的生态伦理学的理论和方法，并要在科学的世界观和方法论——马克思主义哲学的指导下去建立。

还有，三者的学科历史不同。伦理学是一门已有两千多年历史的学科，生态学只有一百多年的历史，生态伦理学只不过是最近几十多年的事情。

最后，三者的功用不同。生态学主要为人们认识、改造、保护自然服务，处于人类知识金字塔的底层；尽管伦理学要为物质资料的直接生产服务，但它具有哲学的功用，靠近人类知识金字塔的顶端；生态伦理学却是二者的一个“中介”，具有双向的功用。

可见，生态伦理学与生态学、伦理学的界线是清楚的，它的科学地位不难得到确认。

三、生态伦理学的理论依据

生态伦理学之所以能够成为一门独立学科，还由于它具有坚实的理论依据。这便是马克思主义哲学中关于人和自然关系的唯物辩证法原理。

马克思恩格斯指出，人和自然“这两方面是不可分割的；只要有人存在，自然史和人类史就彼此相互制约”[1]。就人和自然的关系而言，恩格斯指出，“人本身是自然界的产物，是在自己所处的环境中并且和这个环境一起发展起来的”[2]。这些都

1 《马克思恩格斯文集》第 1 卷，北京：人民出版社，2009 年版，第 516 页。
2 《马克思恩格斯全集》第 26 卷，北京：人民出版社，2014 年版，第 38-39 页。

可以说明：人类与生态环境是密不可分的，人种本身就具有生态学意义。

另外，自然对社会的进化也具有重大的作用。马克思指出："撇开社会生产的形态的发展程度不说，劳动生产率是同自然条件相联系的。这些自然条件都可以归结为人本身的自然（如人种等等）和人周围的自然。外界自然条件在经济上可以分为两大类：生活资料的自然富源，例如土壤的肥力，鱼产丰富的水域等等；劳动资料的自然富源，如奔腾的瀑布、可以航行的河流、森林、金属、煤炭等等。在文化初期，第一类自然富源具有决定性的意义；在较高的发展阶段，第二类自然富源具有决定性的意义。"[1] 在人类文明发展的任何阶段，人类都不能离开自然。

从包括道德在内的广义文化来看，它的一部分内容是适应性的，反映了人与环境（既有社会的又有自然的）的动态平衡和不断建构的关系。而另一部分内容是不适应的，它不会随着环境的变化而自然地变化。于是，两者之间就有不平衡或不一致之处，这就需要予以调节。就调整和调节的一般意义来说，它的结果"是内平衡，以维持有利于生存和生殖的稳定状态。内平衡从生理水平直到社会水平都起重要的作用"[2]。具体到道德来说，它发挥的就是这种调整或调节的作用。其实，人类行

1 《马克思恩格斯文集》第 5 卷，北京：人民出版社，2009 年版，第 586 页。

2 ［美］爱德华•奥斯本•威尔逊：《新的综合》，阳河清编译，成都：四川人民出版社，1985 年版，第 14 页。

为的调整过程也就是对生态环境的不断适应的过程，道德的目的无非是为了寻求一种和谐一致的关系。这当中既有人与人、人与社会的关系，也有人与自然的关系。但道德也存在着矛盾，并往往被环境所渗透和强化，不断出现新的问题，要人们去思考和回答，并在实践中逐步加以解决。

总之，人和自然关系的唯物辩证法原理是构成生态伦理学的根本的理论基石。研究生态伦理学，必须在马克思主义的指导下进行。

四、生态伦理学的内容价值

生态伦理学之所以能够成为一门独立学科，还因为它有丰富的内容和自身的意义。

科学的生态伦理学，其内容构架大体可以包括以下几个方面：一是要科学地考察道德与生态环境的关系。从新的角度，在当代科学的基础上，揭示人和自然关系的机制与功能，揭示道德的本质及其建构规律。二是要批判和总结各类生态道德理论，揭示生态道德的要素、结构、层次和机制，分析其整体功能，进行多方位的研究。三是要科学地总结和概括古今中外的生态伦理思想，将它们吸收和同化到自己的格局中。四是要从理论上确立和论证共产主义生态道德理论，根据实际要求，不断建构和完善共产主义生态道德，强化其功能。五是要积极面向现实、面向世界、面向未来，宣传净化环境和维持生态平衡的重大意义，进行生态道德教育，培养一代新人的生态责任感和义务感，为建构一个崭新的人和自然的关系提供一个多维的、动态平衡的文化背景。

总之，生态伦理学是一门揭示环境或生态道德的本质及其建构规律的学科，具有极为丰富的内容。当然，今天看来，生态正义也是生态伦理学研究的重要内容。

建立、研究生态伦理学也具有重大的意义。这主要是：

第一，在实践上，它可以指导人们在与自然界进行物质、能量、信息交换的过程中正确处理人和自然的关系，推动生态环境保护工作，维持生态平衡，创造一个更加美好的环境，从而保证人类物质资料生产能够顺利进行，促进社会主义物质文明的高度发展。

第二，在社会生活中，它将会成为反对一切非科学的生态道德的锐利武器，造就人们在生态环境问题上的高尚道德情操，使共产主义生态道德在实际生活中生根、发芽、开花、结果，在建设高度物质文明的同时，建设高度的社会主义精神文明，并促进和影响物质文明向前发展。

第三，在理论上，生态伦理学面对现实，在当代科学的基础上，扩大了伦理学的范围，使它建立在牢固的科学基础上，充满了时代的气息和青春的活力；同时，它也使生态学更加有力地与社会实际生活结合了起来，延伸了生态学的有效范围，将科学直接运用于社会实际生活，从而使科学成为一种巨大的力量。

在此基础上，生态伦理学必将成为推动生态文明建设的智力支撑和价值导引。

基于上述认识，我们应当为建立科学的生态伦理学而努力，我国的哲学伦理学工作者也一定能够肩负起这个光荣而神圣的使命，并出色地完成它。

第二节　生态伦理学的研究方法

研究方法取决于研究对象的性质。生态伦理学作为一门揭示生态道德的本质及其建构规律的科学，理所当然地以生态道德为其研究对象。当然，也要以生态正义为研究对象。生态道德是人们在与自然交往过程中规范和评价自身行为的准则体系。从生态道德的构成要素来看，可以将它分解为人和自然的关系与人类规范和评价自身行为的准则体系两个系列，因而，生态伦理学的研究便具有“系列性”。一个是生态学系列的研究方法，另一个是伦理学系列的研究方法。生态道德是由处于不同“配位分界面”的关系要素构成的一个整体，这就要求我们对具体问题进行分析，因此，生态伦理学的研究方法又具有“层次性”。

一、生态学系列的研究方法

人和自然的关系在性质、规模和水平等方面超出了一般的有机物与环境相互作用的关系，但同时也具有有机物与环境相互作用的一般特征并且是以此为基础的。人有吃喝住穿用行等一系列维持生命活动的基本需要，而这从他自身中并不能得到自动满足，为此，必须将之诉诸外界存在物，而人之外的存在物只有自然，因而，人和自然的最基本的联系就是物质变换。所以，生态学方法构成生态伦理学研究方法的生态学系列的第一个层次。这里的生态学方法指的是科学认识的生态学途径或科学的生态学思维。例如，如何认识生态道德出现的必然性，这是需要生态伦理学首先加以解决的一个问题，若不借助生态学方法，这一问题就不可能得到完全的说明；生态道德出现的首要原因就在于它是对生态环境问题进行伦理道德反思的结果。人们之所以关注生态环境问题就在于它将人和自然之间的正常的物质变换破坏了，从而威胁到了人的生存。在这个意义上，生态伦理学正是生态学方法向伦理学渗透的结果。“随着自然科学领域中每一个划时代的发现，唯物主义也必然要改变自己的形式”[1]。对于生态伦理学来说，也应该如此。

人和自然的关系无论从其内在的联系，还是从其外在的表现来看都具有系统性。人和自然的系统性首先是自然界长期演

1 《马克思恩格斯文集》第 4 卷，北京：人民出版社，2009 年版，第 281 页。

化和进化的产物。作为自然界演化和进化最高阶段的社会运动（其主体是人），是从前面的机械的、物理的、化学的、生命的等自然运动阶段中产生出来的并囊括了它们的内容。自然界演化和进化的各阶段相互包含、渗透，由此嵌套成一个系统。它同时又是人类完成自身历史使命的整体过程的积淀和升华，如何合理而有效地处理人和自然关系构成了人类自身的历史使命。人和自然的关系可以区分为价值关系、实践关系和理论关系三种类型。正是由于这三者在相互作用、相互影响、相互推进上的不可分割性，特别是由于实践的重大作用才形成人和自然的系统性。因而，“系统论赋与我们一种透视眼光（Perspective），我们可以用这种眼光来看人和自然。这是一种根据系统概念，根据系统的性质和关系，把现有的发现有机地组织起来的模型。”[1] 系统方法构成了生态伦理学研究方法中生态学系列的第二个层次。例如，生态道德的可能性（能不能成立的意思）的问题是生态伦理学的基本问题，不借助系统方法，这一问题无法得到彻底解决；生态道德之所以可能，其中很重要的一点就在于人和自然之间具有系统性，价值就存在于这种关系的实现过程中；科学的生态伦理学既不以人为中心而排斥自然，也不以自然为中心而排斥人，而是在人和自然的系统性中来把握它们。建立在自然“内在价值”基础上的生态伦理学，

---

1 ［美］E. 拉兹洛：《用系统论的观点看世界》，闵家胤译，北京：中国社会科学出版社，1985 年版，第 15 页。

在方法论上具有形而上学的色彩。

人和自然的关系从实质上来看是建立在劳动基础上的通过物质变换形成的系统。从其物质变换来看，自然界并不会自动满足人的需要，人必须将之诉诸自然界从而与自然界发生对象化活动才能满足人的需要。劳动是人以自身活动来引起、调整和控制人和自然之间的物质变换的过程。从其系统性来看，它是在整个自然界的演化和进化过程中通过劳动产生人这个环节而形成一种“递阶秩序”，也是人和自然在劳动中相互设定而形成的一种“环状结构”。因而，“在劳动发展史中找到了理解全部社会史的锁钥的新派别”[1]，即历史唯物主义（这里的历史唯物主义也就是自然辩证法），不仅对于揭示人和自然的关系，而且对于揭示生态道德也具有重大的方法论意义。历史唯物主义方法构成了生态伦理学研究方法中生态学系列的第三个层次。例如，就生态道德出现的必然性来说，既然劳动首先是人和自然之间的物质变换过程，人和自然的关系通过劳动进入了社会存在之中；在生态环境问题的启发下，人类实践或社会存在的生态化通过社会意识诸形式的生态化必然要求伦理道德的生态化；因此，生态道德的出现具有必然性。就生态道德的可能性来说，它是由人类劳动的内在要求所决定的，动物只是按照它所属的那个种的尺度进行生产，而人却懂得按照美的规律进行生产，因而，人的劳动是按照人和自然双重尺度

1 《马克思恩格斯文集》第 4 卷，北京：人民出版社，2009 年版，第 313 页。

进行的。它要求人们要将对自然的改造和作用与对自然的维持和保护统一起来，生态道德就是人类在劳动中协调两个尺度的机制之一，是人在劳动中维持和保护自然的重要手段。

从人和自然关系的角度来看，生态伦理学的研究方法可以区分为生态学方法、系统方法和历史唯物主义方法这三个层次。通过依次运用上述三个层次的方法，生态道德中人和自然的关系才能够得到科学说明。

二、伦理学系列的研究方法

就生态道德也是规范和评价人类行为的准则体系来说，一般伦理学中运用的各种具体方法是生态伦理学研究方法中伦理学系列的第一个层次。我们这里着重谈一下社会调查法在研究生态伦理学中的重要性。社会调查法是研究生态伦理学的一个基本方法，我们对生态道德的理论把握只有建立在对现实生活中生态道德的各种表现形式和类型的全面把握的基础上才是可能的。这在于，在一般的文献中对生态道德的记述是零星的、不全面的，况且大多数与现时代的生态道德还有一定的历史距离，因而，只有站在时代发展的高度才可能理解生态道德，这就要求我们必须面向生活，索取第一手资料，运用社会调查法来收集生态道德在现实生活中的表现形式和类型。一些论者脱离实际，尤其是脱离人民群众建设生态文明的实际，想象生态伦理学的规范，不能不说是一种“生态唯心主义”。

就生态道德也是人类规范和评价自身行为的准则体系来说，一般行为科学的方法对于生态伦理学也是有效的。社会学的方法、心理学的方法以及历史唯物主义的一些具体方法都可以说明生态伦理学中的有关问题，这构成了生态伦理学研究方法伦理学系列的第二个层次。我们这里只谈一下阶级分析法在生态伦理学中的运用问题（由于阶级社会只是人类社会发展中的一个特殊阶段，因此，我们把阶级分析法看作是历史唯物主义的具体方法）。从生态困境的形成来看，两类社会制度下的生态问题具有全然不同的性质，资本主义条件下的生态环境问题是由其内在本质所决定了的，生态危机只是其社会危机的表现；社会主义条件下的生态环境问题只是其发展过程中的暂时病症，它是难以避免的，但不是不可避免的；因而，生态道德具有阶级性。但由于全球是一个整体，部分的状况及其相互影响必然会作用于整体，生态困境经历了一个从区域性的问题扩展成全球性问题的过程，只有全人类携起手来才有可能解决这个问题，因而，生态道德又具有全民性。生态道德的阶级性反映了生态环境问题的初始原因和内在实质，生态道德的全民性反映了生态环境问题的现实形态和外在表现，这就是生态道德在社会性质方面的特殊性。只承认生态道德的阶级性而拒斥生态道德的全民性，容易走向“左”。只承认生态道德的全民性而否认生态道德的阶级性，容易走向“右”。科学的做法是“左右”兼顾。

就生态道德作为人类评价和规范自身行为的准则体系来说，它是属于社会意识这一整体中的道德体系的一个子系，因而，历史唯物主义特别是其关于社会存在和社会意识相互关系的原理对生态伦理学就具有重大的方法论意义，这构成了这一系列研究方法的第三个层次。这里，我们谈一下关于人类掌握世界方式的理论对于解决生态道德可能性问题的重大方法论意义。马克思指出："整体，当它在头脑中作为思想整体而出现时，是思维着的头脑的产物，这个头脑用它所专有的方式掌握世界，而这种方式是不同于对于世界的艺术精神的，宗教精神的，实践精神的掌握的。"[1]我们赞同将"实践—精神"的方式理解为求善的方式。生态道德之所以可能的最根本的原因就在于，道德是人类以实践—精神的途径掌握世界的特殊方式。世界本身是一个具有层次的整体，人们既可以对世界进行整体性把握，也可以分别开来对其进行把握，因而，人们既可以用实践—精神的方式把握人和社会的关系，也可以用它来把握人和自然的关系。前者便形成了传统的伦理道德（我们称之为人际道德），对它的研究便构成了传统的伦理学（我们称之为人际伦理学）；后者便形成了生态道德，对它的研究便构成了生态伦理学。

从人类规范和评价自身行为的准则体系的角度来看，生态伦理学的研究方法可以区分为一般伦理学的方法、行为科学的

---

1 《马克思恩格斯文集》第 8 卷，北京：人民出版社，2009 年版，第 25 页。

方法和历史唯物主义的方法这三个层次，依次运用上述三个层次的方法，生态道德中人类规范和评价自身行为的准则体系才可能得到科学说明。

三、整体性综合性的研究方法

生态道德是一个整体，人们只能在思维中对它进行分解，最后还得将上述两个系列的研究方法协调起来，因而，生态伦理学的研究方法还具有“整体性”。而这离开比较、类比和移植等逻辑方法是根本不可能的。但简单地认为生态道德就是将伦理道德或价值移入自然界的结果的看法难以成立，我们应该看到可比性的问题。就生态道德是生态“道德”来说，我们应运用比较、类比和移植等方法来研究生态道德和人际道德的关系，进而来把握生态道德在整个伦理道德领域中的性质、地位和作用。就生态道德就是“生态”道德来说，我们应运用上述方法来研究生态道德与绿色政治、生态法律、生态艺术、生态神学和生态哲学的关系，进而来把握生态道德在生态化了的社会意识领域中的性质、地位和作用。只有这样，我们才能对生态道德进行具体历史的把握。我们同时也应看到其他逻辑方法，尤其是辩证思维方法在研究生态伦理学中的重要性。离开辩证思维方法，我们无法解决生态伦理学中的一些重大问题。例如，有一种观点认为生态伦理学自古已有，在万物有灵论、世界各大宗教、传统哲学中都包含着丰富的生态伦理学思想，运用这些思想就可解决生态环境问题。从思维方法上来看，这种观点就是没有处理好逻辑和历史的关系，否认了生态伦理学的时代性；我们运用辩证逻辑关于逻辑和历史相一致的方法可有效解决这个问题。这就是，生态伦理学是 20 世纪的潮流和产物，但它本身存在着一个发生和发展的过程，上述提到的各种思想文化构成了生态伦理学的发生学阶段；对生态道德也应作如是观。

由于现时代发展的独特性（如人口、资源、环境、能源等问题已成为全球性的重大问题，正在兴起和形成中的新的科学技术革命将一些伦理道德问题和生态环境问题以交织起来的形式提了出来，横断科学、边缘科学、交叉科学等不断涌现……）和生态道德的综合性，因而，在研究生态伦理学中才综合地大量地运用了各个层次、各个系列等具有时代特征的方法。除上述提到的各种方法外（即使这些方法究竟运用于生态道德哪一个系列也不是固定不变的），还应注意发生学方法、形式化方法等方法，所以，生态伦理学研究方法在总体上具有“时代性”和“综合性”。人和自然的关系，尤其是劳动的发展无限性决定了生态道德发展的广阔性，因而，生态伦理学的研究方法还具有开放性。生态伦理学不是一个封闭的体系，只有紧随着人类实践的步伐综合运用人类的科学文化成果，才能不断地发展、壮大，充分发挥自己在人类从必然王国到自然王国飞跃过程中的重大作用。

方法是推动内容前进的动力。探讨生态伦理学研究方法，对于推进生态伦理学的学科建设大有裨益。探讨生态伦理学研究方法是一项复杂的系统工程，我们只是做了一些外围性的工作。

第三节 生态伦理学的理论倾向

作为生态伦理学创始人之一的施韦泽（Albert Schweitzer）[1]认为："由于没有伦理的基本原则，通常的伦理就陷于伦理冲突的争论之中。敬畏生命的伦理对此则不那么着急，它为自己留下了全面思考道德基本原则的时间。"[2]其实，从生态伦理学产生的那天开始，大量相互对立的理论观念就在其中共存了，并构成了不同的理论倾向，从而也构成了其自身发展中的理论难题。退一步讲，生态伦理学发展到今天也该清算其中的发展障碍了。这里，我们拟按照生态伦理学内在的逻辑来考察一下其中的理论倾向并尝试着来简略地解决一下其中涉及的理论问题。

1 又译为施威茨尔、史怀泽、施韦策、施韦兹等。
2 ［法］阿尔贝特·施韦泽：《文化哲学》，陈泽环译，上海：上海人民出版社，2008年，第312页。

一、生态伦理学中的理性主义和蒙昧主义

生态道德为什么会出现呢？对此有以下两种不同的看法：一种观点认为，生态道德的出现是人类理性增强的一种表现，生态道德是人类拯救自身命运的一种手段和工具。这在于，解决生态危机取决于人们自然观的改变，正是日益严重的生态危机促使了生态道德的产生；科学技术革命的发展提出了许多重要的伦理道德问题，要求伦理学和自然科学紧密结合起来，而生态道德便是这种结合的产物；社会意识对人和自然的关系也具有一种调控功能，社会意识的生态化必然会触及道德，生态道德是社会意识生态化的必然结果，是一种萌芽中的社会本能，对生态道德的这些看法是建立在相信人类自身力量的基础上的。

另一种观点认为，生态道德首先是宗教上要求的体现。这在于，在一切价值当中，只有上帝（或者是佛，或者是道）才是终极价值体，人、自然和终极价值是三位一体的整体，人对自然的破坏不仅会损害人自身，而且同时侵犯了终极价值。这是由于人没有按照终极价值的指示而盲目行动造成的。伦理道德是终极价值的派生物，要保护自然、维持生态平衡必须要强调伦理道德的作用，爱护自然是宗教道德的题中之义；弘扬生态道德的途径就在于皈依宗教。如有的学者认为，“圣经中的真

正的‘绿色草地’将是人类对其环境的道德责任性的象征”。[1]这些观点都建立在信仰人和自然之外的价值体的基础上。

前者便构成了生态伦理学中的理性主义的倾向，后者则构成了其蒙昧主义的倾向。这是哲学世界观上两大派别的对立和斗争在生态伦理学领域中的表现。在我们看来，其一，生态伦理学中的蒙昧主义尽管其言词是现代的，但其思维方式与时代不合拍；尽管这种倾向是荒谬的，但它毕竟是人类已往历史的产物，是人类历史的一个“信息元”，我们从中可以窥视到生态道德的根源和条件，应从中发现导向真理的萌芽。其二，生态伦理学中的理性主义反映出生态道德是人类实践新发展产物的实质，生态道德仍然是属于作为社会意识的伦理道德的一个子系统。正是社会实践的发展才使生态道德成为一种必然。其三，正像生活、实践的观点是认识论首要的和基本的观点一样，生态伦理学也应该把生活的观点、实践的观点作为自己首要的和基本的观点。

二、生态伦理学中的还原主义和独断主义

历史上是否存在过生态道德这样的现象？对此有以下两种不同的回答：一种观点认为，在人类文明和智慧发展的早期就已提出过生态道德的问题。“自然道德（即生态道德——引

1 ［美］E. P. 奥德姆：《生态学基础》，孙儒泳等译，北京：人民教育出版社，1981年版，第417页。

者注）在一切原始文化，例如美洲印第安人文化中，以及在远东文化中都很盛行。”[1]这在于，生态道德要处理的是人和自然的关系，以协调人和自然的关系、解除生态失调为目的；而在整个已往的人类文明和智慧中沉淀了丰富而深刻的用伦理道德精神和态度来处理人和自然关系的思想。在这种思想的影响下，过去时代的人和自然的关系是和谐发展的，人将自然视为自己的兄弟、伙伴，甚至视为自己不可分割的一部分；面对生态危机，将一些传统思想文化中的有关思想日益凸显出来了，我们的时代只是在新的情况下旧话重提，在实质上并没有超过传统思想文化中所要解决的问题，我们凭借传统思想文化中的相关思想就可走出困境。

另一种观点则认为，生态道德只是20世纪的潮流和产物。这在于，任何一个时代也没有像今天这样将人和自然的矛盾凸显出来，生态危机是当代的重大问题，尤其是第二次世界大战以来愈来愈严重，况且，它本身具有复杂的特点；传统思想文化无助于问题的解决，而且正是传统思想文化导致了生态失调并使之对人类的危害日益增大，传统思想文化的核心价值就是为人类占有、利用、支配和征服自然服务；面对新的问题和传统思想文化的无效，我们需要的是解决问题的新原则和新手段。只有这样才能摆脱危机，走出困境。生态道德就是这样的

1 ［美］J. P. 蒂洛：《伦理学》，孟庆时等译，北京：北京大学出版社，1985年版，第10页。

原则和手段；而社会上的大多数人对此是不了解和不理解的，这更显示出生态道德的新颖性和时代性。

前者便构成了生态伦理学中还原主义的倾向，后者则构成了其独断主义的倾向。其实，这个问题反映在思维方法上就是应该如何处理逻辑和历史的关系。从辩证思维来看，逻辑和历史是相统一的。以此来审视这一问题，我们认为，其一，生态道德本身也存在着一个发生的问题。生态道德和生态伦理学尽管具有时代性，但我们不能不看到历史上存在着与此相类似的思想和观点，我们对待历史不能采取虚无主义的态度。其二，我们也不能认为生态道德自古即有。尽管在传统思想文化中存在着与生态伦理相类似的思想观点，但这种思想观点是零星的、不系统的，还没有成为一种自觉的意识。充其量，历史上只存在过前生态道德，我们不应该将传统现代化。其三，在建构生态伦理学科学体系的过程中，我们要科学地考察、总结和概括古今中外的生态伦理思想，将它们同化到自己的格局中，“逻辑的发展完全不必限于纯抽象的领域。相反，逻辑的发展需要历史的例证，需要不断接触现实”[1]。因此，脱离辩证思维要求的逻辑和历史相一致的原则，我们就不可能建构起生态伦理学的科学体系。

1 《马克思恩格斯文集》第 2 卷，北京：人民出版社，2009 年版，第 605 页。

三、生态伦理学中的人类中心论和万物有灵论

生态道德为什么是“可能”的呢（这里的可能是指能不能成立的意思）？对此有以下两种不同的观点：一种观点认为，生态道德之所以可能就在于自然体现和表现了人这一价值唯一固有者的价值。这在于，只有人类才处于整个世界演化和进化过程中的高级地位，价值只为人类所固有，人既是价值主体又是价值客体；自然对人而言只具有工具性的价值，只是人类满足自身需要的一种手段。但由于手段和目的是不可分割的，因而人对作为自己手段的自然的态度和行为才具有道德的意义，自然环境是人类生存与发展的空间，自然环境的状况如何直接涉及人类的切身利益，影响人们的正常生活工作，因而，污染环境、破坏生态平衡的行为才具有道德意义；人对自然的关系表面上与人和人、人和社会的关系无关，但事实上，在这种关系背后隐藏着人和人、人和社会的关系。人对自然的关系不能不直接或间接地涉及人自身和社会。

另一种观点则认为，生态道德之所以可能就在于世界上的万事万物都具有价值。这在于，自然界中的一切事物由于自己存在的事实，由于一些客体同其他客体的区别具有内在的和绝对的价值，价值就在于事物的存在性和独特性，因而，消灭或者侵犯自然界中任何客体的任何行为都是违反不侵犯价值本身的某种义务的，是使丰富多彩的自然界日益贫乏化，承认和

尊重自然界万物的价值就是道德的，反之就是不道德的。人本身是一个复杂的整体，具有多方面的属性和功能。由于文明的胜利，今天，人主要用社会术语来认识自身，这样，人就将自然界作为自己的异己存在物，生态失调便是这种情况发展到极端的体现。其实，人来源于自然并依赖自然，我们现在借用万物有灵论就可避免这个缺陷；人类逐步进入太空的事实向我们表明，人不是整个世界的中心，因而，他也不可能是伦理学和道德体系的中心，生态道德正是伦理道德领域中的一场“哥白尼革命”。

前者便构成了生态伦理学中人类中心论的倾向，后者则构成了万物有灵论（生态中心论）的倾向。其实，这个问题实质上就是如何看待价值的来源。在我们看来，其一，既不能从纯人类的也不能从纯自然的角度来看待价值并在此基础上来论证生态道德，前者容易流于主观主义，后者容易导向自然主义，因为价值既不是纯主观的也不是纯客观的，不能将价值看成是一个实体范畴，而应将价值看作是一个关系范畴。其二，生态道德之所以可能就在于人和自然之间具有一种需要和需要的满足、目的和目的的实现的关系，通过实践来中介的、实现的人和自然的价值关系才是生态道德之源，“‘价值’这个普遍的概念是从人们对待满足他们需要的外界物的关系中产生的”。[1] 在人与自然之间存在着价值关系。我们可以将之称为生态价

1 《马克思恩格斯全集》第19卷，北京：人民出版社，1963年版，第406页。

值。其三，正因为价值是一个建立在实践基础上的关系范畴，生态道德之源在人和自然的价值关系之中，因而，将生态伦理学分为以人为中心的生态伦理学和以自然为中心的生态伦理学是不妥的。人类中心主义和生态中心主义都是片面的。科学的生态伦理学只能是建立在以人和自然的价值关系为中心的基础上的。

四、生态伦理学中的全民意识和阶级意识

生态道德的社会性质如何？对此有以下两种不同的见地：一种观点认为，生态道德的出现标志着道德中全民意识的觉醒。这在于，全民意识是人类原始的和本能的力量，是人类生活世界的主要原因。它为“民族意识”和“阶级意识”这两类抽象产物的竞争所削弱。传统的伦理学正是从此出发只强调道德的阶级性并将它无限膨胀了。生态危机正是这种状况的表现。在一些论者看来，今天，不同制度的国家、不同的阶级都面临着一个在发展中如何协调人和自然关系的问题，生态异化比阶级异化更重要。两类社会制度正在趋向同一，而生态危机却越来越严重。生态危机本身是一个整体性的问题。它超越了国家和地区的界限，没有全人类的携手并进，这个问题根本不可能得到解决。总之，“阶级斗争正在导致巨大的浪费而毫无成效……人们对共同危机的新认识和人类某些利益的一致性，使他们正倾向于提高人民的团结，而超脱一切政治和社会的界

限”[1]。这样，就彻底否定了生态道德的阶级性。

另一种观点则认为，生态道德也具有阶级性。这在于，两种社会制度下的生态失调具有全然不同的性质。资本主义条件下的生态危机是其政治危机的表现。在社会主义条件下，尽管生态失调难以避免，但在社会主义体制内部就存在着调节人和自然关系的机制。资产阶级为了满足一己之私利，将追求剩余价值作为一切活动的价值轴心。这造成了严重的生态危机。他们不仅对造成的生态环境问题采用保密手段以蒙蔽广大劳动人民，向不发达国家和地区转嫁公害，而且还进行惨无人道的“生态灭绝战”，涂炭生灵。他们在这个问题上也毫无道德可言。只有在消灭了人压迫人、人剥削人的现象之后，人和自然的关系才可能在人类的自觉调节下实现协调发展。用马克思的话来讲，共产主义是对人而言实现了的自然主义和对自然而言实现了的人道主义。

前者便构成了生态伦理学中全民意识的倾向，后者则构成了其阶级意识的倾向。这个问题在实质上就是如何认识造成生态失调的原因的问题。在我们看来，其一，尽管生态失调是多种因素造成的复合结果，但不能否认社会历史方面的因素居于重要地位。不同社会制度下的生态环境问题具有不同的社会历史性质。就伦理道德来看，“人们自觉地或不自觉地，归根到

1 ［意］奥雷利奥•佩西：《未来的一百页》，汪帼君译，北京：中国展望出版社，1984年版，第113页。

底总是从他们阶级地位所依据的实际关系中——从他们进行生产和交换的经济关系中，获得自己的伦理观念”[1]。同样，处于一定社会历史条件下的人们对生态环境问题所作的伦理道德反思——生态道德，不得不带上一定阶级的烙印。其二，由于自然界本身构成了一个整体或系统，某一区域的生态环境问题通过作用于其他区域的自然体系使不同区域的自然体系共同遭受污染和破坏，生态环境问题就会从区域性问题转化为全球性问题。今天的生态环境问题所具有的全球性、整体性、复杂性的特点要求人类携起手来共同解决问题。在世界历史的发展过程中，“各民族的精神产品成了公共的财产。民族的片面性和局限性日益成为不可能，于是由许多种民族的和地方的文学形成了一种世界的文学。”[2]由于新技术革命而处于全球一体化中的人们，对生态环境问题所作的伦理道德反思——生态道德难免会具有共同性。其三，生态道德既具有阶级性又具有共同性。这是它区别于其他伦理道德的特殊性。生态道德的阶级性反映了生态环境问题的社会性和根本原因，是其内在的方面。而它的共同性则是其外在的方面，反映了生态环境问题的全球性和最终表现。只有作如是观，才能把握住生态道德的社会历史属性。今天，我们应该站在“人类命运共同体”的高度来看待问题，坚持共谋全球生态文明建设。

---

1 《马克思恩格斯文集》第 9 卷，北京：人民出版社，2009 年版，第 99 页。

2 《马克思恩格斯文集》第 2 卷，北京：人民出版社，2009 年版，第 35 页。

五、生态伦理学中的人文主义和科学主义

能从生态学推导出生态道德吗？对此有以下两种不同的认识：一种观点认为，不能从生态学推导出生态道德。这在于，任何科学研究不管进行多少次，都无法证明应当的东西同最理想的生物群落是一致的；由于人在与自然交往过程中缺乏规范和评价自身行为的体系和指标，这样就造成了人对自然的破坏和损害。伦理道德是造成生态失调整个原因中的一个独立原因，生态道德是解决生态失调整个措施中的一种独立手段。人本身是一种具有能动性的存在物，对于生命的崇敬是人的自我意识增长、自我完善过程和在培养乐天世界观方面终生努力的结果。生态道德主要是规定人在与自然的交往的过程中什么是应该做的和什么是不应该做的，而并没有为人们提供一种关于人和自然关系的科学图景。

另一种观点则认为，离开生态学等自然科学就无法说明生态道德。这在于，正是由于传统道德和伦理学的纯粹人文主义倾向造成了生态失调并使它越来越严重，有必要用生态学来补充、限制和发展传统的伦理道德。生态学本身就具有事实和价值的二重属性和功能，为社会提供两种认识：一种认识只涉及事实。我们通过它可以增加自己管理大自然的能力来推动环境管理的发展；一种认识只涉及价值。我们通过它可以增加自己热爱和尊敬大自然的情感来增强我们的控制能力以推动环境

保护的发展。生物亲和本能是人先天获得的一种属性，是通过遗传代代相传的，生物亲和本能把我们和其他生物紧密联系了起来。它是爱大自然和尊敬生命这种道德精神的前提，是保护自然的活动和人道主义精神的基础。它不仅能够解释我们对自然界的尊敬，还能解释人的精神发展的能力所在。

前者就构成了生态伦理学中人文主义的倾向，后者则构成了其科学主义的倾向。这个问题在实质上就是应该如何认识人和自然的事实关系与人和自然的价值关系二者之间的关系。在我们看来，其一，不能将人和自然的事实关系与人和自然的价值关系割裂开来，应该看到二者是统一的。因此，以人和自然的事实关系为中心的生态学（狭义）与以人和自然的价值关系为中心的生态道德是统一的。当然，这只能是有差异的统一。其二，以上两类关系统一的基础是劳动。这在于，人在劳动中“不仅使自然物发生形式变化，同时他还在自然物中实现自己的目的，这个目的是他所知道的，是作为规律决定着他的活动的方式和方法的，他必须使他的意志服从这个目的。但是这种服从不是孤立的行为”[1]。实践能够将事实和价值统一起来。其三，劳动本身的二重性（事实和价值）决定了人和自然的关系二重化为事实关系和价值关系。劳动自身结构的优化和功能显示又决定了必须将人对自然的改造和作用与人对自然的维持和保护统一起来，人和自然的事实关系与人和自然的价值关系

---

1 《马克思恩格斯文集》第 5 卷，北京：人民出版社，2009 年版，第 208 页。

成为劳动系统的双翼，生态学和生态道德都是劳动整体内在要求的体现。

六、生态伦理学中的道德万能论和非道德论

生态道德在解除生态失调过程中的地位和作用如何？对此有以下两种不同的见解：一种观点认为，人类在生态方面得救的唯一道路是在人和自然之间进行一场伦理道德革命。另一种观点却认为，在整个全球发展过程中，倡导伦理道德的行为和思想都是值得怀疑的。

前者便构成了生态伦理学中道德万能论的倾向，后者则构成了其非道德论的倾向。这个问题在实质上可以归结为两点：一是如何认识生态失调的原因，二是如何认识道德在社会生活中的地位和作用。在我们看来，其一，生态失调是由多方面的原因共同造成的复合结果，其中包括伦理道德方面的原因。其二，人类把握世界的方式是多种多样的，伦理道德只是其中的一个子系。其三，面对由复合因素造成的复合结果的生态环境问题，人类只有从各方面入手才能解决问题。解除生态失调本身是一项复杂的系统工程。排除生态道德就不会彻底解决生态环境问题，但光凭借生态道德也不会根本解决问题。

可见，事情与施韦泽的看法恰恰相反，在生态伦理学中也存在着不同的理论倾向。当然，它们有的表现得明显一些，有的则较为隐含。但只要深入到生态伦理学自身中去就会发现，

它们确实存在并困扰着生态伦理学的发展。因而，如何运用哲学基本问题理论来具体解决生态伦理学中存在的问题就成为生态伦理学自身理论建设中的一个重大问题，那么，生态伦理学是否也存在一个基本问题呢？若不存在的话，又是为什么？若存在的话，它又是什么呢？

第四节 生态伦理学的历史进展

在全球化的时代背景下，从施韦泽和利奥波德创立生态伦理学开始，生态伦理学于20世纪80年代在世界各地得到了重视并逐步发展了起来。

一、生态伦理学的最初创立

生态伦理学是 20 世纪诞生的一门新学科。一般认为，它是由施韦泽和利奥波德创立的。

在1923年出版的《文化哲学》中，法国哲学家、神学家、教育家施韦泽（以下简称施氏）提出了一个涉及一切生物的道德原则——尊重生命，倡导一种“尊重生命的伦理学”[1]。继施氏之后，美国林务工作者利奥波德（Aldo Leopold）（以下简称利氏）在1949年出版的《大地道德》（《大地伦理学》）[2]一文中

1 “尊重生命”和“尊重生命的伦理学”，即“敬畏生命”（Die Ehrfurcht vor dem Leben）和“敬畏生命的伦理学”。

2 该文是《沙乡年鉴》的一部分。

把良心、权利等概念扩大到自然界中去，倡导一种“完整形态的尊重存在的伦理学”。施利二氏的贡献不仅仅在于提出应将道德扩展到人和自然的关系中，也不在于提出了一系列规范和评价人与自然交往行为的指标，而在于开创了对作为一门学科的“生态伦理学”的研究。

第一，生态伦理学的研究对象。施氏认为，道德的行为是理智的生存必不可少的条件，但人与人的关系甚至人与自然的中介关系也不是伦理学中的主要关系。只有人—自然、个人—自然的关系才对人具有重要的和绝对的意义[1]。普通伦理学研究的是我们同人们的关系，我们与万物的关系是排除在外的。而敬畏生命的伦理学以人与现存一切的关系为研究对象。“敬畏生命不仅适用于精神的生命，而且也适用于自然的生命”，“敬畏生命的伦理否认高级和低级的、富有价值和缺少价值的生命之间的区分”[2]。因而，只有后者才是完善的伦理学。“尊重生命的伦理学”“完善的伦理学”也就是生态伦理学。在利氏看来，现代技术经济实践的破坏性后果达到了惊人的程度和规模，因而必须限制其中的一些做法、禁止另一些做法。我们只能在生物科学和道德意识领域中去寻找这种措施，这就要求必须将道德扩展到人和自然之间。“土地伦理只是扩大了这个共同体的界限，它包括土壤、水、植物和动物”，“土地伦理

1 其中的连接号表示人与自然、个人与自然的整体不可分性。

2 ［法］阿尔贝特·施韦泽：《敬畏生命》，陈泽环译，上海：上海社会科学院出版社，2003 年，第 132-133 页。

是要把人类在共同体中以征服者的面目出现的角色，变成这个共同体中的平等的一员和公民。它暗含着对每个成员的尊敬，也包括对这个共同体本身的尊敬”[1]。这样，就将伦理学的研究对象扩展了，人和自然的关系进入了伦理学之中。

第二，生态伦理学的研究方法。如前所述，利氏认为只能在生物科学和道德意识领域中去寻找限制和禁止人们破坏自然的活动的措施，这就在某种程度上提出了研究生态伦理学的方法论原则：一是要面向生物科学，要探讨生态伦理学的科学基础；二是要面向道德意识领域，要追寻生态伦理学的现实基础。这对我们今天研究生态伦理学仍有重大的启迪意义。

第三，生态伦理学的学科功能。施氏认为，我们通过生态伦理学就会达到同自然的精神联系。只有这样，我们才能完善生命、发展生命，我们通过生态伦理学可以保全文明。利氏认为，伦理学是生态形势的指南。“一种伦理可以被看做是认识各种生态形势的指导模式，这些生态形势是那样新奇，那样难以理解，或者引起了如此不同的反应，以致普通的个人对寻求社会性对策的途径也分辨不清了。动物的各种本能是个人认识这类形势上的指导模式。各种伦理也可能是一种在发展中的共同体的本能。”[2]我们认为，生态伦理学只是人类解除生态危机

1 ［美］奥尔多·利奥波德：《沙乡年鉴》，侯文惠译，长春：吉林人民出版社，1997年，第193-194页。

2 ［美］奥尔多·利奥波德：《沙乡年鉴》，侯文惠译，长春：吉林人民出版社，1997年，第193页。

的手段和途径之一。同时，又不能仅仅局限在这一点上来看待它的功能。

第四，生态伦理学的学科性质。施氏通过对普通伦理学与完善伦理学的比较，认为后者比前者简单得多、也深刻得多。即，完善伦理学是扩展了的普通伦理学。利氏的“大地伦理学”也就是“生态意义上的”伦理学，即生态伦理学。生态伦理学既不是伦理学的扩展，也不是生态学的延伸，更不等于生态学和伦理学相加之和。

第五，生态伦理学与东方传统伦理学的关系。虽然生态伦理学是现时代的产物，但在历史上可以找到它的萌芽形态，或者说，历史上存在着的某些思想经过改造可以发展为生态伦理学。施氏注意到了生态伦理学和古代印度、中国特有的“奉献伦理学”的关系。他认为，“奉献伦理敢于这样思想：奉献不仅应该指向人，而且也应该指向生物，即世界之中的和出现在人的范围之内的所有生命。奉献伦理形成了这样的观念：人对人的行为仅仅是人对存在和世界本身关系的一种表现。在这样宇宙化了之后，奉献伦理就能够希望与始终宇宙化的自我完善伦理相遇，并且与它结合起来”[1]。当然，我们不能将这种一致性夸大绝对化，因为二者的内在机制毕竟不同，但逻辑和历史相一致的原则不能丢。

---

1 ［法］阿尔贝特·施韦泽：《文化哲学》，陈泽环译，上海：上海人民出版社，2008年版，第297页。

第六，生态道德的可能性问题。光强调应将道德扩展到人和自然之间远远不够，还必须从理论上说明这种扩展的可能性（这里的“可能”指的是康德意义下的可能，即能否存在的问题）。施氏认为，人与自然的关系不仅以理性为基础，而且也建立在感情之上，人与其他生物的关系是一种特别紧密联系、互相感激的关系。“只有被感情温暖的理性才会产生出有效的道德力量。”[1]利氏则看到，“一个孤立的以经济的个人利益为基础的保护主义体系，是绝对片面性的。它趋向于忽视，从而也就最终要灭绝很多在土地共同体中缺乏商业价值，但却是（就如我们所能知道的程度）它得以健康运转的基础的成分。”[2] 即，只能从群落健康运行的角度来论证生态道德的可能性，也就是要将世界上所有的存在物看成一个整体，应尊重它们的存在。这两种观点都是将价值引入人和自然的关系中，为论证生态道德的可能性提供了某种理论。

可见，施氏利氏二人所开创的事业正是对作为一门学科的生态伦理学的探讨和研究。自此，生态伦理学作为一门独立的学科开始得到了确立。

1 ［苏］W. 佩特里斯基：《施韦兹伦理学中的人与自然》，山译，《国外社会科学》1982 年第 2 期。

2 ［美］奥尔多·利奥波德：《沙乡年鉴》，侯文惠译，长春：吉林人民出版社，1997 年版，第 203 页。

二、生态伦理学在西方的发展

生态伦理学在西方的进展较为迅速、视野也较为广阔。这有其复杂的社会背景和深刻的社会根源。

第二次世界大战以来，整个西方世界都笼罩在阴影之中。生态危机就是他们头顶上一朵巨大的乌云，因而，20 世纪 60 年代西方工业国家反制度、反权威的青年运动的矛头，主要指向资本主义社会那些粗鄙的世俗风尚，而运动的最初冲击却是在文化方面。或者说，尤其是在“反文化”方面，是在政治，特别是在生态学和环境的生活质量问题方面。“五月风暴”后，整个西方社会的价值观发生了一系列重大的变化，其中重要的一点就是，人们迫切要求直接、尽情地享受大自然的乐趣，要求以与大自然的和睦相处代替对大自然的征服，以对纯自然的追求代替对人造物的追求。西方的生态伦理学正是在这样的背景下发展起来的。大体说来，生态伦理学在西方主要取得了以下几方面的进展：

第一，生态伦理学的研究对象。美国学者 H. 斯蒂芬试图将生态伦理学系统化。他提出了生态伦理学的三个特点：其一，它是完整的（或称为整体论）的伦理学，以地球上整体的各个部分之间的有机联系和继承性作为自己的内容。其二，它扩展了研究对象的范围，使人摆脱了其在伦理学中的中心地位。其三，它鼓励对自然调整和保护的行为，反对损害自然，尤其使不可再生资源枯竭的行为。这种观点虽然取得了较大的突破，但仍没有抓住生态伦理学特有的研究对象。

第二，生态伦理学的研究方法。科兹洛夫斯基把生态伦理学与进化论、人类生态学、“科学的万物有灵论”，与作为人的“光荣和危险”的人道主义，与作为世界观和行为及生活方式的“自然主义”联系了起来。美国的生态学史专家 J. 佩图拉提出了“历史的三位一体”，即生物中心论的传统、生态学本身的传统、经济学的传统等。归纳起来，大体有以下几点：一是研究生态伦理学要和人们的价值观念联系起来，二是要重视自然科学对生态伦理学的重大意义，三是要重视生态伦理学在社会科学中的独特性，四是要重视逻辑和历史的一致（在哲学上），五是必须从高度综合的角度来研究生态伦理学。

第三，生态伦理学的科学功能。美国哲学家 W. 布拉克斯顿认为，生态伦理学是克服生态危机的决定性力量，解除生态危机要求的是文化满足和平衡，而不是物理的或机体的满足和平衡。生态伦理学正能起到这种作用，意味着某种道德的内稳定。荷兰学者 P. 基尔先曼认为，生态伦理学就是“保护伦理学、保存伦理学”。D. 比金斯则从考察整个科学的社会功用的角度规定了生态伦理学的学科功能。他认为，如果整个科学的主要社会任务不是征服和开发自然界，而是从生态学角度负责任地同自然界发生相互作用，使人同自然的关系协调化，那么，生态伦理学的学科功能就昭然若揭了。

第四，生态伦理学的基本问题。西德学者 R. 玛勒指出，“对非人类的自然的关注仅仅是为了人类的生存和生活条件的改善呢，还是同时也为了非人类的自然本身？同时，这也就是要问：是真正的三极结构（指人、社会和自然——引者）存在呢？还是仅仅由于自然资源的短缺以及空气、水和土壤被污染的情况正在显现（这给人类带来有害的后果），因而大自然作为人类生存的环境才比以前变得重要一些？换言之，是仅仅从生态学方面对自由—人道主义伦理观进行补充呢？还是生态危机促使我们有必要对个人和集体的自由与人的价值之间的整个联系重新进行思索，重新认识，从而改变我们的基本态度呢？”[1] 如果这是从生态危机对生态伦理学的关系的角度提出问题，美国学者 H. 瓦格斯乔尔则从科学技术与生态伦理学的关系的角度提出问题。“在错综复杂的生态系统里究竟需要什么形式的伦理学？我们和我们的尖端技术的创造物，即与实际自然平衡相抵触的污染和潜在的社会崩溃问题，应是什么关系？我们与动物界、与无数被我们的技术发明和贪婪所破坏而将灭绝的大量生物种，应是什么关系？”[2]其实，可以将上述两种意见协调起来构成一个整体，它将内在地规定着生态伦理学的发展方向。

---

1 ［德］R. 玛勒：《哲学伦理学与行为准则：伦理学与生态学》，林明译，《自然科学哲学问题丛刊》1983 年第 2 期。

2 ［美］H. 瓦格斯乔尔：《朝着科技文化方向发展的伦理学》，仵劲草译，《哲学译丛》1984 年第 4 期。

第五，生态伦理学的思想渊源和理论基础。在此主要考察以下三个问题。

其一，生态伦理学与万物有灵论的关系。有的学者认为，依靠万物有灵论和同土地的联系，人能够维持其健全而有理性的生活。例如，玛勒指出："原始的伦理学态度一定是很好的，这种态度不是以纯消极的方式与自然相联系，即并非出于人们不得不考虑到自然资源的短缺。这种可能性如何体现为人们以较接近合伙关系的精神去改造人类社会和非人类的自然界，这还是一个悬而未决的问题。"[1] 确实，这仍然是一个"悬而未决"的问题，因为生态伦理学与万物有灵论的内在机制是不同的。我们只有从现代文明的高度才能够理解生态伦理学。充其量，万物有灵论只不过为生态伦理学提供可借鉴的思想史的资料。

其二，生态伦理学与康德哲学的关系。对此有两种看法：一是认为康德哲学与生态伦理学是相矛盾的，生态伦理学正是要突破康德哲学的局限性；另一种意见是，康德哲学为生态伦理学提供了理论根据，生态伦理学应在康德哲学的基础上加以发展。但在进一步分析的过程中，他们都又走向了自己的反面。持前一种观点的人发现，从康德哲学出发有可能走向生态伦理学；持后一种观点的人也发现，康德哲学又可能瓦解生态伦理学。这样，二者殊途同归，各自都构成了一个"二律背反"，

1 ［德］R. 玛勒：《哲学伦理学与行为准则：伦理学与生态学》，林明译，《自然科学哲学问题丛刊》1983 年第 2 期。

这恐怕与整个康德哲学的性质有关。

玛勒持前一种意见。一方面，他认为，康德的“绝对命令”是建立在支配自然的可能性的基础上的，因而，它与生态伦理学是相矛盾的。另一方面，他又认为，当康德讲“似乎支配个人行为准则可以按照你的意志变为一条普遍的自然定律”时，康德所规定的二极结构正在演变为一种三极结构，个人、社会和自然三者结合在一起了。

美国学者 L. 奥斯汀持后一种意见。他认为，美是环境伦理学的基础。他发现，康德的下述看法能够支持生态伦理学：对美的感知是人们判断能力的基础，“人能被纯粹的自然美所感动这个事实，证明了人是为这个世界而产生的，并适应这个世界”。紧接着，他又发现康德从两方面“挖着环境伦理学的墙角”。一是康德认为，只有人类是适合道德关系的基础和主体，自然是排除在外的。二是康德所理解的美的体验是一种有别于其他快乐体验的“大公无私的快乐”，对自然美的美感是排除在外的。

对生态伦理学与康德哲学关系的探讨恐怕是与整个现代西方哲学“回到康德去”的思潮相一致的。

其三，生态伦理学与马克思主义哲学的关系。西方生态伦理学在这个问题上也陷入了“悖论”之中。他们一方面认为马克思主义哲学与生态伦理学相抵触，另一方面又认为二者有相一致之处。玛勒的观点就是如此。一方面，他认为，马克思主义伦理学的出发点是“人基本上是社会性的”，从此出发，就会造成紧张关系，造成对自然界的破坏。另一方面，他又发现马克思在《1844年经济学哲学手稿》中讲过共产主义是自然界实现了的人道主义和人的实现了的自然主义，认为马克思的这种观点与康德等人的考虑是相联系的。其实，这在于他们没有正确理解马克思主义，一方面也在制造着“两个马克思”，另一方面又将“老年马克思”歪曲了。不过，他们还是提出了一个很有意义的课题。

通过对这些问题的探讨，他们认为，传统的人道主义与现代生态伦理学是不相容的，或者如有人指出的，这是“人道主义的僭妄”[1]。

第六，生态伦理学的统一性问题。一般讲来，生态学是对“是”进行陈述，伦理学则规定什么是“应该”的。前者是一门事实性的科学，后者是一门价值性的科学。那么，生态伦理学是如何将“是”与“应该”统一起来的呢？即，生态伦理学是何以可能的呢？这就提出了生态伦理学的统一性问题。

美国学者罗尔斯顿指出，“任何科学研究，不管进行多少次，都永远无法证明应当的东西同最理想的生物群落是一致的。而生物学的论述在肯定应有意义上的生态系统的价值时，它所产生的却正是对自然界的这种评价。在这种情况下，便从

1 ［美］戴维·埃伦费尔德：《人道主义的僭妄》，李云龙译，北京：国际文化出版公司，1988年版。

‘是’，过渡到‘善’，再过渡到‘应该’，于是我们离开科学而转向伦理学有关的评价”[1]。即，应将价值直接包括到生态学知识和研究中去。

M. 萨格夫则直接指出，生态学本身就是具有事实和价值的二重属性和功能。“生态学力求为社会提供两种知识，从而也就是提供两种力量。第一种为我们提供了一个科学框架，在这个框架中，我们可以管理生态系统，以便使我们能从它们那里获得的利益和服务取得最大效益。第二种也提供了一个科学框架，在这个框架中，社会可以正确地鉴别这些系统的质量，并且可以评价与它们有关的一些政策。第一种知识可以通过增加我们管理大自然的能力来推动环境管理的发展。第二种知识则可以通过增加我们对大自然的推崇从而增强我们对自己的控制能力，来促进环境保护的发展。”[2]但如何将二者结合起来，他论及不多。

R. 迪施把生态因素与“一切与一切”的具有总体联系的意识结合了起来。这种联系不仅包括物质关系，而且包括价值、活动和观察生活的方式之间的思想关系，从而提出事实和价值统一的某种理论基础。

但这些观点似乎都没有找到从“是”过渡到“应该”的桥

1 转引自［苏］瓦西连科：《生态伦理学的根据和根源探索》，董进泉译，《现代外国哲学社会科学文摘》1986 年第 11 期。

2［美］M. 萨格夫：《生态科学中的事实与价值》，鲁旭东译，《哲学译丛》1986 年第 4 期。

梁，因为他们都不懂得实践，尤其是劳动的重大作用和意义。对生态伦理学统一性问题的探讨与自休谟以来西方哲学界的价值论思潮紧密相连。

第七，生态道德的可能性问题。西方生态伦理学界对此有三种回答。

一是“非资源的经济价值”的观点。这种观点认为，生态道德之所以可能就在于非资源的自然物具有经济价值，如娱乐和美学价值、未发现的或未开发的价值、稳定生态系统价值、作为生存范例的价值、环境基线和检测价值、科学研究价值、教学价值、栖息地重建价值、保守的价值(避免不可逆转变)。可见，这样论证生态道德还是不能够成立的，难道不具有(其实是未发现)经济价值的自然物、自然环境就不应该保护吗？

二是“非经济价值”(“自然艺术”)的观点。这种观点认为，自然本身具有价值，是与人工艺术不同的另一种，即自然艺术。自然艺术具有独一无二、不可重复的特性，对自然美的感知可以产生一种伦理行为。显然，这种论证也难站住脚。假如自然界还没有或不能从艺术上刺激我们，我们又应该怎么办？

三是“诺亚原理”的观点。这种观点认为，生态道德之所以可能就在于宗教上的理由，正如《圣经·创世纪》中指出的，“洁净的畜类和不洁净的畜类、飞鸟并地上一切的昆虫，都是一对一对的，有公有母，到诺亚那里进入方舟，正如上帝所吩咐诺亚的。”这种观点尽管承认了世界上万事万物的价值，但其荒谬性是显而易见的。

总之，西方生态伦理学对生态道德的可能性问题并没有作出令人满意的回答。但它却从多方面启发着我们进一步思考。

可见，西方生态伦理学从纵横两方面将生态伦理学扩展了。

三、生态伦理学在苏联的发展

苏联学者认为，生态伦理学是“一个现代资产阶级道德哲学派别最流行的名称”[1]。这种认识在某种程度上否定了生态伦理学的科学性。由于下述原因，苏联学术界开始关注起生态伦理学：

一是生态危机已成为遍及全球的重大社会问题。这一问题与人类的伦理道德状况密切相关。若不能在运用其他手段和途径的同时也运用伦理道德的手段和途径，生态危机就不会得到根本解决。他们认为，“长久以来，所谓的道德都是以人为中心的，其全部规范都是对人与人之间的关系的调节。至于与别的生物的关系，涉及甚少。这种关系主要是由传统、经济利益和法律上的规定来调节的。从（20世纪——引者加）50年代起，

1 “生态伦理学”，《伦理学辞典》第五版，苏联政治书籍出版社，1983年版。译文见《道德与文明》1987年第1期。

自然界与人所创造的第二自然界之间的平衡遭到破坏。现在是考虑扩大人的道德行为领域的时候了。”[1] 即，建立和发展生态伦理学有其必要性和重要性。

二是西方一些社会思潮（如新保守主义、新右派和选择运动等）提出了科技进步的伦理——生态方面、通过“人道化”社会解除生态危机、生态学和伦理学的关系等问题，苏联学者认为应与这些资产阶级思潮划清界限。这就迫使他们不得不回答上述问题。[2]

三是新科学技术革命不可估量地扩大了人对自然界的控制权，同时提出了一些问题：为子孙后代保存我们的行星，保护环境，让人们来控制他们自己创造的、有可能威胁人类自身存在的力量。因而，有的学者在 1973 年召开的“科学技术革命和道德”讨论会上公开提出：“现在，对后代命运的担忧产生了对科技进步后果的高度责任感。人对自然界的关系纳入了道德规范和评价的体系。”[3]这样，就提出了发展生态伦理学的问题。

四是由于苏联学者对人的问题日益普遍感兴趣，在研究人的问题的过程中，必然涉及人和自然的关系以及这种关系与道德的关系等问题。因而，有的学者提出，“应当把下述任务包

---

1 ［苏］W. 佩特里斯基：《施韦兹伦理学中的人与自然》，山译，《国外社会科学》1982 年第 2 期。

2 ［苏］达•维多夫：《伦理学与生态学》，陈夔君等译，《现代外国哲学社会科学文摘》1987 年第 1、2 期。

3 转引自贾泽林等：《苏联当代哲学》，北京：人民出版社，1986 年版，第 441 页。

括在最重要的社会任务同时也是人道主义任务之中”，“预见人的活动的社会的、经济的生态的后果”[1]。

在这个过程中，苏联学术界对生态伦理学的有关问题进行了研究。主要有以下几点：

第一，生态伦理学产生的条件。他们认为，正是日益严重的生态危机促使生态伦理学这门学科应运而生。“生态伦理学产生的必然性，可以说是人们已经意识到了无论现在或将来在人类实践的一切条件下，都应关注人类利益这一重要思想的直接后果。”[2]也有的人认为，社会意识基本形式的生态学化必然会触及道德，而道德的生态学化必然会触及伦理学，生态伦理学正是在这样的背景下产生的。[3]后一种观点已深入到生态伦理学研究对象这一层次上来认识生态伦理学产生的条件和必然性。

第二，生态伦理学的研究对象。他们认为，生态伦理学主要研究人和自然相互关系中的道德规范，根据自然和自然资源在今天以及将来对人类的重要意义来探索利用自然资源的道德准则，研制保护生物圈的道德原则。[4] 也有人认为，在生态

1 ［苏］彼・尼・费多谢耶夫：《现时代的辩证法》，李亚卿等译，北京：东方出版社，1986 年版，第 519-520 页。
2 ［苏］Э．斯列皮扬：《生态伦理学》，王兴权编译，《国外社会科学快报》1987 年第 1 期。
3 ［苏］Ю．А．什科连科：《哲学•生态学•宇航学》，范习新译，沈阳：辽宁人民出版社，1988 年，第 226 页。
4 ［苏］Э．斯列皮扬：《生态伦理学》，王兴权编译，《国外社会科学快报》1987 年第 1 期。

学化的伦理学中，人作为伦理关系的主体和对象的作用比在生态学化前的伦理学中大为增长。这在于，在伦理学方面，自然界只是中介人们之间的关系，但“伦理学面向人决不意味着人在某种程度上摆脱他的自然环境或者忽视他的自然环境”。[1]

第三，生态伦理学的研究方法。他们认为，“必须更广泛地吸收经济活动、创造活动、科学和各种各样文化传统中取得的、人和自然界的关系的实践经验，挑出其中有生态学和人道主义价值的内容，建设性地用来解决当代各种问题”[2]。其实，这在某种程度上就表达了他们研究生态伦理学的方法论原则，即理论联系实际。这里的实际是多领域多层次的。

第四，生态伦理学的学科功能。他们认为，提醒重视生态危机的存在和严重性，具有全球性问题的现实意义，生态伦理学在这当中具有特殊的作用。这在于，生态伦理学是合理控制生物圈过程的论据之一，是预防违反生态学常识、不讲道德行径的有效前提，生态伦理学观念可理解为组织少废料或无废料生产，研制内陆或缺水生产线，反复利用大气层、水源和土壤，恢复被破坏的生态体系以及环境保护等工作思想基础的有效组成部分。[3]

---

1 ［苏］Ю．А．什科连科：《哲学•生态学•宇航学》，范习新译，沈阳：辽宁人民出版社，1988 年，第 241 页。

2 ［苏］瓦西连科：《生态伦理学的根据和根源探索》，董进泉译，《现代外国哲学社会科学文摘》1986 年第 11 期。

3 ［苏］Э．斯列皮扬：《生态伦理学》，王兴权编译，《国外社会科学快报》1987 年第 1 期。

第四，生态伦理学的任务。有的论者将生态伦理学的任务规定为：确定它以什么样的知识并以何等方式影响道德和精神。[1] 有的论者将它规定为：揭示现代生态学知识原理中的隐含价值，把这种隐含价值的内容改造为明确的价值内容，寻找并论证这种改造的方法，确定基本价值和派生价值，等等。[2] 后一种看法已深入到从生态伦理学的内在发展逻辑的角度来探讨生态伦理学的任务。

第五，生态伦理学的学科性质。他们认为，生态伦理学是一门在整个伦理学中独具一格的生态学或者是伦理学的生态学化的学科。[3]也有人认为，生态伦理学就是生态学化的伦理学或伦理学的生态学化。[4]

第六，生态伦理学的理论基础。他们认为，生态伦理学的基础是生态学世界观和生态学思维。[5]所谓生态学世界观和生态学思维是指生命现象领域的科学认识的生态学途径。它是从社会和自然的具体可能性，最优解决社会和自然关系问题方面，反映社会和自然相互关系问题的观点、理论和情感的总和，也

---

1 ［苏］Э．斯列皮扬：《生态伦理学》，王兴权编译，《国外社会科学快报》1987年第1期。

2 ［苏］瓦西连科：《生态伦理学的根据和根源探索》，董进泉译，《现代外国哲学社会科学文摘》1986年第11期。

3 ［苏］Э．斯列皮扬：《生态伦理学》，王兴权编译，《国外社会科学快报》1987年第1期。

4 ［苏］Ю．А．什科连科：《哲学•生态学•宇航学》，范习新译，沈阳：辽宁人民出版社，1988年，第240页。

5 ［苏］Э．斯列皮扬：《生态伦理学》，王兴权编译，《国外社会科学快报》1987年第1期。

就是要用生态系统（将人、自然、社会和技术等看成是一个大系统）的观点来分析问题和解决问题。有人认为，不可能纯粹自然主义地论证生态伦理学。这在于，道德更接近于人的个性、个人的世界，人本身在生态学化的道德中占据特殊的地位。[1]还有人认为，生态伦理学的理论基础与其说是科学的生态学知识本身，不如说是这种知识的一般思想基础，它的哲学方法论前提和社会文化前提中隐含着价值。[2]

第七，生态伦理学的运用途径。他们认为，维护生态伦理学观念的有效条件是教育。生态学专业知识是每个人必不可少的财富，同时也是树立生态伦理学观念的前提。获取生态学专业知识的途径是使生态学准则具有“行为规范”的作用，要求每一社会成员都应遵循这一规范，对于自然保护和自然还原活动，应作为人类活动的最重要的范畴予以应有评价，每一个人的社会积极性也同样体现在生态学方面。他们同时指出，进行生态学教育是一个十分复杂的问题，只有具备下述条件才可能成功地解决这一问题：一是建立有关自然、生物圈、维护并合理利用生物圈的条件等概念的完整体系。二是奠定理论原则并研制生态学教育、讲授和启蒙等的实践方法，并使之自成体系，而且应使每一个人在其全部生活过程中时时处处感受到这一

1 ［苏］Ю．А．什科连科：《哲学•生态学•宇航学》，范习新译，沈阳：辽宁人民出版社，1988 年，第 226 页。
2 ［苏］瓦西连科：《生态伦理学的根据和根源探索》，董进泉译，《现代外国哲学社会科学文摘》1986 年第 11 期。

体系的作用。[1]

在苏联存在期间，一些学者试图朝着建立生态伦理学的方向努力，有人将之作为苏联社会科学发展趋势的一个标志。他们将“生态伦理学”与“生态文明”联系了起来。在发表于苏联《人与自然》杂志 1986 年第 10 期的文章指出：“不按生态伦理学的要求行事，便不可能合理地调节人类与自然的生态关系，当然也谈不上人的生态文明。”[2]结合发表在《莫斯科大学学报（科学社会主义）》1984 年第 2 期的《在成熟的社会主义条件下培养个人生态文化的途径》一文来看，苏联主要是在生态文化意义上来理解生态文明的。

四、生态伦理学在中国的发展

我国对生态伦理学的研究是从 20 世纪 80 年代起步的，并得到了相应的发展（尽管有的学者在 20 世纪 60 年代就注意到了这个问题，但遗憾的是没有形成正式的文字材料）。这在于，我们有一个良好的社会环境。党的十一届三中全会以来，我国开展了“五讲四美三热爱”的活动，其中的“讲卫生”和“环境美”就将社会主义精神文明和环境联系了起来；并在《中共中央关于社会主义精神文明建设指导方针的决议》中明确提出，

1 ［苏］Э．斯列皮扬：《生态伦理学》，王兴权编译，《国外社会科学快报》1987 年第 1 期。

2 ［苏］Э．斯列皮扬：《生态伦理学》，王兴权编译，《国外社会科学快报》1987 年第 1 期。

“在社会公共生活中，要大力发扬社会主义人道主义精神”，“保护环境和资源”。[1]这样，就将保护环境和资源看成是社会主义人道主义的内在要求。我国对生态伦理学的探讨情况大体如下：

第一，对生态伦理学出现的背景和条件的研究。我国学者认为，生态伦理学的出现，有以下两方面的背景和条件：一是生态伦理学是对环境退化进行哲学反思的结果。对生态危机的解决首先取决于人们自然观的改变，为此有必要建立生态伦理学。二是科学技术革命的发展提出了许多重要的伦理道德问题，要求伦理学和自然科学紧密结合，生态伦理学便是这种结合的类型之一。

第二，生态伦理学的研究对象。对此大体有以下三种看法：一是认为生态伦理学是一门揭示环境或生态道德的本质及其建构规律的学科；二是认为生态伦理学是一门从道德角度研究人与环境的伦理关系的新兴伦理学学科；三是认为生态伦理学的研究对象是生态的伦理价值和人类对待生态的行为规范。

第三，生态伦理学的研究方法。对此大体有以下两种看法：一是认为生态全息论对于生态伦理学具有方法论意义；二是认为除了要运用类比法、移植法等方法外，作为科学的生态伦理学，还要借鉴西方各国已有的生态伦理学的理论方法并在马克思主义世界观和方法论的指导下去建立。

第四，生态伦理学的学科功能。对此大体有以下三种看法：

1 《十二大以来重要文献选编》下，北京：人民出版社，1988年版，第1182页。

一是认为生态伦理学的学科功能在于使人们彻底改变对自然、对其他生物以及对自己的传统看法，使之恢复到本来应在的地位，同时使人们形成生态道德观念，以道德来处理人和自然的关系。二是认为生态伦理学具有双向的功用。生态学主要为人们认识、改造和保护自然服务，伦理学尽管要为人们的物质资料的直接生产服务，但同时又具有哲学的功用，生态伦理学则是以上二者的“中介”。三是认为生态伦理学能够调节人与环境的关系，从而达到保护环境和人类长远利益的目的。它能够调节人与生物的关系，达到维护生存权和保护生态平衡的目的，能够阐明生态系统中的善与恶、道德与不道德的伦理意义。

第五，生态伦理学的学科性质。对此大体有以下三种看法：一是认为生态伦理学是对环境退化进行哲学反思的学科，二是认为生态伦理学是一门介于生态学和伦理学之间的学科，三是认为生态伦理学是一门新兴的伦理学学科。

第六，生态伦理学的基本问题。对此大体有两种看法：一是认为下述问题是生态伦理学的问题。我们对待整个生态系统和自然资源应该采取什么态度，什么样的行为才是正确的和公正的，什么才是善，人类是否应该对环境退化承担责任等。第二种意见提出了如下问题，人对于环境和各种自然物所作的行为是否存在道德问题，如果存在，其具体情况如何？

第七，生态伦理学的研究内容。大体有以下三种看法：一是认为，生态伦理学首先应该研究在人类对自然界的作用中所体现的人与人的利益关系，制定环境道德规范，充分运用社会伦理功能调节人与人以及人与环境的关系。其次应研究人对自然界的作用所引起的动物和植物生存权利的问题，制定生态伦理规范，用以调节人与生物的关系，保护生态平衡，维护生物的生存权利。二是认为，生态伦理学的内容构架大体包括以下几方面：科学地考察道德与生态环境的关系，揭示人和自然关系的机制与功能，揭示道德的本质及其建构规律；批判和总结各种生态道德理论，揭示生态道德的要素、结构、层次和机制，分析其整体功能，进行多方位研究，科学地总结和概括古今中外的生态伦理思想，从理论上确立和论证共产主义生态道德，进行生态道德教育。三是认为，生态伦理学的研究内容有以下几个方面：研究人类作用于自然环境的行为准则，研究人类作用于生物环境的行为准则，研究生态学领域的伦理道德范畴。

第八，生态伦理学的可能性问题。大体有以下两种看法：一是认为生态伦理学之所以可能就在于它有合理性。其一，伦理学是关于人的科学，而人本身存在着社会和生物两种序列，这二者是相互作用的，因而，伦理学对人的研究就有“人—自然”和“人—社会”两方面，人和自然的关系包括道德关系。其二，道德作为人类生命活动的重要方面，不仅涉及人与人的社会关系，而且涉及处理人与自然的关系。其三，道德作为社会意识形态，不仅反映作为社会存在内容的人与人之间的关系，而且必然要涉及人与自然的关系。其四，道德作为社会历史现象和过程，也必然在人类的自然史和社会史两方面表现出来。二是认为生态伦理学之所以可能就在于以下几点：生态伦理学有自己的独特研究对象——生态道德，生态伦理学有自己独特的学科地位，生态伦理学具有坚实的理论基础——马克思主义哲学中关于人和自然关系的唯物辩证法原理，生态伦理学有其丰富的内容和自身的意义。

第九，对生态道德的研究。我国对生态道德的研究主要取得了以下几方面的进展：

其一，生态道德出现的条件。我国学者认为，日益严重的生态危机要求人们从伦理道德的角度解决人和自然的关系，生态道德是全社会普遍要求的体现。

其二，生态道德的定义。大体有以下三种看法：一是认为生态道德是人们同自然环境交往过程中的一种行为规范；二是认为生态道德是人们同自然环境交往过程中的一种行为规范和评价体系；三是认为生态道德是在人类社会中形成的与自然环境合作、爱惜环境、保护环境的意识和行为规范。

其三，生态道德的可能性问题。大体有以下四种看法：一是认为生态观具有方法论的意义，生态方法具有普适性，生态道德是生态观和生态方法在伦理道德领域运用的结果。第二种看法是将“功利”“价值”等概念引入生态学当中，以此来对生态平衡问题进行“功利评价”。第三种看法认为，在人和自然关系的背后隐含着人和人之间的利益关系，因而，爱护自然、保护环境就是保证人类生存发展的根本条件，就是保护人类的利益。它具有不可忽视的道德价值，应当成为我们的行为规范。第四种意见认为，生态道德之所以可能就在于人与环境的关系不仅仅是一种自然关系，同时包含或隐藏着一定的社会关系，而且这二者是密不可分的。

其四，生态道德的内容和要求。有的学者把它概括为以下三个方面：以自然为友，把改造自然与保护自然结合起来；利用自然资源和保护环境相结合；维护和改善生存环境应成为每个公民具有的生态道德。

其五，生态道德的构成。有人主张生态道德是由生态善恶观、生态良心、生态正义和生态义务四者构成的。

第十，中国传统文化与现代生态伦理意识的关系。主要考察了儒家天人观与现代生态伦理意识的关系，针对有人将上述二者视为一致的看法，有的学者从儒家天人观中存在着的“人类中心主义”、“人类万能主义”和“狭隘道德主义”三个方面论证了二者的对立。

可见，我国对生态伦理学的研究虽然起步较晚，但取得的成就是喜人的。当然，还有众多的问题需要我们去探讨。因此，有的学者将生态伦理学在我国的发展作为我国伦理学发展趋势的标志之一。

第五节 生态伦理学的军事之维

在和平与发展成为时代主题的背景下，军事环境伦理学是对军事与环境关系进行生态伦理学思考的一个专门领域，旨在探求军事与环境之间的价值关系，建构科学而有效的军事生态行为准则，限制或减少军事行为对环境的破坏。

一、“军事环境伦理学”的可能性

“军事环境伦理学”之所以可能就在于：第一，军事和环境之间具有一种内在的关联，和平时期的军事训练和战时的军事行动都要凭借一定的自然条件，但战争必然破坏可持续发展。尤其是现代科学技术的发展，一方面提高了军事战斗力，另一方面又加强了战争对环境的破坏力，如核战争、生物战、化学战和生态战是造成资源破坏和环境恶化的重要因素。第二，在人类文明发展的过程中，一些思想家已对军事和环境关系进行过一些卓越的思考，提出过一些重要的军事生态行为准则。例如，《旧约•申命记》要求不能用结果实的树木来构造军事工程，我国西周《伐崇令》对战争提出了如下要求：“毋坏屋，毋填井，毋伐树木，毋动六畜。有不如令者，死无赦。”第三，在人类争取和平与发展的今天，人们已达成共识，签署国际公约，限制破坏环境的军事行为，1992 年里约联合国环境与发展大会重申“各国应遵守国际法关于在武装冲突期间保护环境的规定，并按必要情况合作促进其进一步发展”[1]。第四，生态伦理学的发展为说明和论证军事生态行为准则提供了一系列的概念和范式，尤其是关于自然界价值的讨论有助于我们科学地把握军事和环境之间的价值关系。

二、中国传统文化中关于军事和环境行为的论述

中国传统文化也提供了可供借鉴的军事生态行为准则。例如：第一，不能进行争夺自然资源而损害人的利益的战争。“争地以战，杀人盈野。争城以战，杀人盈城。此所谓率土地而食人肉，罪不容于死。”（《孟子•离娄上》）第二，战争不能破坏自然资源，尤其是不能破坏农业资源。“王者之军制……不杀老弱，不猎禾稼，服者不禽，格者不舍，犇命者不获。”（《荀子•议兵》）第三，战争必须要遵守生态学的一些基本规律。“凡举大事，毋逆大数，必顺其时，慎因其类。”（《礼记•月令》）

三、军事指挥人员的环境责任

按国外某些学者的看法，军事指挥人员的环境责任分为和平与战时两部分。和平时期的军事生态行为准则包括如下要求：第一，以一种在环境上安全的方式来选定和使用军事基地

1 《迈向 21 世纪——联合国环境与发展大会文献汇编》，中国环境报社编译，北京：中国环境科学出版社，1992 年，第 32 页。

以及其他装备。第二，设计和使用无污染的军工设备。第三，严格控制危险物品。第四，以一种与环境保护相协调的方式来引导和平时期的军事训练。第五，采取适当的步骤保护物种。第六，尽力修复被破坏了的环境。第七，训练参谋人员去帮助指挥人员履行其环境责任。第八，训练士兵们去保护环境。第九，实施一套与恰当的教育、奖罚制度相配套的环境法律。

战时的军事生态行为准则包括以下三个层次：第一，全球性的责任。这是高级指挥官的责任，他们必须考虑战争可能引发的全球性的生态后果。禁止核战争是军事环境伦理学作出的一条重要禁令。第二，战略上的责任。这是负责制定作战计划的指挥官的责任，他们应采取明确的步骤来限制战争对环境的破坏。第三，战术上的责任。这是指挥具体战役的指挥官的责任，他们应该阻止士兵们故意破坏环境的行为，应该采用能够保护环境的战斗步骤。

这些思想有助于建构一套科学而可行的军事生态行为准则，这是军事环境伦理学目前应着重研究的问题。

今天，尽管“冷战”已经结束，但海湾战争、伊拉克战争、阿富汗战争等局部冲突都造成了严重的生态灾难，因此，我们仍然要加强“军事环境伦理学”的研究。

第二章　生态伦理学的儒家思想资源

生态文明建设是关系中华民族永续发展的根本大计。中华民族向来尊重自然、热爱自然，绵延五千多年的中华文明孕育着丰富的生态文化。

——习近平[1]

构建中国特色的生态伦理学学科必须从中国的实际出发，包括从中国思想文化发展的实际出发。马克思主义中国化主要是马克思主义基本原理与中国实际和实践的结合，但是，也包括与中国思想文化的结合问题。习近平总书记指出："要把坚

1 习近平：《论坚持人与自然和谐共生》，北京：中央文献出版社，2022 年，第 1 页。

持马克思主义同弘扬中华优秀传统文化有机结合起来，坚定不移走中国特色社会主义道路。”[1] 我们应该把传统文化和文化传统区分开来。中国共产党是中国优秀文化传统的坚定继承者和弘扬者。

由于中华文明主要属于农耕文明，农业是与自然界联系最为密切的生产方式和生产部门，因此，在长期农耕实践中，在长期与自然界的交往中，我国劳动人民创造了丰富的生态文化或生态成果。在农学方面，我们形成了“桑基鱼塘”、都江堰、坎儿井等一系列的有机农业模式，形成了具有生态农学价值的农学体系。例如，《齐民要术》中有“顺天时，量地利，则用力少而成功多”的记述。[2] 在医学方面，中医药学注重从调适人与自然环境关系的角度来调适人体机能以强身卫体，具有系统医学和生态医学的特征。[3]中国科学家屠呦呦受中药学典籍的启发，发明了治疗疟疾的药物青蒿素，成就造福苍生的科学善举，获得了 2015 年诺贝尔科学奖。在管理方面，中国从古代就建立了“虞衡”这样的管理自然资源的行政机构，按照时令封山育林是虞衡的重要职能。在法律方面，我国很早就发布了

1《习近平在福建考察时强调 在服务和融入新发展格局上展现更大作为 奋力谱写全面建设社会主义现代化国家福建篇章》，《人民日报》2021 年 3 月 26 日第 1 版。

2 张云飞：《中国农家》，北京：宗教文化出版社，1996 年。张云飞：《中国农家》（第二版），北京：中国人民大学出版社，2019 年。

3 张云飞：《中医生态和谐思想的历史进程》，［韩］《中国研究》第 6 辑（ISSN1975-5902），韩国釜山国立大学中国研究所编，2009 年 2 月，第 265-312 页。

保护自然的律令。如，周文王颁布的《伐崇令》规定："毋坏室，毋填井，毋伐树木，毋动六畜。有不如令者，死无赦。"在生活方式方面，中华民族形成了"取之有节、用之有度"的可持续生活习惯和节约美德。正是在这样的基础上和氛围中，中华民族也形成了自己独有的包括生态伦理意识在内的生态文化，丰富和发展了中华文化和中华文明的宝藏，对人类文明，尤其是世界生态文明的发展做出了重要贡献。

先秦儒家的生态伦理思想是儒家甚至是中国古代生态伦理思想发生的"秘密。"《周易》是儒家思想的重要来源之一。据《史记·孔子世家》载："孔子晚而喜《易》，序《彖》《系》《象》《说卦》《文言》。读《易》，韦编三绝。曰：'假我数年，若是，我于《易》则彬彬矣。'"因此，我们将解读《周易》的生态伦理思想作为研究的起点。孔子是儒家的创始人，孟子和荀子是孔子之后的先秦儒家的重要代表人物，因此，他们的生态伦理思想是我们考察的重点。当然，作为研究先秦礼制典籍的《礼记》，也包含丰富的生态伦理思想。[1] 宋明理学关学的重要代表人物张载提出的"民胞物与"是儒家生态伦理思想的集大成者。在此基础上，在推动建立道德本体论的过程中，经过宋明理学，尤其是朱熹哲学，儒家思想传播到了朝鲜和日本，

1 张云飞：《"礼"的生态伦理价值——〈礼记〉读书札记》，[韩]《韩国哲学论集》第 12 辑（ISSN 1598-5024），韩国哲学史学会编，2003 年 3 月，第 249-280 页。张云飞：《天人合一：儒道哲学与生态文明》，北京：中国林业出版社，2019 年版，第 160-184 页。

然后传播到了全世界。在这个过程中，作为东方朱子的李滉作出了重要贡献。缘此，梁启超有诗赞李滉曰："巍巍李夫子，继开一古今，十图传理诀，百世昭人心。云谷琴书润，濂溪风月寻，声教三百载，万国乃同钦。"李滉思想系统总结了儒家的生态观和生态伦理学。[1] 李滉生态伦理思想具有自己鲜明的特色。现代生态伦理学的创立者、诺贝尔和平奖获得者施韦泽在 1950 年的时候就谈到，"动物保护运动从欧洲哲学那里得不到什么支持。"而"中国哲学家孟子，就以感人的语言谈到了对动物的同情"[2]。显然，儒家的生态伦理学在国内外的影响最大。

儒释道三教合流是中华文化发展的重要趋势和特征。在"百家争鸣"和"独尊儒术"的角力中，三者都形成了独具特色的生态伦理学思想。儒家的"民胞物与"、道家的"道法自然"、释家的"无情有性"[3]都是独具特色的生态伦理命题。这些都是我们建构和发展中国特色生态伦理学学科的重要的历史财富。在微观个案研究的基础上，我们应该进入到宏观理论的研究上来，从理论体系上来把握中国生态伦理思想的内在逻

1 张云飞：《退溪自然观的生态意蕴》，【韩】《韩华学报》第 2 号（ISSN 1598-3064），韩华学会编，2003 年 7 月，第 1-13 页。又见张云飞：《天人合一：儒道哲学与生态文明》，北京：中国林业出版社，2019 年版，第 185-194 页。

2 ［法］阿尔贝特•施韦泽：《敬畏生命》，陈泽环译，上海：上海社会科学院出版社，2003 年版，第 72 页。

3 张云飞：《浅析湛然"无情有性"的佛性说》，《内蒙古大学学报》（文史哲版）1986 年第 1 期。

辑和时代价值。[1] 进而，我们应该按照逻辑和历史相统一的原则，深入系统地研究中国古代生态伦理学的历史流变、思想内容、理论贡献、时代启示。[2] 在这个意义上，我们有理由确立“中国传统生态伦理学”的学科研究领域，如“儒家生态伦理学”“道家生态伦理学”“释家生态伦理学”等。这是建构中国特色生态伦理学的发生学研究。

因此，在生态伦理学的研究上，我们必须要有对民族文化的自信。我们主要是从防范西方中心主义和生态中心主义的角度突出中国传统文化的生态伦理价值，而不是为了对抗人类文明，更不是为了对抗马克思主义。更为重要的是，中国传统文化是劳动人民创造成果的体现和表达，而不能简单地将之看作是剥削阶级的上层建筑。人民群众是历史的创造者，是物质财富和精神财富的创造者。难道这一普遍真理在中国传统社会失效了吗？难道这一真理在生态文化上失效了吗？当然，中国传统文化，尤其是儒释道具有明显的时代和阶级的局限性，只是农业文明时代的产物，是封建专制的“南面之术”，我们必须

1 张云飞：《中国儒、道哲学的生态伦理学阐述》，载《环境伦理学进展：评论与阐释》，北京：社会科学文献出版社，1999 年。张云飞：《天人合一：儒道哲学与生态文明》，北京：中国林业出版社，2019 年版，第 121-159 页。

2 *Nature in Asian Traditions of Thought：Essays in Environmental Philosophy*，edited by J. Baird Callicott and Roger T. Ames，New York，State University of New York Press，1989. *Confucianism and Ecology*，edited by Mary Evelyn Tucker and John Berthrong，Cambridge，Massachusetts，Harvard University Press，1998. *Buddhism and Ecology*，edited by Mary Evelyn Tucker and Duncan Ryūken Williams，Cambridge Massachusetts，Harvard University Press，1997. *Daoism and Ecology*，edited by N.J. Girardot，James Miller and Liu Xiao Gan，Cambridge，Massachusetts，Harvard University Press，2001.

对之进行历史分析和阶级分析。其实，尽管出现过“罢黜百家、独尊儒术”的现象，其实，中国封建统治阶级始终信奉和遵循的都是“法家”思想，始终对劳动人民实行严刑酷法，仁义道德只是他们的遮羞布而已。就此而论，儒释道未必走到了中国传统社会的政治前台。同样，在当今，无论是“儒家资本主义”，还是“儒家社会主义”都是伪命题。因此，立足于人民群众的伟大实践，我们要“努力实现传统文化的创造性转化、创新性发展”[1]。当然，建构和发展中国特色的生态伦理学学科，同样必须在马克思主义的指导下，将本来、外来、未来统一起来。只有坚持综合创新，才能避免“意识形态”之争。这样，生态伦理学才能成为客观的论证的科学。

第一节 《周易》的生态伦理思想

《周易》是孔子之前的一部哲学著作，在儒家整个思想的发展过程中具有重要的地位，因此，考察儒家的生态伦理意识，不得不从考察《周易》开始。《易经》和《易传》分属于两个不同的时代，我们这里只讨论《易经》的思想，但也借鉴了传统的以“传”解“经”的方法。

---

1 习近平：《在纪念孔子诞辰 2565 周年国际学术研讨会暨国际儒学联合会第五届会员大会开幕会上的讲话》，《人民日报》2014 年 9 月 25 日第 2 版。

一、《易经》的生态道德基础说

生态伦理学是研究人和自然之间道德关系的学问，因此，如何看待人和自然的关系并在此基础上规定生态道德，就构成了生态伦理学的一个基本的理论问题，我们将之称为生态道德的基础说。受当时社会经济生产状况、科学文化水平和社会制度的影响，《周易》对人和自然关系的认识具有双重性。一方面，它看到了人和自然之间的生态关联，对人和自然关系的认识具有科学性的一面；另一方面，它困惑于自然界的盲目和强制的力量，对人和自然关系的认识具有迷信的一面。正是这两种情况的交织，构成了《易经》的生态道德基础说。

1. 生态道德的生态学基础

《周易》对天地万物的生态关联形成了一定的认识，并将人和自然的关系置入了其中。它用“需”、“颐”、“离”、“困”和“渐”五个范畴（卦）来表示这种关联，而这五个范畴又构成了一个系统，从而显示出《周易》对人和自然关系认识的整体性。因此，弄清楚这五者的含义至关重要。

（1）“需”的含义和生态伦理价值

“需”是继“蒙”之后的一卦，整个卦象是云上于天，象征着未雨绸缪，因此，它有两个方面的含义：一是具有待的意思，要求人们在时机不成熟的时候切不可轻举妄动；二是具有养的意思，而养的最大问题是饮食问题。正如《序卦传》所讲的那样："蒙者，蒙也，物之稚也。物稚不可不养也，故受之以需。需者，饮食之道也。"这就讲明了养的必要性和重要性。而物有物的养，人有人的养，人的养只能靠外界的自然物来解决。因此，从总体上来看，"需"肯定了人和自然的生态关联，但这是一种可能的关联，要将之变成现实还需要一定的条件，因此，要等待时机。而《象传》根据卦象直接指出了"需"的实质："云上于天，需；君子以饮食宴乐。"正因为这样，"民以食为天"成为中国的千年古训。在此基础上，九五爻辞直接肯定了"需"所具有的伦理道德意义，"需于酒食。贞吉"。这就意味着：一方面，统治者要让老百姓休养生息，衣食有终；另一方面，为了保证丰衣足食，又要发展生产，合理有效地利用自然财富。在前者的意义上，"需于酒食。贞吉"是一个社会价值判断；在后者的意义上，"需于酒食。贞吉"是一个生态价值判断。

（2）"颐"的含义和生态伦理价值

"颐"是继"大畜"之后的一卦，其卦象是震下艮上，震为雷，艮为山，上止下动，有口颊之象；又初九和上九两条阳爻之间夹着四条阴爻，阳实而阴虚，亦有口象；可见，"颐"也象征着饮食和养的问题。《序卦传》是这样揭示"颐"的生态学意义的："物畜然后可养，故受之以颐。颐者，养也。"这就揭示出了"颐"是以"养"为前提条件的。而《象传》直接揭示出了"颐"所具有的伦理道德意义："颐，贞吉，养正则吉也。观颐，观其所养也。自求口实，观其自养也。天地养万物，圣人养贤以及万民。颐之时大矣哉！”这就是说，“颐”卦的价值就在于它揭示出了“养”所具有的普遍性和价值性，“养”是一个关系到天地自然、国家社会、生民百姓的大问题。除了具有社会伦理方面的价值外，还具有生态伦理方面的价值。其中，“天地养万物”揭示了天地万物之间的生态关联，说明自然界能够以自己的属性来满足包括人在内的生物的维持生命存在的需要。当然，“天地养万物”存在着一定的规律。这就是“正”，即阳光雨露的施与、阴阳四时的交替没有差忒。在这个意义上，“颐”具有重要的生态伦理意义。

（3）“离”的含义和生态伦理价值

“离”是继“坎”之后的一卦，“离”是“丽”的意思，不是美丽的“丽”，而是附丽的“丽”。如《说文解字》所说，这是一个借字，是指草木相附丽土而生。即它本来就是一个具有生态学意义的概念。“丽”是世界上普遍存在的一种现象，不仅人和人之间、人和社会之间存在着附丽的关系，而且人和自然之间也存在着这种关系，这就是我们所说的生态关联。《象传》对“丽”的普遍性、重要性和价值性作出了这样的揭示：“离，丽也。日月丽乎天，百谷草木丽乎土。重明以丽乎正，乃化成天下。柔丽乎中正，故亨，是以畜牝牛吉也。”这就是说，正是因为日月附丽于天，所以能普照万物；正是因为百谷草木附丽于土地，所以能养动物。像日月与天、百谷草木与土之间存在着生态关联一样，人和自然之间也存在着这样的关系；只有附丽于自然万物，人才能生存和发展。因此，人必须使自己和自然万物的生态关系得到健康的发展。而要使这种关系得到健康的发展（吉），关键是要以“中正”的态度处理各种问题，顺应自然万物（柔）。这样，“柔丽乎中正，故亨，是以畜牝牛吉也”就成为一个生态价值判断。

（4）“困”的含义和生态伦理价值

“困”是继“升”之后的一卦，其卦象是坎（水）下兑（泽）上，本来应该是水在泽中，现在却是水在泽下，有泽中无水之象，象征着由于缺水而导致的泽中的水草枯、鱼类死的悲惨景象，因此，名之为“困”。可见，“困”反映的是事物之间的生态关联被破坏的情况，是生态不协调的状况。由此，《象传》才提醒人们要注意这方面的问题：“泽无水，困；君子以致命遂志。”这就是说，尽管人们陷于困境，面临着生态破坏的压力，但是，不应该消极悲观，坐以待毙，而应该有所作为，“致命遂志”。那么，如何才能摆脱困境呢？一是要有好的工具和手段。九四爻辞说：“来徐徐，困于金车，吝，有终”。为什么困而有终呢？就在于是“困于金车”。“金车”固然是指位尊，但更为重要的是具有器利的意义。即，摆脱困境要有好的工具和手段。二是要有虔诚的心态。九五爻辞说，“劓刖，困于赤绂，乃徐有说。利用祭祀”。这就是说，尽管陷于困境，但是，由于为人刚直不阿，通过祭祀，也可以逐渐摆脱困境。在这个意义上，“泽无水，困；君子以致命遂志”是一个重要的生态伦理学命题。

（5）“渐”的含义和生态伦理价值

“渐”是继艮之后的一卦，其卦象是艮（山）下巽（木）上，木在山上，木因山而高，因此，称为“渐”。假如说“困”反映的是生态关联被破坏的景象，那么，“渐”反映的则是主体逐渐顺应环境、实现生态和谐的情况。它通过鸿寻觅适合自己的生态环境、从而建立起良好的生态关系的曲折经历，说明了人适应和顺应生态环境的重要性。因此，《象传》提出：“山上有木，渐；君子以居贤德善俗。”这就是说，山之生育树木，美而可观，材而可用，反映了良好的生态关系的价值。因此，有德的人观照此卦，不仅应该加强自我的修养，进而影响民众，移风易俗；而且应该强化自己对自然生态环境的道德责任。那么，如何来实现这一点呢？《彖传》提出：“渐之进也，女归吉也。进得位，往有功也。进以正，可以正邦也。其位，刚得中也。止而巽，动不穷也。”这就是说，渐具有向上、上进的意思，但是，人在扩展自己的主体性的过程中，必须处理好自身和环境的关系（得位），按照“中”道的原则行动，反对过犹不及的行为。

这里，“需”从人自身需要满足的角度揭示了人和自然之间的生态关联，“颐”从自然界属性的角度揭示了人和自然之间生态关联的内容，“离”从物质变换普遍性的角度进一步说明了人和自然之间的生态关联，“困”从反面论证了协调人和自然之间生态关系的价值，“渐”从正面肯定了维持和保护人和自然之间正常生态关系的价值。可见，尽管《周易》没有对人和自然之间的生态关联做出系统性的科学说明，但是，它还是通过上述五卦揭示出了世界上万事万物生态关联的客观性和普遍性，说明了维持这种关联的必要性和重要性，从而说明了人和自然之间道德关系的可能性，提供了生态道德的生态学基础。当然，这里的生态学是发生学意义上的生态学，还不是现代科学意义上的生态学。

2. 生态道德的伦理学基础

《周易》还在“神道设教”的基础上对人和自然之间的道德关系进行了规定。尽管“神道设教”是在《易传》中首先提出来的，但是，在《易经》中就已经包含这一思想了。《彖传》在解释“观”卦时提出：“大观在上，顺而巽，中正以观天下。观，盥而不荐，有孚顒若，下观而化也。观天之神道，而四时不忒。圣人以神道设教，而天下服矣。”这就说明，人们之所以要祭天祀地，并不是因为存在着天地之神，而是出于道德教化的考虑。因此，“神道设教”也是一个伦理学命题。

这样，祭祀天地就具有多方面的意义和价值：一是要求人们要遵从和顺应自然运动的规律。春夏秋冬四时依次更替是一条亘古不变的自然规律，因此，人们的生产和生活都应该依时而行；尤其是在农业社会中，更应该重视四时的运动规律，否则，农业生产就难以保证，人们的生存就会存在问题（四时不忒）。在这个意义上，“神道设教”就是一个生态价值命题。二是要求统治者用神道来教化民众，通过养成诚信、肃静、顺从（孚、顒、顺）等品德，来维系社会的正常运转。在这个意义上，“神道设教”又是一个社会价值判断。就前者来看，《周易》在“神道设教”的基础上，肯定了自然崇拜的价值；又通过自然崇拜的形式，说明了人和自然之间的道德关系。这里，“神道设教”是在自然崇拜的基础上发展起来的，而自然崇拜又在“神道设教”中得到了巩固和完善。

（1）天体崇拜

《周易》认为“天”可以主宰人的命运，要求人们将“天”作为崇拜的对象。

一方面，如果人们得到天的帮助和庇荫，那么，人们的行动就可以顺利、成功。例如，《大有·上九》提出了“自天祐之。吉，无不利”的命题。这里，“祐”是助的意思。又如，《大畜·上九》提出了“何天之衢。亨”的判断。这里，“何”是受的意思；“衢”是庇荫的意思。结合起来看，这就是说，人得到天的帮助和庇荫则可以吉、亨，因此，人应该顺从天，将天作为自己崇拜的对象。但是，崇拜天并不是崇拜超自然的具有人格的神，而是要求人们要顺应自然界运行的规律和常则。因此，《系辞传》对《大有·上九》的解释是：“祐者，助也。天之所助者，顺也；人之所助者，信也；履信思乎顺，又以尚贤也。是以‘自天祐之，吉无不利’也。”这里强调的是天人合一与人际和谐对于人类行为的价值。而《象传》对《大畜·上九》的解释是：“何天之衢，道大行也。”这里的“道”就说明了问题的实质，是指天体运行的法则。

另一方面，如果人们的行动违背天意，那么，人们的行动就会遇到挫折甚至是失败。例如，《姤·九五》认为：“以杞包瓜。含章，有陨自天。”这里，“杞”指的是白粱粟；“含”是“胜”的意思；“章”是指“商”。这段话讲的是，为了博得妲己的欢心，殷纣残害忠良，暴虐百姓；这种行为如同割下能够养活人的白粱粟，而用它去包不能充饥的甜瓜一样，违背天意，容易招致天的惩罚。因此，武王伐商、商朝的灭亡是天意的体现。在这个意义上，人们应该崇拜天。尽管这里的“天”是有意志的，但是，它在更多的意义上是与天的运行法则联系在一起。因此，《象传》才提出：“九五含章，中正也。有陨自天，志不舍命也。”这里的“命”不是天命，而是说，人的主观意志不能违背天的运行法则，应该追求的是一种“中正”的方式。

可见，《周易》在道德类比的意义上，将“天”作为了崇拜的对象，在要求人们顺应“天意”的同时，表达了顺应自然的思想。

（2）太阳崇拜

古人对天体的崇拜在很大程度上是对太阳的崇拜，因为太阳是天空中最引人注目的天体，对人们的生产和生活具有重大的影响。《周易》中也保留着太阳崇拜的遗迹。

一方面，它肯定了太阳对人们生产和生活的重大意义，将太阳作为了崇拜的对象。这是通过“离”卦表现出来的。离卦的卦象是离上离下，初爻象早晨日出，万事开头难，因此，初九爻辞告诫人们：“履错然。敬之，无咎。”这就是说，只要小心谨慎，便可无咎。二爻象征日当正午，日暖风和，是最美好的时刻，因此，六二爻辞说：“黄离，元吉。”日当正午时颜色为黄，正午的太阳可称为“黄离”，因而，黄为吉祥色。三爻象征日过午后，天将向晚，万物失掉了普照的机会。为了呼唤太阳明天能够再度出来，因此，应该“鼓缶而歌”，否则便可致“凶”。因此，九三爻辞说：“日昃之离。不鼓缶而歌，则大耋之嗟。凶。”这种情况很像日食发生后的景象。尽管离卦是从正面肯定太阳的价值的，但它具有物极必反的辩证法思想，因此，才说到了“日昃之离”的问题。正因为这样，《象传》才说：“明两作，离；大人以继明照于四方。”这样，离就成为道德的象征，大人就像太阳相继不已、普照天下一样。

另一方面，它看到了人们不能离开太阳，进一步要求将太阳作为崇拜的对象。这是通过“明夷”卦表现出来的。明夷的卦象是离下坤上，像太阳入于地中，天地陷入了一片黑暗之中，万物被剥夺了生存的机会，因此，这是一种不祥之兆。因此，上六的爻辞是这样说的：“不明，晦。初登于天，后入于地。”

面对这种情况，正确的态度应该是身处艰难而不丧失其志，因此，《彖传》提出："明入地中，明夷。内文明而外柔顺，以蒙大难，文王以之。利艰贞，晦其明也。内难而能正其志，箕子以之。"这里，通过"明夷"说明的是文王和箕子的美德。

可见，"离"和"明夷"两卦从相反相成的两个方面肯定了太阳崇拜的价值，《周易》同样是在比德的意义上提出太阳崇拜的。

（3）山体崇拜

山体崇拜也是自然崇拜的一种基本的形式。这在于，一方面高山峻岭中蕴藏着无限的宝藏，草木鸟兽在其中茁壮成长，为人们提供了生活的诸多便利条件。同时，山之高、岭之峻又增加了其神秘性，成为呼风唤雨的对象。《周易》有两处提到了山体崇拜的问题。《随卦·上六》的爻辞说："拘系之，乃从维之。王用亨于西山。"这里的西山也就是岐山，位于镐京之西（今陕西省岐山县东北），因而，又称为西山；"拘"是囚禁的意思，"从"是纵（急走）的意思。这里说的是周文王的一个故事。周文王被商纣囚禁，后来又被释放，以为这是山神在保佑，所以，在出来之后，就在西山举行了祭祀仪式。因此，《升卦·六四》的爻辞才说："王用亨于岐山。吉，无咎。"这就是说，人们之所以将山体作为自己的崇拜对象，就在于山体可以保佑人的平安。这样，就有助于人们形成保护山林资源的习俗。

（4）动物崇拜

动物崇拜是自然崇拜的一种常见的形式。这在于，动物是人类生活资源的重要来源，其肉可食，其乳可饮，其皮可衣，因此，人们对动物具有一种重要的依赖感。《周易》中的动物崇拜，表现为两个方面：

一是对龟的崇拜。对龟的崇拜可能反映了渔猎时代的社会经济生活情况。龟成为吉祥的象征，占卜的用象也取于龟。《损卦·六五》的爻辞说："或益之十朋之龟，弗克违。元吉。"这里，"朋"为货币单位，古代以贝作为货币单位，两贝为一朋，十朋是指高贵的意思。这里说的是，有人来卖价值十朋的乌龟，你不能因为它昂贵就不买它，而应该买下它。这在于，龟肉可食用，龟壳可占卜，由此可以得到好的结果。因此，《益卦·六二》爻辞说："或益之十朋之龟，弗克违。永贞吉。王用享于帝。吉。"这样，龟就不仅成为崇拜的对象，而且成为价值的承担者。

二是对羊的崇拜。对羊的崇拜可能反映了畜牧时代的社会经济生活情况。羊就是祥，善、美和义皆从羊，因此，羊就成为祭祀常用的牺牲品，成为天人之间联系的桥梁。一方面，向神灵献羊，可以使人免除灾祸。《夬卦·九四》的爻辞说："臀无肤，其行次且。牵羊悔亡。闻言不信。"这里说的是，人遭到了皮肉之苦，连站立都成为困难，但是，由于用羊作为牺牲献给了天，最终免除了灾祸。另一方面，向神灵献羊不顺利的话，则是不祥之兆。《归妹·上六》的爻辞说："女承筐，无实，士刲羊，无血。无攸利。"这里说的是，如果在祭祀时羊不出血的话，就表明祭祀不顺利，那么，遇事就应该小心谨慎了。这样，羊也成了价值的承担者。

正是这些自然崇拜的形式使神道设教的思想更为丰富和具体了，同时，自然崇拜也获得了重要的生态伦理意义。即使在科学昌明的今天，也有人直接肯定了原始宗教的生态伦理意义。"自然道德（生态道德——引者注）在一切原始文化，例如在美洲印第安人的文化中，以及在远东文化中都很盛行。"[1]这在于，既然自然物成了人们崇拜的对象，这就有助于人们去尊敬自然、热爱自然、保护自然。

这样，《周易》就以科学和价值相交融的方式说明了人和自然之间道德关系的可能性。而这两个方面也不是不相关的。《周易》在谈人和自然的生态关联时，看到了祭祀对于维持这种关系的重要性，如《困卦·九五》爻辞所讲的"利用祭祀"；而在谈到人对自然进行崇拜的宗教感情时，往往是从人和自然的生态关联出发的，如"神道设教"的落脚点在于"四时不忒"。而这正反映了处于史前发生学阶段的生态道德的基本特征。

1 ［美］J. D. 蒂洛：《伦理学》，孟庆时等译，北京：北京大学出版社，1985 年版，第 10 页。

二、《易经》的生态道德原则说

生态道德是由一系列的规范和评价人类生态行为的准则构成的体系。《周易》的生态道德原则主要表现为以下三个方面：

1. 爱护动物资源的行为规范

动物是人类生活的重要资源，珍惜、爱护动物资源是维持人类生存的内在要求。《周易》也提出了珍惜、爱护动物资源的行为规范。它主要包括三个方面的思想：

（1）“三驱失前禽”的狩猎道德

从伦理道德上关注狩猎问题，是当代生态伦理学的一个重要的方面。《周易》就已经提出了自己的狩猎道德。尽管当时不可能存在由于人为的原因而导致的物种濒危问题，但在《周易》的时代，人们已经懂得了以可持续方式利用野生动物资源的重要性，要求人们在狩猎时不能对动物斩尽杀绝，而应该给他们留下生路并认为这是道德上的基本要求。在《比卦·九五》中，《周易》提出了这样的一个思想：“显比。王用三驱，失前禽。邑人不诫。吉。”这就涉及在道德上以什么方式利用野生动物资源的问题。从“比”的卦象来看，是坤（地）下坎（山）上，象征着水地和合，亲密无比，因此，此卦称为“比”。而“显比”是比的最高形式，九五居君位处中得正，各阴爻都来求比于他，很像人君亲比天下，坦坦荡荡，无所不至，具有至仁至义之德，连禽兽都在其仁德范围之内。这里，“王用三驱，失前禽”说的是古代狩猎时的一种习惯，并由此成了田猎的行为规范。古代田猎，划一定的范围，三面刈草以为长围，一面置旃以为门。打猎时，猎者从门长驱直入，禽兽受到惊吓后，面向猎者从门跑掉的，就任其自然，不予追逐、射杀，留一条生路给它（这其实是给动物留下了可持续生存的条件）；禽兽背着猎者往里跑的，由于三面已围，因此，难以脱身，都成了追猎射杀的对象（这其实是有限制地利用野生动物资源）。尽管邑人（古代的一种官职，或者是君王近旁的人）吓走了鸟兽，但他也不会受到君王的惩罚，因为他给那些鸟兽指出了出路。

而这一故事与“网开三面”的故事在精神实质上是一致的。据记载，“汤出，见野张网四面，祝曰：‘自天下四方，皆入吾网。’汤曰：‘嘻，尽之矣！’乃去其三面。祝曰：‘欲左，左。欲右，右。不用命，乃入吾网。’诸侯闻之，曰：‘汤德至矣，及禽兽。’”（《史记·殷本纪第三》）。这就是说，捕鸟不能一网打尽，这同样是一种道德行为。这里，中国的先人不可能从所谓的生态中心论提出问题，但是，他们是从道德的周延性上提出问题的，认为道德是无所不包的。这样，中华民族的这一整体性的道德观就绕过了人类中心论和生态中心论的二难困境，而在事实上发挥自己从道德上调节人和自然关系的作用。

可见，“显比。王用三驱，失前禽。邑人不诫。吉”这一思想，其实是提出了狩猎道德，要求人们以可持续的方式进行狩猎。以可持续的方式进行狩猎，是一种在生态上和道德上都值得肯定的行为。

（2）“童牛之牿元吉”的家养动物道德

家养动物的出现表明人类文明的发展进入了一个新的阶段。《周易》要求人们要珍惜和爱护家养动物，使其生存不要受到不必要的伤害。“大畜”一卦最能体现这一思想。“大畜”的卦象是乾（天）下艮（山）上，象征着天藏于山中，有胸怀广大、包容万物、畜养万物等意义。在此基础上，“大畜”还提出了一些具体的做法，要求人们要珍惜和爱护家养动物。主要体现在两个方面：

一是饲养牛方面。六四爻辞提出了“童牛之牿元吉”的判断。这里，“童牛”指的是牛犊，“牿”是在牛角上所加的横木，“元吉”也就是大吉。它说的是：牛犊刚长角时，喜欢用牛角触物，但由于其角还未坚实，触物很容易伤其角，因此，为了避免牛犊用角触物伤人或者自伤，应该在其角上加一条横木，这样就可大吉大利。

二是饲养猪方面。六五爻辞提出了“豶豕之牙吉”的判断。这里，“豕”即猪；“豶”是给猪去势；“牙”是一个借字，是指栏杆，也就是今天的猪圈。它说的是：猪去势感觉很痛，其创伤即将平复时也很痒，这样，它往往会急走或擦伤其创伤，最终会使猪丢失或病死，圈养则可以避免这些问题的发生，因此，为吉。

可见，“大畜”的这些思想不仅反映出中国祖先畜牧水平在当时的高度发达程度，而且反映出他们珍惜和爱护家养动物的善德。因此，大畜《彖传》才讲“日新其德”的问题，《象传》才讲“以畜其德”的问题。尽管这种思想在内容和形式上都不同于西方当代的生态伦理学所强调的动物解放，但是，中国的祖先们在当时的历史条件下就意识到动物有感觉，要求从动物的感觉出发来考虑人类的行为，这不能不说是一种生态道德良知的觉醒。总之，珍惜和爱护家养动物，同样是一种在道德上值得肯定的行为。

（3）“虞吉有它不燕”的爱护动物生境的道德

动物以及其他一切生物的存在都离不开一定的生境，生物与生境通过一定的功能方式构成了一个整体——生态系统，因此，要保护动物还必须保护其生存环境，《周易》很重视对动物生境的保护。

一方面，它看到动物只有在一定的适宜的生境条件下才能生存，《中孚・初九》就是讲这个问题的。它提出了“虞吉。有它不燕”的判断。这里，“虞”和“吉”可以互训，是安的意思。它讲的是，只要安于其居（生境）则吉（虞吉），即使遇到了其他方面的变故也无妨大事（有它不燕）。从其整个卦象来看，“中孚”是下兑（泽）上巽（风），初九与九二亲比，象征生物有适宜的生境，因此为吉。另一方面，它看到生境破坏其实就是对动物的危害，动物丧失生境也就会失去生存的条件和机会。《旅·上九》爻辞就是讲这个问题的。它提出了“鸟焚其巢，旅人先笑后号咷。丧牛于易。凶”的判断。巢本来是鸟的居处，今天被烧掉了，鸟也就没有了落脚之处。旅卦的卦象是下艮（山）上离（火），上九阳爻下邻六五阴爻，象征着动物丧失生境，因此为凶。联合国环境与发展大会通过的《生物多样性公约》就是根据下述情况而制定的：“注意到保护生物多样性的基本要求，是就地保护生态系统和自然生境，维持恢复物种在其自然环境中有生存力的群体”[1]。由此，我们不仅可以看出当时生态学的水平，而且可以看出其生态伦理的水平，因为它把“吉”和“凶”这些价值范畴运用到“巢”和“居”这样的生态问题上了。

可见，《周易》已经在可持续的意义上，意识到了爱护和保护动物及其生境的价值，对这些行为在道德上加以了肯定，从而构筑起了自己的生态道德从善性原则。

2. 爱护农业资源的行为规范

农业是人类生存的重要基础。在从渔猎时代、畜牧时代向农业时代过渡的过程中，对农作物这一重要的植物资源的保护尤为重要。《周易》就如何保护农作物和农业环境也提出了自己的看法。主要表现在以下三个方面：

---

1 《生物多样性公约》，《迈向 21 世纪——联合国环境与发展大会文献汇编》，中国环境报社编译，北京：中国环境科学出版社，1992 年版，第 52 页。

（1）“既雨既处尚德载”的重视农业生态因子的思想

农业在很大的程度上要依赖外部的各种因子，因此，如何合理地利用和保护农业的生态因子，是关系农业可持续发展的重大问题，应该成为伦理学关注的问题。《周易》很重视“雨”的问题，有多处提到了“雨”。大体上分为以下几种情况：

一是谈未雨绸缪的问题。如《小过·六五》讲的“密云不雨，自我西郊。公弋，取彼在穴。”

二是说人出门遇雨，虽然行路困难，但于事无妨。如《夬·九三》讲，“君子夬夬独行，遇雨若濡。有愠无咎”。

三是从总体上讲雨的。如“解”卦。解的卦象是下坎（雨）上震（雷），象征着雷行于上、雨降于下的现象，是时天地解开、万物滋生，因此，卦名称为“解”。《彖传》正是这样解释“解”的：“天地解而雷雨作，雷雨作而百果草木皆甲坼。解之时大矣哉！”这里，“甲”是指草木出地，“坼”是指草木出叶。它揭示了天地、雷雨、四时和百果草木之间的生态关联。固然，一切生物的存在都离不开雨，但是，只有在农业时代才会将雨水的价值这样明确地凸现出来，这恐怕是《周易》反复讲雨的缘故。

假如说这些还不能看出雨与农业的关系的话，那么《小畜·上九》所提出的“既雨既处，尚德载”则是直接讲这个问题了。据《说文解字》，“载”是一个借字，是耕的意思；“德载”也就是施耕。整句话说的是，雨后才能耕种（此采闻一多先生说)。将它与上面的思想联系起来看，构成了《周易》重视农业生态因子的思想。《周易》讲雨又是与吉、占吉联系在一起的，也就是将雨同价值问题、人类的行为取向问题联系起来考虑。一般认为，遇雨则吉。如，《睽·上九》中说的“往遇雨则吉”;《贲·九三》所讲的“贲如，濡如。永贞吉”;《鼎·九三》提出的“方雨，亏悔，终吉”; 等等。这样，如何合理地利用和保护农业生态因子，就成了“既雨既处尚德载”的内在要求，这是一种在道德上值得肯定的行为。

(2)兴利除弊的重视田间管理的思想

在农田生态系统中，存在着各种各样的因子，有些有利于农作物的生长，有些则妨碍农作物生长，因此，如何兴利除弊就成为田间管理的重大课题。这里，不仅涉及生态学问题，也许也涉及伦理学问题。《周易》已经注意到了田间管理的重要性，要求兴利除弊，将危害农作物成长的杂草和动物除去。

一方面，它看到了茅草之类的杂草有害于禾稼的成长，因此，为了保证禾稼的茁壮成长，应该勤于锄草。正因为这样，《泰·初九》提出了“拔茅茹以其彙，征吉”的判断。这里，“茅”是草的意思，“茹”是指草根，“以”就是“及”的意思，“彙”是“类”的意思。它说的是，茅草及其同类之物妨碍了禾稼的成长，因此，必须斩草除根，这样才能有好的结果。《否·初六》又反复强调了这一点。可见，将“吉”这一价值范畴运用到“拔茅茹以其彙”这样的田间管理活动中来，就使斩草除根这样的田间管理活动获得了生态伦理的意义。也就是说，“拔茅茹以其彚”是一种在道德上值得肯定的行为。

另一方面，它也看到了田鼠之类的动物也会危害农作物，由此造成的破坏更为严重，因此，为了保证农作物的正常生长，应该注意这方面的问题。正因为这样，《晋·九四》提出“晋如鼫鼠，贞厉”的判断。这里的“鼫鼠”也就是《诗经》中所讲的“硕鼠”，是一种食稼动物，对农作物的危害极大，遇到这种情况就不会有好的收成，遇事占到此爻也为“厉”。

尽管《周易》还没有提出有效的消灭田鼠的方法，但是，在当时的条件下，它注意到了这一问题也是难能可贵的了。在《礼记》中就提出了利用食物链的方法来消灭田鼠的方法：“迎猫为其食田鼠也”（《郊特牲》）。尽管这里有自然崇拜的痕迹，但是，已经表明了中国古代的生态农学水平，看到了利用事物之间相生相克的关系来促进事物发展的重大价值。

（3）“允升大吉”的重视农作物自身成长价值的思想

爱护农作物、保护农业生态环境的落脚点在于农作物的茁壮成长，以最终满足人的需要。《周易》将包括农作物在内的植物自身的顺利成长看作是一种很高的价值，认为这是一种大吉大利的现象。而升卦就是专门讲这个问题的。升卦的卦象是巽（木）下坤（地）上，有地中生木之象，即草木向上生长之象，因此，将此卦称为“升”。升卦的卦辞讲“元亨”，而六爻的爻辞都尽善尽美，没有厉凶咎悔等用语，这在六十四卦中很少见。初六爻辞讲："允升大吉"；将草木的茁壮生长本身视为一种最高的价值。九二讲，"孚乃利用禴，无咎"；"禴"是祭祀的一种形式。九三讲，"升虚邑"；这里说的是洪水未泛滥时择高而居。六四讲，"王用亨于岐山。吉，无咎"；山为草木的生境，亨山表示对山生育草木行为的尊敬。六五讲，"贞吉。升阶"；这再次强调生长本身就是价值。上六讲，"冥升。利于不息之贞"；这说的是冥夜不休，以求上进，自然会有好的结果。这里，尽管我们的祖先还不知道什么生态中心论，但是，他们在那个特定的时代，就懂得了尊敬作物自身生长的价值，这与当代西方生态伦理学所讲的"让河流自己流淌"有什么差别呢？可见，"允升大吉"是一种在道德上值得肯定的行为。

今天，解决全球性环境与发展问题的一个关键因素是，如何在不破坏生态环境和生物资源的条件下来增加粮食的产量。《周易》中的这些思想可能会为全球性绿色革命和可持续农业提供启迪。这也是中国传统生态伦理学的特色，即注重的是经世致用，而不是理论上的构造。

3. 共享自然资源的行为规范

由于地球是所有生物共有的生态环境，每一个物种都要从地球获得维持自己生存所必需的自然资源，而地球本身存在着承载的极限，因此，在自然资源的配置问题上，就涉及两类关系：一是在不同的物种之间如何合理配置资源的问题（种际公平）；二是在同一物种内部如何合理配置资源的问题（种内公平）。这是生态伦理学理应关注的重大问题。在资源配置的问题上，《周易》提出了资源共享的原则，要求在种内和种际两个方面都要体现公正性的原则。

（1）对生物种群的认识

方以类聚，物以群分，是自然界自身存在的一条普遍有效的规律；生物必须在一定的种群中才能存在下去；因而，种群成为现代生态学的基本概念。只有在对种群有了一定把握的基础上，才能合理解决种际公平和种内公平的问题。

《周易》中接近生物种群的概念有：一是“丑”。如《离·上九》说，“王用出征，有嘉折首，获匪其丑。无咎。”这里的“丑”也就是“类”的意思。二是“仇”。如，《鼎·九二》讲，“鼎有实，我仇有疾，不我能即。吉。”这里的“仇”是“匹”的意思。三是“品”。如，《巽·六四》说，“悔亡。田获三品。”这里的“品”也是“类”的意思。四是“群”。如，《涣·六四》讲，“涣其群。元吉”。这里的“群”是“众”的意思。五是“萃”。萃的基本含义是聚，物相会遇必成群，成群必萃聚，所以，此卦称为“萃”。《序卦传》是这样解释的：“物相遇而后聚，故受之以萃。萃者，聚也。”萃卦还有一个显著的特点，六爻无论有应无应，当位不当位，都说无咎，这在六十四卦中也是不多见的。

在上述六个概念中，“萃”是从总体上讲聚和群的，不仅包括有机的生物界，而且包括无机的物理界和社会化的人类；

其他五个概念则各有侧重，其中，“群”和“品”两个概念则专指生物界或人类，具有较强的生态学意义。同时，《周易》还认识到，聚与类、群与分为自然界本身所固有，只有萃聚才能保证生物的生存和发展。因此，《象传》才讲：“萃，聚也”，“观其所聚，而天地万物之情可见矣”。

可见，《周易》对生物种群也有了一定程度的认识，但是，还不可能形成现代生态学意义上的生物种群概念。

（2）“涣其群元吉”的资源种际共享思想

水资源是一切生物生存和发展的基本生态因子。如何合理地分配和利用水资源一直是困扰包括人类在内的一切生物的重大问题，“涣”卦是专门讲这个问题的。涣卦的卦象是坎（水）下巽（风）上，象征着风在水上吹过、水流动不息的现象。六四爻辞进一步提出了公正地配置水资源的问题。它说：“涣其群，元吉。涣有丘，匪夷所思。”这里说的是，水流过众，为大家所共享，大家的生存都得到了保障，因此，这是一种值得肯定的行为。由于共享水资源这一纽带，将原有的不同的小的群体联合成为了大的群体，成了一种超常的事情。不能将这里的“涣有丘”理解为丘陵被水冲击，我们可以从卦象上看出问题。从涣卦的卦象来看，六四这根阴爻与初六阴爻正好相应，而又上邻九五、上九两根阳爻，有臣（六四）率领众（初六）归顺君上（九五）之象，即率领小众而成为大众、率领小群而成为大群之象。

这里，将作为价值观范畴的“元吉”运用在种群之间配置资源的问题上（涣其群），不仅在道德上肯定了资源共享的行为，而且体现了种际公平的原则，认为所有的种群在享用水资源的问题上有同等的权利。

（3）“往来井井”的资源种内共享的思想

假如说涣卦讲的是如何在种际之间共享天然资源的问题，那么，井卦则是专门讲在人群内部如何公正地配置通过人工方式开采出来的资源问题。《周易》六十四卦很少取具体的实物为象，只有“井”卦和“鼎”卦除外。井卦取井象，说明它对饮水和食物问题很重视；鼎卦取鼎象，说明它对食物和祭祀问题很重视。从资源配置的角度来看，井卦强调的是以下几点：

一是强调要对井进行保护。井的出现说明人类文明已经进入了农业文明时代，因而，如何合理地利用和保护井，就成为社会经济生活中的一件大事。《周易》强调要通过整修来使井得到大家的永续利用。初六爻辞讲，“井泥不食，旧井无禽。”它说的是，由于久不修井，致使井泥沉滞，使井不成其为井，连禽兽都不来光顾了，显得一片萧条，因此，人们应该经常掏井。同时，随着修井技术的发展，应该发展砌井。这样，既可以使水井得到永续的利用，也可以保证水井的水质。因此，六四爻辞讲：“井甃，无咎”。这里的“甃”是砌垒、休整的意思。

二是强调水井资源的共享性。《周易》强调水井是为大家共有的，不能为一人一己独霸。上六爻辞讲的就是这个意思，

"井收勿幕，有孚元吉。"这里，"收"是取水的意思，"幕"是井盖。这句爻辞讲的是，井是公用设施，从井中汲上水后，不要把井封得过死，好让其他人能来自由地取水，只有这样，大家才能和睦相处，共同发展，因此，有诚心则吉。如果井向大家敞开了，但大家不来使用，这也是一件痛苦的事情。因此，九三爻辞讲："井渫不食，为我心恻"。这里，"渫"是治的意思。将这些集中起来看，就是卦辞当中讲的"往来井井"的意思：来来往往的一切人都可以自由地使用这个井。

《周易》就是这样从生物存在的种群形式的客观性的角度出发，得出了资源为生物种群共享的思想。《中孚·九二》用一首带韵律的诗句进一步将之概括为："鸣鹤在阴，其子和之；我有好爵，吾与尔靡之。"这里，"阴"借为"荫"；"和"是应的意思；"爵"是指酒杯；"靡"是共的意思。它说的是，老鹤在树荫下鸣叫，幼鹤欢快地和应；我杯中的美酒，可以与你共享。可见，《周易》认为资源共享是一种在道德上值得肯定的行为。

今天，在全球性问题的背景下，有越来越多的人认识到，我们大家都生活在同一个地球上，因此，自然资源应该为大家共享，"对世界的自然资源没有绝对的使用权利；人类必须尽可能公平地保护和共享之，不论其所处的地理位置如何。"[1] 而

1 ［意］奥雷利奥·佩西：《未来的一百页》，汪帼君译，北京：中国展望出版社，1984年版，第159页。

《周易》已经以自己的方式在尝试着解决这一问题了，在当时的条件下构筑起中国自己的生态公平观。

第二节 孔子的生态伦理思想

孔子是儒家的创始人。尽管人伦政治是其关注的重点，但是，也形成了一些重要的生态伦理思想。具体来说，“知者乐水，仁者乐山”这一命题，反映了孔子对于人与自然在生态关系上的一致性的追求。在如何认识和处理人际道德和生态道德的关系这一生态伦理学的基本理论问题上，孔子虽然把人际道德置于生态道德之上，但并未将人际道德看作是道德的唯一轴心。他主张在二者之间建立合理的关系（中庸）。孔子还分别从政治（礼）、心理（仁）和生态学知识（艺）三个方面论述了生态道德何以可能的问题。

一、孔子的生态道德概念

生态道德是生态伦理学中的核心范畴，是指人们规范和评价自身生态行为的准则体系。孔子曾说：“知者乐水，仁者乐山。”（《论语·雍也》，本章第二节以下出自此书者只注明篇名）这一思想很接近现代人们所说的生态道德概念。

1.“知”的含义

在孔子看来，致力于“义”就叫作“知”，而不必求神问鬼，“务民之义，敬鬼神而远之，可谓知矣”（同上）。什么是“义”呢？第一，义是指春秋时代的等级差别以及对这种差别的意识，由此，它才成为了人们的行为规范。只有符合义的言辞才可付诸实施，“信近于义，言可复也”（《学而》），而“言不及义”（《卫灵公》）则是必须加以禁止的。第二，义是理想人格具有的内在品质。在孔子看来，名实相符才可算作义，“夫达也者，质直而好义，察言而观色，虑以下人。”（《颜渊》）这种内在的品质在实际行为中的体现，才展示出理想人格的品德。“君子义以为质，礼以行之，孙（逊）以出之，信以成之。君子哉！”（《卫灵公》）第三，义是外在的行为规范和内在的道德品质相结合所体现出来的强大的道德威力和感召力。孔子看到，“上好义，则民莫敢不服”（《子路》），因此，他将为仕的目的规定为义，“君子之仕也，行其义也”（《微子》）。而行义的目的在于达道，“行义以达其道”（《季氏》）。道将内在和外在两方面的约束统一了起来，成了人们的行为规范。总之，义也就是现代人们所说的道德，因此，说知为义，即是说，知也就是道德。

2.“仁”的含义

仁在《论语》中有以下几层相关联的含义：第一，仁起源于血缘关系，亲亲构成了仁的基础。在孔子看来，“弟子入则孝，出则悌，谨而信，泛爱众，而亲仁。”（《学而》）仁是血缘关系发展的必然，孝悌为仁之根本，“君子务本，本立而道生，孝悌也者，其为人之本欤？”（同上）孔子就是这样将处理血缘关系的准则发展成为处理人际关系的社会准则。第二，仁是推己及人之道。在孔子看来，“夫仁者，己欲立而立人，己欲达而达人。能近取譬，可谓仁之方也已。”（《雍也》）作为社会规范的仁就是通过这种心理机制得以实现的。第三，仁可以作为全德之名。仁要通过具体的德目体现出来，“子张问仁于孔子。孔子曰：‘能行五者于天下为仁矣。’‘请问之。’曰：‘恭、宽、信、敏、惠。’”（《阳货》）这样，仁又转化成统率德目的总称，在这个意义上，知是从属于仁的。总之，孔子所讲的仁也就是我们所讲的道德。

3.“知者乐水、仁者乐山”的含义

“知”“仁”可泛指道德。因此，“智者”“仁者”泛指理想人格或有道德之人。“乐”即“悦”，是喜好、爱好的意思。山水除指具体的山、具体的水之外，也可泛指自然事物。由之，“知者乐水”可释读为，“夫水者，缘理而行，不遗小闻，似有智者。动而下之，似有礼者。蹈深不疑，似有勇者。障防而清，似知命者。历险致远，卒成不毁，似有德者。天地以成，群物以生，国家以宁；万物以平，品物以正。此智者所以乐于水也。”[1]而“仁者乐山”可释读为，“夫山者，万者之所瞻仰也。草木生焉，万物植焉，飞鸟极（集）焉，走兽休焉，四方益取予焉。出云道风，从乎天地之间，天地以成，国家以宁，此仁者所以

1 ［清］刘宝楠：《论语正义》所引《韩诗外传》。

乐于山也。”[1] 因此，“知者乐水、仁者乐山”不仅说的是知、仁之性，而且说的也是知仁之质。即，第一，这一命题反映了从领悟自然之性到领悟人之性的过渡，领悟自然之性和领悟人之性的类似之处唤起了人的道德意识，由此扩展成人的道德行为。第二，这一命题反映了人和自然在生态关系上的一致，“智者乐水，仁者乐山”讲的就是人对自身与自然关系的一种规范和评价的准则。

二、孔子关于生态道德和人际道德关系的看法

生态道德调节的是人和自然的关系，人际道德调节的是人和人（社会）的关系，因此，如何处理认识和处理这两类道德的关系，构成了生态伦理学中又一个基本的理论问题。在这个问题上，孔子的基本观点是，人际道德比生态道德重要（重人贱畜），但人际道德绝不是道德的唯一轴心（毋我），在二者之间应建立合理的关系（中庸）。

1.“重人贱畜”的思想

这一思想是这样提出来的:“厩焚，子退朝，曰:‘伤人乎？’不问马。”(《乡党》）这是由孔子整个思想体系的取向造成的，但重人贱畜思想的形成恐怕也有生态学上的考虑。孔子已在生态学意义上认识到了“群”和“类”的重要性，正是由于他认识到了人和畜分属于不同的群类，才使他形成了重人轻畜的思

1 ［清］刘宝楠:《论语正义》所引《韩诗外传》。

想。据《论语》记载，“长沮、桀溺，耦而耕，孔子过之，使子路问津焉。……耰而不辍。子路行以告。夫子怃然曰：‘鸟兽不可与同群，吾非其人之徒，而谁与？天下有道，丘不与易也。”（《微子》）这里的“群”与下述引文中的群一样，都是指聚集在一起。“群居终日，言不及义，好行小慧，难矣哉！”（《卫灵公》）因而，“群”具有一定的生态学意义，“鸟兽不可与同群”说的是人和鸟兽分属于不同的群。在孔子的思想中也形成了“类”的概念，除其教育思想中“有教无类”（《卫灵公》）的“类”外，他还从生态学上提出了“类”的概念。据《孔子世家》记载，孔子曾说，“丘闻之也，刳胎杀夭则麒麟不至郊，竭泽涸渔则蛟龙不合阴阳，覆巢毁卵则凤凰不翔。何则？君子讳伤其类也。夫鸟兽之于不义也尚知辟之，而况乎丘哉！”[1]站在人类种群的角度来看人和自然的关系，当然是重人贱畜。

2.“毋我”的思想

据《论语》记载：“子绝四，毋意，毋必，毋固，毋我。”（《子罕》）这里，“绝”是断绝、割裂的意思，“意”是计较私利的意思，“必”是指预先有所期的行为（行为出于功利），“固”是执滞不化的意思，而“我”只能解释为自我。据《说文解字》：“我：施身自谓也。”这段话讲的是，孔子断绝了自私、自利、固执和自我这四种行为。孔子为什么要反对以自我为中心呢？这固然在于，“述古而不自作，处群萃而不自异，唯道是从，

1 ［汉］司马迁：《孔子世家》，《史记》卷四十七。

故不有其身。"[1] 对待古人、对待他人不能以自我为中心，在对待自然的行为过程中，难道这种价值取向不也在发挥着重大作用吗？张载认为，"四者有一焉，则与天地不相似。"[2]这里，"与天地不相似"肯定了人和自然的一致。因而，在"仁"的学说结构中，用自我来解释和处理人与自然的关系是行不通的。

3．"中庸"的思想

孔子认为："中庸之为德也，其至矣乎！"（《雍也》）其一，"中"的含义。中是内在适宜的意思。据《说文解字》，"中，内也"，"下上通也。"这里的"中"与下述引文中的"中"相同。"不得中行而与之，必也狂狷乎！"这段引文中的"中"是介于狂（进取）和狷（有所不为）之间的一种适宜的行为。因此，孔子又提出了"允执其中"（《尧曰》）的要求。其二，"庸"的含义。"庸"即用。据《说文解字》："庸，用也。"《论语》是将"中庸"作为一个整体来使用的。从"中庸"作为一种方法来看，"吾有知乎哉？无知也。有鄙夫问于我，空空如也。我叩其两端而竭焉。"（《子罕》）这里，"中庸"体现为执两用中。从"中庸"作为一种行为来看，"君子之于天下也，无适也，无莫也，义之与比"（《里仁》）。这里，"中庸"体现为"过犹不及"（《先进》）。其三，"德"的含义。德包括忠、信、义等内在的道德品质。"主忠信，徙义，崇德也。"（《颜渊》）孔

1 ［三国］何晏：《论语集解》。
2 ［宋］朱熹《论语集注》卷五、卷八。

子要求在政治上要“为政以德”，在刑罚上要“道之以德”（《为政》）。可见，德是一种具有普遍意义的行为规范。综上，“中庸之为德也，其至矣乎”说的是，内在、适宜、有所指的行为具有一般的意义，要将它作为最普遍的思想方法和最高的行为规范来运用。因此，在处理人和自然的关系问题上，在解决人际道德和生态道德的关系问题上，也存在着“中庸”之德。

三、孔子关于生态道德可能性的看法

生态道德何以可能成立？这是生态伦理学中一个根本的理论问题。孔子从三个方面涉及了这一问题。他从“礼”这一最高政治理想出发而趋向于重农，而重农必然要重自然；他从“仁”这一最高道德理想出发而趋向于重道德心理建设，将生态道德建立在同情心的基础上；他自身多技多能的生活经验，使他对生态学知识有一定了解，将生态道德建立在生态学知识的基础上。

1.“克己复礼”的思想以及由此而决定的重农和重自然的思想

孔子的一生是为恢复“周礼”而奔波的一生，“周监于二代，郁郁乎文哉！吾从周。”（《八佾》）而周公则是他心目中的偶像，“甚矣，吾衰也！久矣，吾不复梦见周公。”（《述而》）周同殷一样，都是农业部族，有着重农的传统。周将“以九职任万民”作为了“大宰之职”，而农列为九职之首（《周礼・天官冢宰》)。周公本人大为赞赏文王耕稼的德行:“文王卑服,即康功田功。”(《尚书·周书·无逸》)这里,即为从事的意思,“康功”指平易道路之事,“田功”即为从事农事。可见,周人和周公极为重视作为人和自然之间物质变换基本形式的农业,因而,作为农业生产对象和资料的自然在周礼中也占有重要位置。孔子继承了周人和周公这一重农和重自然的传统,不仅对民“耕也馁在其中矣”(《卫灵公》)抱有一种同情心,提出了“因民之所利而利之”(《尧曰》)的主张,而且提出了“庶—富—教”的模式(《子路》)。反之,超出了“礼”的范围而问稼学圃时,孔子认为这是“小人之事”,绝非“君子之学”。由于在礼的框架内认识自然和农业的重要性,这样,孔子就赋予了重自然以伦理道德意义。

2.“仁”的道德理想以及由此而决定的同情自然物的态度

孔子的理想是恢复周礼,但这是通过“仁”的途径实现的,“克己复礼为仁”(《颜渊》)。当樊迟问“仁”时,孔子直接用“爱人”这种道德感情来解释“仁”(《雍也》),将仁看作是由一系列的道德感情构成的,“刚、毅、木、讷近仁”(《子路》),“能行五者于天下,为仁矣”。“曰:恭、宽、信、敏、惠。”(《阳货》)孔子也用这种心理学的方式来看待自然以及人和自然的关系。据《论语》记载:“曾子有疾,孟敬之问之。曾子言曰:‘鸟之将死,其鸣也哀;人之将死,其言也善。’”(《泰伯》)这里的“哀”也就是怜悯之心,从而唤起了人们的生态良知。又据上引《孔子世家》“君子讳伤其类也”所言，可以看出，“哀”和“讳”构成孔子生态道德的心理基础。

3．孔子的生活经历以及由此而形成的生态学认识对其生态道德理论的影响

孔子的一生是颠沛流离的一生。他自己曾说，“吾少也贱，故多能鄙事”；又说，“吾不试，故艺”（《子罕》）。这就决定了他对待人生和自然的态度都具有务实的倾向。他不仅不轻视“鄙事”，而且尽职做好管理牛羊的工作。据《孟子》记载：“孔子尝为委吏矣，曰：‘会计当而已矣。’尝为乘田矣，曰：‘牛羊茁壮长而已矣。’”（《孟子·万章下》）孔子已看到了人对自然的依赖和自然能为人提供物质资料这一生态学法则。不仅如此，孔子也将掌握生态学知识看成是与道德教化具有同等意义的大事，“小子何莫学夫《诗》！诗，可以兴，可以观，可以群，可以怨；迩之事父，远之事君，多识于鸟兽草木之名。”（《阳货》）为什么将“多识于鸟兽草木之名”置于这样重要的位置呢？正如刘宝楠指出的：“鸟兽草木，所以贵多识者，人饮食之宜，医药之备，必当识别。匪（非）可妄施。故知其名，然后能知其形，知其性。”[1] 因此，当孔子形成其生态道德观念时，这种重自然的生活经历和对生态学知识的重视，难道会不影响他的思维吗？

可见，孔子从政治、心理、生态学三个方面论证了生态道

1 ［清］刘宝楠：《论语正义》。

德的可能性。

四、孔子关于生态道德从善性原则的主张

关于生态道德的评价原则，施韦泽提出："敬畏生命的伦理不承认相对的伦理。对它来说，只有保存和促进生命是善。对生命的任何毁灭和伤害，无论是在什么情况下发生的，都是恶。"[1]前者构成了生态道德的从善性原则，即肯定性原则。后者构成了生态道德的弃恶性原则，即否定性原则。

生态道德的从善性原则规定人们在与自然的交往中应该做什么，或什么样的行为是正当的。孔子曾说："道千乘之国，敬事而信，节用而爱人，使民以时。"（《学而》）这一思想很接近于生态道德的从善性原则。

1．"使民以时"的思想

"使民以时"反映了在以农为本的中国社会中人们生态行为的主导方面。"时"原本指的是四时，后来引申为岁月时刻之用，是我们祖先对生物季节演替这一生态学规律的认识。孔子认为客观自然的运动造成了四时（季）的交替，从而，"时"就成为人们应模仿的范本。"子曰：'予欲无言。'子贡曰："子如不言，则小子何述焉？'子曰：'天何言哉？四时行焉，百物生焉。天何言哉？'"（《阳货》）"使民以时"中的"时"

1［法］阿尔贝特•施韦泽：《文化哲学》，陈泽环译，上海：上海人民出版社，2008年，第313页。

讲的是这一规律在农事中的体现。当然，这还得从考察“民”的含义中才能看出来。人与民是两个不同的概念。民往往是从属于人的，如“周人以栗，曰使民战栗”（《八佾》），“善人教民”（《子路》）；同时，民往往也是从属于上的，如“上好礼，则民莫敢不敬；上好义，则民莫敢不服；上好信，则民莫敢不用情”（同上）；因此，“民之本义，当属农人。”[1]根据上面的考察，“使民以时”也就是要求统治者（上、人）要尊重生物季节演替的生态学规律，不能耽误农时。当然，孔子提出这一主张也有政治上的考虑，“春秋时，兵争之祸亟，日事徵（征）调，多违农时，尤治国者所戒也。”[2]因此，“使民以时”成为中国传统社会中一个普遍的生态价值法则。

2.“节用”的主张

节本来指的是竹节，后引申为节省、节制、节义等几个意思。孔子将之上升到了国策的高度，认为“政在节财。”[3]如何才能做到“节用”和“节财”呢？孔子提出了“尊五美，屏四恶”（《尧曰》）的主张。“五美”指的是，“君子惠而不费，劳而不怨，欲而不贪，泰而不骄，威而不猛”；与之相对的“四恶”是指虐、暴、贼和有司四者。具体来讲，“不教而杀谓之虐；不戒视成谓之暴；慢令致期谓之贼；犹之与人也，出纳之吝谓之有司。”只有这样，“尊五美，屏四恶，斯可以从政矣”

1 ［清］金鹗：《释民》。
2 ［清］刘宝楠：《论语正义》。
3 ［汉］司马迁：《孔子世家》，《史记》卷四十七。

（同上）。美恶的问题也就是一个道德与否的问题。这样，“节用”和“节财”就具有了伦理道德的意义。不仅如此，孔子还在一般意义上提出了如下一个原则，“礼，与其奢也，宁俭；丧，与其易也，宁戚。”（《八佾》）在礼这一最高原则和理想的问题上都提出“宁俭勿奢”的主张，由此可见孔子对“节”的重视。这种道德要求客观上有助于人们保护自然资源。

3．对待“民”的态度

孔子要求统治者一方面要“使民”，另一方面又要“重民”。据《论语》记载，“民、食、丧、祭”是孔子尤为关注的四件大事（《尧曰》）。将民、食置于丧、祭之前，可见他对民、食的重视程度。因此，只有足民才能重民，这样才会有“君足”。“哀公问于有若曰：‘年饥，用不足，如之何？’有若对曰：‘盍彻乎？’曰：‘二（公私田合而为一），吾犹不足，如之何其彻也？’对曰：‘百姓足，君孰与不足？百姓不足，君孰与足？’”（《颜渊》）在此基础上，孔子提出了一个具有普遍意义的法则。他在称赞子产时指出：“有君子之道四焉：其行己也恭，其事上也敬，其养民也惠，其使民也义。”（《公冶长》）这里，“道”指的是伦理原则或最高的道德品性；“养民也惠”，也就是“因民所利而利之”；“使民也义”也就是“节用爱人”；因此，孔子将它们作为道的内在规定，赋予了“养民也惠，使民也义”以伦理道德的价值，而且内在地包含着重视生产以及作为生产对象和工具的自然资源的思想。

可见，孔子大力倡导尊重自然及其规律、有节制地利用自然资源的行为。

五、孔子关于生态道德弃恶性原则的主张

生态道德的弃恶性原则是规定人们在与自然的交往中必须反对什么，或什么样的行为是必须禁止的原则。《论语》中有“子钓而不纲，弋不射宿”（《述而》）这样的记载。以其他材料为佐证，我们认为，这一思想很接近于生态道德的弃恶性原则。

1．“钓而不纲，弋不射宿”的主张

这一主张体现了孔子反对无节制地获取自然资源和毁灭生物物种的思想。这有其生态学依据。据《全上古三代秦汉三国六朝文·全上古三代文》卷一记载，在夏朝时，就有了“夏三月，川泽不入网罟，以成鱼鳖之长”的规定。“钓而不纲”与此相一致。“钓”指的是用一钩而钓鱼的一种方法，“纲”指的是用罗列多钩而捕鱼的一种方法。一钩获鱼少，多钩获鱼多。孔子为什么要舍多取少呢？这在于，孔子捕鱼有不得不为之的原因，但他决不采用竭泽而渔的方法，因为他注意对生物资源的持续利用。同时，《周礼·地官司徒》曾规定打猎“禁麛卵者与其毒矢射者”。“弋不射宿”与此相一致。“弋”指的是用生丝系矢而射鸟的一种方法，“宿”指的是夜宿之鸟。白昼射鸟难，夜取宿鸟易。孔子为什么要舍易取难呢？这在于，孔子

捕鸟有不得不为之的原因，但他决不采用斩尽杀绝的方法，因为他注意保护生物资源的持续存在。

这些思想不仅体现了孔子的生态学思想，而且也可视作他提出的生态道德的弃恶性原则，因为“钓而不纲、弋不射宿”中的两个“不”字体现了孔子在处理人和自然关系上的弃恶的价值取向。习近平同志指出：“我们的先人们早就认识到了生态环境的重要性。《论语》中说：‘子钓而不纲，弋不射宿。’意思是不用大网打鱼，不射夜宿之鸟。……这些关于对自然要取之以时、取之有度的思想，有十分重要的现实意义。”[1]这样，就充分肯定了这一思想对于自然保护的意义。

2.“损者三乐”的思想

“损者三乐”是孔子在指向行为主体的意义上提出的生态道德的弃恶性原则，要求人们不能因为内在的欲望而损害自然。孔子认为，“益者三乐，损者三乐。乐节礼乐，乐道人之善，乐多贤友，益矣。乐骄乐，乐佚游，乐宴乐，损矣。”（《季氏》）这里，“益者三乐”是作为肯定性原则提出来的，“损者三乐”是作为否定性原则提出来的，因此，我们这里主要考察“损者三乐”的问题。“损”本来是灭的意思，后来引申为改动、损害的意思。“骄乐”指的是“侈肆而不知节”，“佚游”指的是“惰慢而恶闻善”，“宴乐”指的是“淫溺而狎小人”[2]。孔子

1 习近平：《论坚持人与自然和谐共生的思想》，北京：中央文献出版社，2022 年版，第 135 页。

2 ［宋］朱熹《论语集注》卷五、卷八。

为什么将“骄乐”“佚游”“宴乐”看成是三种必须禁止的行为呢？这在于，人的欲望在自身之内是不能满足的，为此必须诉诸外部的自然界，而无限膨胀的欲望必然会造成对自然的破坏，因此，在人的欲望和自然之间也存在着一种生态关联。“损者三乐”的思想不仅具有生态学意义，而且也应视作孔子提出的生态道德的弃恶性原则，因为“损益”的问题也就是一个价值问题。对损益的看法与主体的价值评价直接相关。

可见，孔子明确反对破坏和掠夺自然资源的行为。

六、孔子关于生态道德完善性原则的主张

除了从善性（肯定性）原则和弃恶性（否定性）原则，生态道德还应有完善性（选择性）的原则。施韦泽有这样明确的思想，但并未将之直接概括出来。在笔者看来，生态道德的完善性原则规定人们在与自然交往的过程中怎样做最好，将追求人和自然的和谐、统一作为完善道德的目标。孔子说：“礼之用，和为贵”（《学而》）。他在道德上对人与自然的和谐与统一采用了一种认同的态度，这是用“和”这一范畴表现出来的。

1.“和”的生态学含义

“和”的思想来源于我们祖先对物质循环的认识，也包含着我们祖先对宇宙万物和谐一致关系的认识，其本身就是一个生态学上的概念。在处理人际关系时，孔子明确提出：“君子和而不同，小人同而不和。”（《子路》）可见，孔子绝不是无原

则地追求“和”。这种价值取向自然会在生态关系上体现出来，因为“礼之用，和为贵”是作为一个普遍性极强的原则提出来的。孔子对生物和生态环境的辩证关系已有所认识。他一方面看到生物不能脱离生态环境，生态环境是生物存在的条件和场所；另一方面，他看到生物具有选择生态环境的行为功能，生物是生态系统中的主体；这在他关于时、群、类和养的思想中都有所体现。“鱼失水则死，水失鱼犹为水也”[1]一语可视为前一思想的佐证。《孔子世家》中“鸟能择木，木岂能择鸟乎”可视为后一思想的旁证。不仅如此，他对人和自然的辩证关系也有所认识。一方面，孔子肯定了人与自然的生态关联，提出了“多识于鸟兽草木之名”（《阳货》）的要求；另一方面，孔子对禹“卑宫室而尽力乎沟洫”（《泰伯》）的德行大为赞扬和钦佩，看到了人在维持、协调生态平衡中的作用，提出了一个具有普遍意义的原则，“人能弘道，非道弘人”（《论语·卫灵公》）。这样，“和”也就成为孔子提出的道德理想，可视为孔子的生态道德的完善性原则。

2. 人和自然和谐统一思想的政治基础

孔子不仅将人际关系是否有序作为政治是否清明的标准，而且将生态关系是否和谐作为从政是否有方的尺度。《孔子家语》中的一段话可作为佐证。孔子对“子路治浦”三年所取得的政绩曾三次发出了“善哉由也”的赞叹：“入其境，田畴尽

1 《尸子·君治》

易，草莱甚辟，沟洫深治，此其恭敬以信，故其民尽力也。入其邑，墙屋完固，树木甚茂，此其忠信以宽，故其民不偷也。至其庭，庭甚清闲，诸下用命，此其明察以断，故其政不擾也。以此观之，虽三称其善，庸尽其美乎？！”[1]孟子、荀子也多从这一方面肯定人和自然道德上的和谐一致。孔子“和”的思想不仅有其实践基础，而且具有实践价值。

用“和”表达出来的孔子的生态道德的完善性原则是建立在一定的生态学基础上的。这保证了其科学性。它又是与“礼”的政治原则联系在一起的，具有一定的可操作性。但它缺乏哲学上的说明，从而表现了其理论准备上的不足。

第三节 孟子的生态伦理思想

孔子之后，儒分为八，反映出社会和思想的急剧变化。思孟学派是其中的一支。按照子思的思想，孟子主要从仁政方面发展了儒家的思想。在这个过程中，他形成了以“爱物”为核心的生态伦理思想。

一、孟子“爱物”的生态道德概念

在生态道德的概念上，孟子提出了“爱物”的思想。他说：“君子之于物也，爱之而弗仁，于民也，仁之而弗亲。亲亲而

1 《孔子家语•辩政》。

仁民，仁民而爱物。”（《孟子·尽心上》，本节以下涉及《孟子》引文只注篇名）这里的“爱物”略约相当于现代生态伦理学所讲的生态道德。

第一，从“物”在《孟子》一书中的含义来看，大体上有“万物”、“事物”、“外物”以及“植物”等几个含义，但作为“万物”的“物”出现的频率最高，约近20次。就“物”的逻辑实质来看，是一个概括性极强的概念，所反映的逻辑内容就是“万物”。因此，孟子所指的“物”就是天地之间存在的一切事物，即我们今天在一般意义上所讲的自然。

第二，“爱”与“养”是直接联系在一起的。爱首先是人对自身的养护，“人之于身也，兼所爱；兼所爱，则兼所养也。无尺寸之肤不爱焉，则无尺寸之肤不养也。”（《告子上》）将人对自身的这种养护推广到具有血缘关系的人的身上，“爱”也就成为“亲”。“身为天子，弟为匹夫，可谓亲爱之乎？”“亲之，欲其贵也；爱之，欲其富也。”（《万章上》）将“亲爱”推广到人际关系上来，“爱”就与“仁”联系了起来。“爱人不亲，反其仁”（《离娄上》）。仁就是爱的内在规定和准绳。

第三，“仁”起源于人类所固有的怜悯同情之心。“恻隐之心，仁之端也”（《公孙丑上》）。从其社会地位和作用来看，仁是天赋予人的尊贵的品德，具有至高无上的地位。“仁义忠信，乐善不倦，此天爵也”（《告子上》）；同时，仁还充分发挥着维系社会系统的作用。“天子不仁，不保四海；诸侯不仁，不保社稷；卿大夫不仁，不保宗庙；士庶人不仁，不保四体。”（《离娄上》）要之，仁既是“成天”之道，又是“成人”之道。“夫仁，天之尊爵也，人之安宅也。”（《公孙丑上》）从其实质来看，“仁”就是普遍的和最高的道德法则。

第四，作为“爱”之实质和准绳的“仁”具有一种无所不包的强大威力。“仁者以其所爱及其所不爱”（《尽心下》）。因此，以“爱”及“物”也就是将道德法则运用到天地间存在的一切事物上来。

质言之，人们对自身的生态行为要有一套规范和评价的准则，“爱物”也就是类似“生态道德”的概念。

孟子提出的“恩及禽兽”的思想则是对“爱物”的一个最好的注释。他说：“今恩足以及禽兽，而功不至于百姓者，独何与？”（《梁惠王上》，这里涉及的道德关系暂且不论）。“恩”即是“父子主恩，君臣主敬”（《公孙丑下》）之“恩”。它本来指的是父子之间的道德准则，将之运用到禽兽上来，也就成为“爱物”的同义语了。不过，“禽兽”相对于“物”来说，只是一个属概念。因而，可以将“恩及禽兽”看成是对“爱物”的补充和进一步说明。

将孟子的思想作为一个整体来看，他还是大体上提出了“生态道德”概念。“爱物”以及“恩及禽兽”的思想构成了我们考察孟子思想的生态伦理学价值的出发点和前提条件。

二、孟子的道德等级关系思想

在生态道德和人际道德的关系问题上，孟子将“爱物”、“仁民”和“亲亲”看成是一种依序上升的等级关系，由此回答了二者之间的关系问题。

在孟子看来，道德系统是由不同部分构成的一个成等级序列的整体。

第一，道德系统是随着道德关系者的关系的逐步紧密而构成的。“君子之于物也，爱之而弗仁；于民也，仁之而弗亲”说的就是这个意思。物相对于人只具有工具性价值，“物谓凡物可以养人者也，当爱育之，而加之仁，若牺牲不得不杀也。”[1]用“仁”指人，以别于物。这是道德关系层次的提高。仁不尽于亲，以亲别疏。这是道德关系层次的进一步提高。

第二，道德系统随着道德对象范围的逐步扩大而构成。“亲亲而仁民，仁民而爱物”说的就是这个意思。亲亲只限于血缘关系，仁民又扩大到人我关系，爱物则涉及人物关系。这既反映出“用恩之次者也”[2]，又反映出人类调节自身行为对象范围的逐步扩大。

第三，这种道德关系的逐步紧密和道德对象的依次拓宽共同构成了道德系统。上段话讲的就是“君子布德，各有所施。

1 ［东汉］赵岐：《孟子注》卷十三下。
2 ［东汉］赵岐：《孟子注》卷十三下。

事得其宜，故谓之义者也。”[1]

第四，义起源于人类所固有的羞耻憎恶之心。“羞恶之心，义之端也”（《公孙丑上》）。从其地位和作用来看，义要求人们不做一切不应做的事，“人皆有所不为，达之于其所为，义也。……人能充无穿逾之心，而义不可胜用也”（《尽心下》）。义同仁一样对人们的行为起着规范的作用，“仁，人之安宅也；义，人之正路也。”（《离娄上》）从其实质来看，义同样是“天爵”，是第一位的原则。义具有强大的威力。相对于“生”来说，“生亦我所欲也，义亦我所欲也；二者不可得兼，舍生而取义者也。”（《告子上》）。相对于“利”来说，“王何必曰利？亦有仁义而已矣。”（《梁惠王上》）因此，义同样是道德法则。这样，孟子就把孔子提出的“义以为上”（《论语·阳货》）的观点发挥到了极点。

综上，由于亲亲、仁民、爱物事得其宜，才构成了“义”这一道德系统。

在孟子看来，尽管亲亲、仁民、爱物在道德体系中的地位不同，但他们各自的作用是不可抵消的，他们的联系也是不可割断的。

第一，亲亲是道德结构中的基础部分。“事孰为大？事亲为大”，“事亲，事之本也”（《离娄上》）。亲亲规定着人的本质，“不得乎亲，不可以为人；不顺乎亲，不可以为子。”（同上）

---

1 ［清］焦循：《孟子正义》卷十三。

道德的威力由此而扩大。“人人亲其亲，长其长，而天下平。”（同上）由此，从亲过渡到了“仁”。“亲亲，仁也。”（《尽心上》）

第二，仁民是道德结构中承上启下的部分。仁民的关键是“与民同乐”。这内在地规定着“王”。“今王与百姓同乐，则王矣。”（《梁惠王下》）从“仁民”到“乐民”的功用表现在：“乐民之乐者，民亦乐其乐；忧民之忧者，民亦忧其忧。乐以天下，忧以天下，然而不王者，未之有也。”（同上）这构成了乐“鸿雁麋鹿”（《梁惠王上》）、乐“田猎”（《梁惠王下》）的基础。这样，就从“仁民”过渡到了“爱物”。

第三，爱物是道德结构中不可缺少的部分。爱物并非不重要，而是反映了人类认识事物和处理问题的轻重缓急情况。“知者无不知也，当务之为急；仁者无不爱也，急亲贤之为务。尧舜之知而不遍物，急先务也；尧舜之仁不遍爱人，急亲贤也。”（《尽心上》）

当一个人仅仅限于爱物还不是一个完人，只有同时做到亲亲、仁民、爱物的人才可称得上是一个道德上的完人。“舜明于庶物，察于人伦，由仁义行，非行仁义也。”（《离娄下》）这里的“庶物”也就是“万物”，人伦包括亲亲、仁民等。这段话不仅涉及道德分类问题，而且说明了两大类道德的关系。

总之，孟子将生态道德（爱物）看成是整个道德体系（义）的内在构成部分，用等级关系说明了两大类道德的关系，这有其独特之处。

三、孟子的生态道德心理基础思想

孟子说："君子之于禽兽也，见其生，不忍见其死；闻其声，不忍食其肉。"（《梁惠王上》）这样，他就从道德心理学的角度论证了生态道德的可能性。

孟子将心理或情感的原则作为其政治——哲学——伦理学的基本的原则。同样，他从这个角度解释了生态道德的可能性。当齐宣王向孟子讨教诸侯称霸的事情时，孟子问起了他见牛将"衅钟"而"不忍其觳觫"就"以羊易牛"的事情，并从对这种具体事情的讨论中得出了如下一般原则：对动物具有的"不忍之心"就是"仁术"。与此相同的另一个一般原则是："人乍见孺子将入于井"所抱的"怵惕恻隐之心"就是"仁"。这两个原则的一致性在于：

第一，正是这两种行为发生的暂时性与行为对象在行为主体情感或心理上引起的强烈震撼之间的巨大反差，为伦理道德的产生提供了可能。

第二，正是这两种行为的纯目的性才使他们有可能成为普遍的道德法则。就人对动物的行为来看，当齐宣王说"我非爱其财而易之以羊也"时，孟子认为"无伤也，是乃仁术也，见牛未见羊也。"（《梁惠王上》）以羊易牛并不是出于爱财这样的功利目的，而是由行为发生的环境条件决定的（见牛未见羊也），这不仅无损于仁，反而是走向仁的途径。因而，对动物的同情心就具有了一般道德法则的意义，“君子之于禽兽也，见其生，不忍见其死，闻其声，不忍食其肉。”这里的“君子”也就是有道德的人。就人对人的行为来看，“所以谓人皆有不忍人之心者，今人乍见孺子将入于井，皆有怵惕恻隐之心，非所以内交于孺子之父母也，非所以要誉于乡党朋友也，非恶其声而然也。”（《公孙丑上》）人之所以对将掉入井的孺子抱有一种同情心，并不是出于交友、争名和避吵等功利目的，而只出于内心之本然，因而这才是一般的法则（“人皆有不忍人之心”）。

第三，正是这两种行为在发生机制、功能威力上的相同性，才构成了人类伦理道德行为的发生之谜。在孟子看来，“仁、义、礼、智”这四种道德品格源于“恻隐之心”、“羞恶之心”、“辞让之心”和“是非之心”这四种人的心理或情感（《公孙丑上》）。这又规定着人的本质，从而成为最高的或普遍的道德法则（类似于康德的绝对命令）。这一法则具有强大的威力，“以不忍人之心，行不忍人之政，治天下可运之掌上。”（《公孙丑上》）

从上述两类行为的一致性可以看出，“爱物”的基础就在于“不忍”之心。

总之，孟子用道德同情心来论证包括生态道德在内的人类伦理道德的可能性，这有其独到之处，为发展道德心理学提供了可资借鉴的材料。

四、孟子的生态道德从善性原则

生态道德向人提出的第一个要求是：人们应该热爱和尊重大自然。这就是生态道德的从善性原则。孟子说："不违农时，谷不可胜食也；数罟不入洿池，鱼鳖不可胜食也；斧斤以时入山林，材木不可胜用也。谷与鱼鳖不可胜食，材木不可胜用，是使民养生丧死无憾也。养生丧死无憾，王道之始也。"(《梁惠王上》）他将保护自然和有节制地利用自然作为了王道的基础（以民为中介），表达了他对热爱和尊重大自然行为的肯定。

孟子将依时、民本、王道作为一个整体问题来处理，这种三位一体的思想构成了孟子的生态道德的从善性原则。

第一，"时"的含义及对民的要求。首先，孟子所讲"时"也就是一切动植物依据一定时序而发育成长的规律，以及这种规律对人提出的要求。其次，孟子所说的"时"与"谷""麦"等农作物联系在一起，指的是农作物依据季节变化而发育成长的生态规律。最后，孟子所说的"时"讲的是人们依季节变化而有序地进行农业生产的规律。如，"百亩之田，勿夺其时，八口之家可以无饥矣。"(《梁惠王上》）综上，孟子所讲的"时"几乎成为生态季节演替规律的同义词。

第二，"民"的含义以及民对物的依赖。"民"是《孟子》一书中出现频率较高的一个词，大约出现了 20 次。从其含义来看，有时泛指人，有时专指老百姓，有时兼而有之。孟子将民的问题看成是头等重要的大事。他认为："民为贵，社稷次之，君为轻。"（《尽心下》）孟子在一定程度上看到了生活资料对人的重大意义，并将满足人的物质需要看成是"王道之始"。"谷与鱼鳖不可胜食，材木不可胜用，是使民养生丧死无憾也。养生丧死无憾，王道之始也。"

第三，孟子所讲的"王道"也就是"仁政"或"仁"。仁是王、霸之别的准绳。"以力假仁者霸""以德行仁者王"（《公孙丑上》）。因此，王道不仅是孟子的政治主张，也是其伦理原则。

由王道而民本、由民本而依时，这样，孟子就从伦理道德上肯定了"不违农时""食之以时"等原则。正是作为生态季节演替规律同义词的"时"构成了孟子"不违农时""食之以时"等生态道德从善性原则的生态学基础。

孟子已从一般意义上认识到了这一规律的重要性。正如他所引齐人谚语所讲的，"虽有智慧，不如乘势，虽有镃基，不如待时。"（《公孙丑上》）手段和工具（镃基）固然重要，但条件和环境（时）却是不可超越的。因而，一方面，人事活动会影响到自然物的发育生长，"今夫麰麦，播种而耰之，其地同，树之时又同，浡然而生，至于日至之时，皆熟矣。虽有不同，则地有肥硗，雨露之养，人事之不齐也。"（《告子上》）在自然条件相同的情况下，应努力尽人事。另一方面，人事活动却不可能替代自然物自身的规律，这正如"揠苗"与"苗"的关系一样。这就内在地将生态学问题与伦理学问题联系在一起了。

习近平同志指出："《孟子》中说：'不违农时，谷不可胜食也；数罟不入洿池，鱼鳖不可胜食也；斧斤以时入山林，材木不可胜用也。'……这些观念都强调要把天地人统一起来、把自然生态同人类文明联系起来，按照大自然规律活动，取之有时，用之有度，表达了我们的先人对处理人与自然关系的重要认识。"[1] 这样，孟子提出的"不违农时""食之以时"等原则就得到了科学的说明。

孟子用"依时、民本、王道"三位一体的思想表述了他的生态道德的从善性原则，依时是这一原则的核心和生态学基础，保证了这一原则的科学性。

五、孟子的生态道德弃恶性原则

生态道德向人提出的第二个要求是：人们必须反对和禁止破坏和污染大自然的行为。这构成了生态道德的弃恶性原则。孟子反对"辟草莱""任土地"和"从兽无厌"这些行为，从中可以看出其生态道德的弃恶性原则。

反对"辟草莱、任土地"。孟子主张，"善战者服上刑，连诸侯者次之，辟草莱、任土地次之"（《离娄上》）。这构成了其弃恶性原则的主导方面。第一，"草莱"本来指的是杂草之类，

1 习近平：《论坚持人与自然和谐共生》，北京：中央文献出版社，2022 年版，第 1 页。

转指荒芜未开垦的土地。第二，“任土地”泛指对土地的开发和利用。联系《告子下》中孟子将“我能为君辟土地，充府库”的人称为“民贼”来看，这两段话的含义大体相同。第三，孟子所讲的“刑”不单单是指“刑法”或“刑罚”等外在的强制性的行为条律，更指的是与仁、义等内在自觉的行为规范紧密相连的行为条约，刑是从属于仁的，“王如施仁政于民，省刑罚，薄税敛，深耕易耨”(《梁惠王上》)。刑与义是对不同人提出的不同要求。因此，孟子要对“辟草莱、任土地”施“刑”，也就是要将这类行为放在“仁”“义”的准绳下加以衡量。第四，孟子之所以将“辟草莱、任土地”看成是仅次于“善战”“连诸侯”的必须加以禁止的行为，就在于他们“不行仁政而富之，皆弃于孔子者也”(《离娄上》)。这样，反对辟草莱、任土地的主张同时也具有了伦理道德的意义。因此，说辟土地者是民贼，也就是说辟土地者是不道德的。当然，这是从仁政出发来看待人们利用自然的行为的。

当孟子提出反对“从兽无厌”的主张时，进一步发挥了上述主张。他指出：“流连荒亡，为诸侯忧。从流下而忘反谓之流，从流上而忘反谓之连，从兽无厌谓之荒，乐酒无厌谓之亡。先王无流连之乐，荒亡之行。惟君所行也。”(《孟子·梁惠王下》)这里，“从兽”也就是逐兽，指的是田猎活动；“厌”是满足的意思；“从兽无厌”指的是无节制、无满足的田猎行为；这是为有道德者所反对的一种行为。因此，可将之看成是生态道德的弃恶性原则。

孟子反对“辟草莱、任土地”和“从兽无厌”的思想构成了其生态道德的弃恶性原则。他从仁和孔子之道出发反对人们盲目开发和利用自然，将“仁”看成是比“富”更重要的东西。

六、孟子的生态道德完善性原则

生态道德向人提出的第三个要求是：应将追求人和自然的统一作为完善道德的目的。可将之看成是生态道德的完善性原则。孟子说：“万物皆备于我矣。反身而诚，乐莫大焉。强恕而行，求仁莫近焉。”（《尽心上》）这表达了他在伦理道德上的最终选择，可将之看成是他的生态道德的完善性原则。

“万物皆备于我”只是一个伦理道德上的选择性原则，而非本体论上的先验断定。

第一，“万物皆备于我”中的“我”泛指与物相对的所有人，“此我既指人之身，即指天下人人之身”[1]。孟子理论斗争的锋芒直接指向唯我主义。“天下之言不归杨，则归墨。杨氏为我，是无君也；墨氏兼爱，是无父也。……杨墨之道不息，孔子之道不著，是邪说诬民，充塞仁义也。”（《滕文公下》）在这样的背景下，孟子运用“中庸”的思想方法在“为我”和“兼爱”之间另辟蹊径。“杨子取为我，拔一毛而利天下，不为也。墨子兼爱，摩顶放踵利天下，为之。子莫执中。执中为近之。

1 ［清］焦循：《孟子正义》卷十三。

执中无权，犹执一也。所恶执一者，为其贼道也，举一而废百也。”(《尽心上》) 这里的端与中、执与权、一与百所体现出来的辩证威力，使孟子不可能将“我”放在第一位。

第二，“万物皆备于我”这一命题由“反身而诚，乐莫大焉”加以解释。“反身”是指反求诸己或反躬自省等道德上的自省。“诚”也就是“明善”，“诚身有道，不明乎善，不诚其身矣”(《离娄上》)。“善”指人们可追求的东西，“可欲之谓善”(《尽心下》)。只有仁义礼智才是可追求的，因为他们为人们所固有。因此，“反身而诚”指的是人们要自省是否将天所赋予的仁义忠信等道德品格，在自己的内心中扎下了根并由此发扬光大了。假如能做到这一点，即可达到最高的境界。但这还得由“强恕而行，求仁莫近”来加以解释。“强”是奋力、勤勉的意思；“恕”是推己及人之道，“其恕乎，己所不欲，勿施于人”(《论语·卫灵公》)。因此，“强恕而行，求仁莫近”说的是，只要按照推己及人之道去奋力行事，那么，没有比这离仁更近的了。可见，这里的真实逻辑是，由恕而仁、由仁而善、由善而诚、由诚而乐、诚且乐而达于“万物皆备于我”，“万物皆备于我”“反身而诚”“强恕而行”是三而一、一而三的关系，指的是通过道德上的努力而达到的人和自然相统一的境界。

第三，孟子说：“夫君子所过者化，所存者神，上下与天地同流，岂曰小补之哉？”(《尽心上》)这里，“化”也就是“圣”，

“大而化之之谓圣”（《尽心下》）；“神”同样是“圣”，“圣而不可知之之谓神”（同上；补即缝，缝是有所增益、完备的意思），因而，补就是全的意思。这就是说，理想人格或有道德者由于达到了道德上的自觉，将作为天爵的仁义礼智在自己的内心中发扬光大了，因此，在他们的行为中体现出了自身与天地的一致，成为与天地相匹配的第三者，人与自然的合一成为一种最理想的状态。

综上，“万物皆备于我”说的是人们对自身与自然相统一的一种理想状态的追求，指的是道德上的一种最高境界。

孟子的这种思想同样也有生态学上的考虑。他将土地放在了人民、政事之上，将他们看成是政治统治的基础。“诸侯之宝三：土地、人民、政事。宝珠玉者，殃必及身。”（《尽心下》）他看到人和自然的相协调状况对于人事活动尤其是对于作为国家之本农业的重要性，将土地状况的好坏看成是政治是否清明的标准之一。“入其疆，土地辟，田野治，养老尊贤，俊杰在位，则有庆，庆以地。入其疆，土地荒芜，遗老失贤，掊克在位，则有让。”（《告子下》）孟子不是毫无原则地反对“辟草莱、任土地”的。他也赞成“土地辟”“田野治”。这里的关键是从什么原则（仁或富）出发来对待土地的。

正是出于这样的考虑，孟子将作为整体的人和自然的统一作为了农业及王道的基础，提出了一套朴素的生态农学模式。“王欲行之，则盍反其本矣。五亩之宅，树之以桑，五十者可以衣帛矣。鸡豚狗彘之畜，无失其时，七十者可以食肉矣。百亩之田，勿夺其时，八口之家可以无饥矣。谨庠序之教，申之以孝悌之义，颁白者不负戴于道路矣。老者衣帛食肉，黎民不饥不寒，然而不王者，未之有也。”（《梁惠王上》）这样，孟子就勾画出了一幅“宅—桑—衣帛”“畜—时—食肉”“田—时—家—无饥”“衣帛食肉—不饥不寒—王”的生态良性循环画面，从朴素生态农学的角度表达了他对人和自然相协调状态的向往和追求，从而肯定了人和自然的统一。当然，这当中或许存在着井田制的痕迹。

将“万物皆备于我”与孟子提出的朴素生态农学模式联系起来看，可将它看成是孟子提出的生态道德的完善性原则。尽管这一命题带有唯心主义的色彩，将人和自然的协调发展看成是作为天爵的仁义礼智在人内心中的发扬光大的结果，但他毕竟在道德上自觉到了人和自然相协调的重要性。

第四节　荀子的生态伦理思想

孔子之后，荀卿之儒是与思孟学派相平行的一个主要学派。荀子主要从礼制的方面发展了儒家思想，并开启了法家思想的滥觞。孟子思想具有明显的客观唯心论的色彩，荀子思想是朴素唯物论的代表。在此基础上，荀子也形成了自己的生态伦理学思想。

一、荀子的生态道德概念

要考察荀子思想与生态伦理学的关系首先要解决以下几个问题：荀子是否提出过生态道德这一概念？若提出过的话，他为什么要提出这一概念？他是如何理解生态道德与人际道德的关系的？荀子说："夫义者，内节于人而外节于万物者也，上安于主而下调于民者也。内外上下节者，义之情也。"（《荀子·强国》，凡本节以下引文出自此书者均只注篇名）。这里，他已接触到了上述三个问题。

1. 荀子的义者"节于万物者也"的生态道德概念

这里，搞清"义""节"和"万物"三者的含义及其关系就可以基本上解决这个问题了。

什么是义呢？从其起源来看，荀子认为，"夫义者，所以限禁人之为恶与奸者也"（同上）。义的作用就在于弃恶扬善。从其内容来看，义就是"理"。"义，理也"（《大略》），"义者循理"（《议兵》）。理也就是人类行为的标准。"凡事行，有益于理者，立之。无益于理者，废之"，"凡知说，有益于理者，为之；无益于理者，舍之"（《儒效》）。因而，义与理的关系就是，"诚心行义则理"（《不苟》）。同时，义也就是"礼"。这不仅在于礼和理是同一的，而且在于礼是人类的行为准则。"礼以定伦"（《致士》）。因而，义与礼的关系就是："行义以礼，然后义也"（《大略》）。义的作用就在于使人的行为合乎规范。

因而，义是很重要的。“凡为天下之要，义为本”（《强国》）。只有义才能维系天下。孔子也讲过，“君子义以为上”（《论语·阳货》）。荀子的思想是对此的进一步发挥。要之，荀子所讲的义也就是人类规范和评价自身行为的准则体系，即人们今天所讲的道德。

什么是节呢？节就是以礼来规范和评价人类的行为。“审节而不知（应为“和”——引者注），不成礼”（《大略》）。节与礼是同一的。“礼，节也，故成”（同上）。由于礼与义是同一的，因而，可以将节看成是义的具体而实在的运用。

什么是万物？荀子说，“物也者，大共名也。推而共之，共则有共，至于无共然后止。”（《正名》）万物指的就是世界上所有的存在物。

将上述三者联系起来看，所谓义者“节于万物者也”，也就是人类对自身与世界上所有存在物关系的规范和评价，这与现代生态伦理学所理解的生态道德的概念基本上一致。

2．“义节于万物”的方法论依据和要求

荀子之所以提出要将义节于万物同样是为了“解蔽”——避免人和自然关系方面的片面性。他认为，世界上的万事万物都是宇宙这个整体中的不同部分，“万物同宇而异体”（《富国》）。或者说，“万物为道一偏，一物为万物一偏”（《天论》）。《荀子》一书中的“道”字多指道理或道术，唯独这里的“道”

是指大自然。[1] 偏也就是半，引申为一个方面。这句话讲的就是，世界上的万事万物都是大自然的一个方面或一部分，每一具体的事物又是万事万物这一整体的一个方面或一部分。正由于每一个事物各有长短，以自己的特点来审视其他事物就很容易陷于片面性之中而不能自拔。这正是认识上的致命之处。"凡万物异则莫不相为蔽，此心术之公患也。"(《解蔽》)

因而，正确的做法应该是力求全面性、避免片面性。"圣人知心术之患，见蔽塞之祸，故无欲、无恶、无始、无终、无近、无远、无博、无浅、无古、无今，兼陈万物而中县(同"悬")衡焉。是故众异不得相蔽以乱其伦也。"(同上)其所以既应看到己又应看到他，既应看到人又应看到物（兼陈万物），就是为了不因为自己的特殊性（众异）而陷于片面，或只见己不见他或只见人不见物（相蔽以乱其伦也）。"兼陈万物"也就是全面性的要求（衡）。这当然也适用于义。

谁是实现这一任务的主体呢？只有圣王才能做到这一点。"圣王之用也：上察于天，下错于地，塞备天地之间，加施万物之上，微而明，短而长，狭而广，神明博大以至约。"(《王制》)圣王之所以应这样，就在于："天地则已易矣，四时则已偏（"遍"）矣，其在宇中者莫不更始矣，故先王案以此之象也。……上取象于天，下取象于地，中取象于人，人所以群居和一之理尽矣"(《礼论》)。他看到了人类社会的存在和发展取

1 梁启雄：《荀子简释》，北京：古籍出版社，1956 年版，第 231 页。

决于天、地、人这三材，因而，人世间的一切事情都要照顾到这三者及其变化。只有天、地、人三者相协调发展，才可能有人类社会的存在和发展。“君者，善群也。群道当则万物皆得其宜，六畜皆得其长，群生皆得其命。故养长时，则六畜育；杀生时，则草木殖”（《王制》）。君王的职责就在于协调人际关系和生态关系（善群）。

只有这两类关系协调了（群道当），人与人、人与自然才能协调发展（万物皆得其宜，六畜皆得其长，群生皆得其命）。因而，将义节于万物之上是理所当然的了。

荀子对生态道德可能性论证的出发点（解蔽，避免人和自然关系问题上的片面性）和归宿（善群，包括协调人和自然的关系）是可取的。但他将希望寄托在君主和圣王的身上有其历史和阶级的局限性。

3．生态道德与人际道德的关系就是“外”与“内”的关系

荀子讲的“夫义者，内节于人而外节于万物者也”的观念认为，生态道德与人际道德的关系就是外与内的关系。

这固然与荀子对义的看法有关。他将义看成是人的本质规定，认为“水火有气而无生，草木有生而无知，禽兽有知而无义；人有气有生有知亦且有义，故最为天下贵也。力不若牛，走不若马，而牛马为用，何也？曰：人能群，彼不能群也。人何以能群？曰：分。分何以能行？曰：义。”（《王制》）荀子将人看成是一种“群居和一”的存在物，他与其他存在物不同的地方就在于他有“义”。他之所以能够超越其他存在物的地方也在于他有“义”。因而，将义运用到人际关系上是人类自身对与自身相同的存在物关系上的行为的规范和评价。人际道德固属于内（义内节于人者也），而将义运用到人与自然的关系上是人对与自身不同的存在物关系上的行为的规范和评价。生态道德固属于外（义外节于万物者也）。

同时，更为重要的是，这是由荀子对人和自然关系的看法造成的。在荀子之前，唯心主义在天人观上占绝对统治地位。如孟子就有天人相通的主张，荀子“天人之分”的思想正是针对此提出来的。他认为，自然界的灾变与人事无关。“夫星之队（同“坠”），木之鸣，是天地之变，阴阳之化，物之罕至者也。怪之，可也；而畏之，非也。”（《天论》）人事的治乱与天事也无关。“治乱，天邪？曰：日月、星辰、瑞历，是禹、桀之所同也；禹以治，桀以乱，治乱非天也。时邪？曰：繁启、蕃长于春夏，畜积收藏于秋冬，是又禹、桀之所同也，禹以治，桀以乱，治乱非时也。地邪？曰：得地则生，失地则死，是又禹、桀之所同也，禹以治，桀以乱，治乱非地也。”（同上）因而，能否将天和人相区分开来是极其重要的。“君子敬其在己者，而不慕其在天者；小人错其在己者，而慕其在天者。君子敬其在己者，而不慕其在天者，是以日进也；小人错其在己者，而慕其在天者，是以日退也。故君子之所以日进，与小人之所以日退，一也”（同上）。这里所区分的“君子”和“小人”正反映了当时理论思维上两大阵营的对垒。反之，假如是从人类生命活动和生产活动的角度来看天人关系时，荀子往往强调天、人的统一性。例如，他讲过，“无土则人不安居，无人则土不守”（《致士》）。从这种差异来看，人际道德固属于内（义内节于人者也），生态道德属于外（义内外于万物者也）。

下句中所讲的义“上安于主而下调于民者也”不是说义还可以区分为上和下两个方面，而是就义的社会功用来说的。王先谦的《荀子集解》卷十一对这句的解释是：“得其节一则上安而下调”，因此，“内外上下节者，义之情也”是指“义之情皆在得其节”，即义的人际关系方面和生态关系方面各自协调，并且它们双方相互协调才能使它对上（君主）、对下（百姓）的社会功能得以充分而有效地发挥出来。

这样，荀子将人际道德和生态道德看成是道德统一体的两个不同方面，就比将生态道德看成是一般道德的具体运用要高明。

可见，荀子“义节于万物者也”的观念已触及生态伦理学的一些基本理论问题。他探讨了生态道德的概念、生态道德存在的理由、生态道德与人际道德的关系等，其中不乏真知灼见。但他不懂得只有进行物质生产劳动的主体（劳动者）在劳动中才可能真正协调人和自然的关系；也不懂得只有站在实践的高度来审视道德时，它才可以区分为人际道德和生态道德两个方面。这反映了他的历史的局限性和阶级的局限性。

二、荀子的生态道德观念

生态道德是一个由多方面内容构成的复杂整体。要探讨荀子思想与生态伦理学的关系还必须探讨他对生态道德内容的看法。这是我们把握了荀子“义节于万物者也”这一概念后需要深入把握的另一个重大问题，即，“义节于万物者也”包括哪些内容呢？大体说来，有以下三个方面：

1．建立在对生物种群认识基础上的从“爱群”到“孝亲”的生态道德的基础观念

一般来说，人类孝亲的观念和行为是正当的，但在私有制条件下，人们往往将政治内容注入了其中，因而，我们就应具体问题具体分析了。儒家很注重孝亲，但往往将孝亲看成是忠君的基础。孔子认为，“其为人也孝弟（同“悌”），而好犯上者，鲜矣；不好犯上，而好作乱者，未之有也。君子务本，本立而道生。孝弟也者，其为仁之本与？”（《论语·学而》）而荀子讲孝却与此有所不同。他说：“凡生天地之间者，有血气之属必有知，有知之属莫不爱其类。今夫大鸟兽则失亡其群匹，越月逾（同“踰”）时，则必反铅（同“沿”）；过故乡，则必徘徊焉，鸣号焉，踯躅焉，踯躅焉，然后能去之也。小者是燕爵（同“雀”）犹有啁噍之顷焉，然后能去之。故有血气之属莫知于人，故人之于其亲也，至死无穷。”（《礼论》）荀子是从鸟兽、燕雀的爱群推广到了人类的孝亲。

荀子的孝亲伦理道德观念建立在对生物种群认识的基础之上。他从鸟兽、燕雀"失亡其群匹"后所表现出来的"徘徊""鸣号""踯躅""啁噍"等看到了种群（群匹）对生物的重要性。在更一般的意义上，他已认识到，"物类之起，必有所始。……草木畴生，禽兽群也，物各从其类也。"（《劝学》）这里的"类"也就是后面所引的"凡生天地之间者，有血气之属必有知，有知之属，莫不爱其类"之类，也就是下文所引的"先祖者，类之本也"之类；这里的"畴"如杨倞所说的即是俦，也就是类。[1] 这里的"群"如梁启雄所说的即是"物以群分"之群，同类为群，如雁与雁聚居，羊与羊聚居，这就是群居（同上）；这里的类、畴和群也就相当于现在所讲的种群。现代生态学认为，生物种的存在并不是以单个个体生存的形式存在的，而必须是同种个体集聚在一起以群的形式而存在，种群是物种存在的基本形式。

对人来说，更是如此。荀子认为，"人之生，不能无群"（《富国》）。人类之所以应该孝亲，孝亲的观念和行为之所以是正当的，就在于："先祖者，类之本也"（《礼论》）。当然，荀子也看到了"禽兽有父子而无父子之亲"（《非相》）。这种区别就在于人的孝亲观念和行为是受礼统率的。"礼也者，贵者敬焉，老者孝焉，长者弟（悌）焉，幼者慈焉，贱者惠焉。"（《大略》）

荀子也将孝亲与忠君统一起来，认为"上无君师，下无父

1 梁启雄：《荀子简释》，北京：古籍出版社，1957 年版，第 4 页。

子，夫是之谓至乱”（《王制》）。这样，人类的孝亲与动物的爱群又有所区别。荀子最终还是没有超出儒家樊篱。

他对孝亲与爱群关系的看法正反映了他对人和自然关系的看法，或这种看法本身构成了他对人和自然关系看法的一部分，即人与自然是既相联系又相区别的。荀子对“义节于万物者也”其他内容的规定深受这种看法的影响。

2．建立在对生物生长发育规律认识上依靠“圣王”保护自然生态道德的义务观念

荀子认为：“杀大（同“太”）蚤（同“早”），朝大晚，非礼也。”（《大略》）联系下述引文中荀子反复强调的“时”来看，这里所讲的“太早”也就是下面引文中所说的“违时”。这句话的意思就是，田猎活动不按生物生长发育的规律进行就是非礼的。

为什么要将田猎活动放在礼的尺度下来审视呢？首先，礼的基本规定。他认为：“礼有三本：天地者，生之本也；先祖者，类之本也；君师者，治之本也。无天地，恶生？无先祖，恶出？无君师，恶治？三者偏亡，焉无安人？故礼，上事天，下事地，尊先祖而隆君师，是礼之三本也。”（《礼论》）即，人类的生死存亡全系于天地（自然）、先祖和君师这三者，天地构成了人类生产活动的基础，先祖是人类自身生产的基础，君师维系着这两种活动的进行从而构成了社会安定的基础，这三者构成了“礼”这一人类最根本的行为准则的基础，礼的功用就在于保证人类行为不侵犯和损害这三者及其关系。显然，假如没有将礼事于天地，那么，礼就是不全面的。不全面的礼也就不成其为礼。这一思想也就是“义者，内节于人而外节于万物者也”的意思。

根据什么来将礼事于天地呢？这只能根据“时”，即生物生长发育的规律。荀子认为，“圣王之制也：草木荣华滋硕之时，则斧斤不入山林，不夭其生，不绝其长也；鼋鼍、鱼鳖、鳅鳣孕别之时，罔罟、毒药不入泽，不夭其生，不绝其长也；春耕、夏耘、秋收、冬藏四者不失时，故五谷不绝而百姓有余食也；污池、渊沼、川泽谨其时禁，故鱼鳖优多而百姓有余用也；斩伐养长不失其时，故山林不童而百姓有余材也。”（《王制》）。这里，他反复强调的就是“时”，他要求人们在生物生长发育的期间内不要采伐、捕捞它们。其所以要求人们对动植物承担起“不夭其生”“不绝其长”的义务，就是为了使百姓有“余食”“余用”和“余材”。

他将这一义务的完成寄托在圣王的身上，将之看成是政治是否清明的一个重要标志，不仅将之作为“圣王之制”的内在规定，而且也将之作为“王者之法”的内在规定。他还说过，“山林泽梁，以时禁发而不税”“王者之法也”（同上）。这固然有限制封建统治的一面，但也有迷信圣王的一面。孟子也说过：“不违农时，穀不可胜食也；数罟不入洿池，鱼鳖不可胜食也；斧斤以时入山林，材木不可胜用也。穀与鱼鳖不可胜食，材木不可胜用，是使民养生丧死无憾也。养生丧死无憾，王道之始也。”（《孟子·梁惠王上》）可见，荀子将孟子上述思想进一步展开了。习近平同志指出，“我们的先人们早就认识到了生态环境的重要性。……荀子说：‘草木荣华滋硕之时则斧斤不入山林，不夭其生，不绝其长也；鼋鼍、鱼鳖、鳅鳝孕别之时，罔罟、毒药不入泽，不夭其生，不绝其长也。’……这些关于对自然要取之以时、取之有度的思想，有十分重要的现实意义。”[1] 这充分肯定了荀子上述思想的价值。

因而，从一个国家和地区的自然状况可以窥视到其政治状况和伦理道德状况，在农业生产占主导地位的社会形态下，土地状况更能说明这一问题，良好的土地状况说明其政治和道德状况也是良好的。“县鄙将轻田野之税，省刀布之敛，罕举力役，无夺农时，如是，则农夫莫不朴力而寡能矣……农夫朴力而寡能，则上不失天时，下不失地利，中得人和，而百事不废。是之谓政令行，风俗美。”（《王霸》）反之，恶劣的土地状况说明其政治和道德状况是成问题的。“观国之治乱臧否，至于疆易（同“场”）而端已见矣。……入其境，其田畴秽，都邑露，是贪主矣。”（《富国》）这其实表达的是农业文明时代的生态伦理愿望。

可见，荀子将保护自然的问题上升到礼的高度来进行认

---

1 习近平：《论坚持人与自然和谐共生》，北京：中央文献出版社，2022 年版，第 135 页。

识，既有其科学基础（时，尊重生物生长发育的规律），也有其民本主义思想基础（使百姓有余食、余用和余材），还有其维护封建统治的意向（使圣王之制和王者之法更加完全、彻底）。

3．建立在对自然规律客观实在性认识基础上的“以诚配天”的生态道德的理想观念

荀子也将人和自然的协调发展作为一种理想状态而加以追求。他说：“君子养心莫善于诚，致诚则无它事矣，唯仁之为守，唯义之为行。诚心守仁则形，形则神，神则能化矣。诚心行义则理，理则明，明则能变矣。变化代兴，谓之天德。天不言而人推高焉，地不言而人推厚焉，四时不言而百姓期焉，夫此有常，以至其诚者也。君子至德，嘿（同“默”）然而喻，未施而亲，不怒而威，夫此顺命，以慎其独者也。善之为道者，不诚则不独，不独则不形，不形则虽作于心，见于色，出于言，民犹若未从也，虽从必疑。天地为大矣，不诚则不能化万物；圣人为知矣，不诚则不能化万民；父子为亲矣，不诚则疏；君子为尊矣，不诚则卑。夫诚者，君子之所守也，而政事之本也。”（《不苟》）这里，我们只要搞清“诚”（或“致诚”）和“慎独”二者的含义及其关系就可以看出，荀子也是强调天人协调的思想家。

荀子所讲的诚也就是“常”。“天不言而人推高焉，地不言而人推厚焉，四时不言而百姓期焉，夫此有常，以至其诚者也”，因而，这里的“常”也就是“天有常道矣，地有常数矣”“君

子道其常”（《天论》）之“常”，也就是“天行有常，不为尧存，不为桀亡”（同上）之“常”，讲的就是自然界万事万物运动变化的规律。因而，他才讲“天地为大矣，不诚则不能化万物”。这也就是孟子所讲的“诚者天之道也”（《孟子·离娄上》）的意思。作为天道的诚之前加一个“致”字，形成一个主从结构，这里的致诚是指自然界运动变化规律的客观实在性。

什么是慎独呢？这里的慎独不是指别人所不见、所不知的个人独处、独行、独言的状态，而是指“诚”。“不诚则不独”。荀子又说：“是以不诱于誉，不恐于诽，率道而行，端然正己，不为物倾倒，夫是之谓诚君子。”（《非十二子》）这里，他将“率道而行”作为“诚君子”的内在规定之一。尽管荀子所讲的道有多重含义，但这里与“诚”相对的“道”也就是“常”，如下面所引的“壹于道则正，以赞稽物则察”之“道”，因而，这里的“诚”也就是“慎独”。要之，慎独也就是致诚，就是指人对自然规律的顺应，“夫此顺命，以慎其独者”。慎独也就是成人之道。这也就是孟子所讲的“思诚者人之道也”（《孟子·离娄上》）的意思。作为成人之道的“诚”前加一个“致”字，形成一个动宾结构，这里的“致诚”是指人努力去适应自然规律。

在荀子看来，慎独与致诚的关系就是，人们只有对自然界万事万物运动变化规律的客观实在性有所把握并努力去适应它，人和自然的关系就可协调发展，因此，他又讲，“壹于道则正，以赞稽物则察”（《解蔽》）。这里的“壹于道则正”指的就是致诚配天即由慎独达到致诚，“以赞稽物则察”就是指人和自然关系的协调发展。因而，强调“天人之分”固然重要，但也应重视天人的协调发展。“天有其时，地有其财，人有其治，夫是之谓能参。舍其所以参，而愿其所参，则惑矣。”（《天论》）这里的“与天地参”就是指建立在慎独和致诚基础上的由天、地、人三者相协调发展所构成的理想状态。因此，应将之作为道德修养和实践的目标。“君子养心莫善于诚，致诚则无它事矣”“夫诚者，君子之所守也，而政事之本也”（《不苟》）。因此，人和自然的协调发展（“赞稽物”和“与天地参”）应成为人们追求的理想。《中庸》将之进一步发挥为：“唯天下至诚，为能尽其性；能尽其性，则能尽人之性；能尽人之性，则能尽物之性；能尽物之性，则可以赞天地之化育；可以赞天地之化育，则可以与天地参矣。”从此，“赞天地化育”“与天地参”成为中国传统哲学——伦理学所追求的理想状态和最高境界。

现代生态伦理学就以人为中心、还是以自然为中心而争论不休。荀子却将人和自然的关系看成是一个通过人事活动而构成的整体，这样，他就巧妙地摆脱了上述的二元困境。

可见，荀子对生态道德内容的认识由三部分构成，从爱群到孝亲的观念构成了其基础，“杀太早，非礼也”的观念构成了其规范和评价的标准，“以诚配天”的观念构成了其目标。他看到了种群对人的重要性、人对自然的依赖性和能动性、生物生长发育的规律和自然规律的客观实在性，对“义节于万物者也”的内容作了具体规定，值得借鉴。但他由孝亲引申出了忠君、将圣王看成是完成保护自然生态义务的主体、将致诚引入君臣和父子的关系上等观念都带有他所处的那个时代和他所属的那个阶级的烙印，必须加以抛弃。

第五节 张载的生态伦理思想

思孟学派和荀卿学派之后的儒家思想，进入到复杂的发展过程。到了宋明时代，儒家思想达到了一个新的高峰。在为儒学提供道德本体论的过程中，无论是程朱学派还是陆王学派都发展了儒家的生态伦理思想。“民胞物与”就是其集大成者。

“民胞物与”是由宋代唯物主义哲学家、宋明理学关学代表人物张载（张横渠）提出的理念。“乾称父，坤称母；予兹藐焉，乃混然中处。故天地之塞，吾其体；天地之帅，吾其性。民吾同胞，物吾与也。”（《正蒙•乾称篇•西铭》）在他看来，自强不息的天就是我的父亲，厚德载物的地就是我的母亲。位于天地之间的我由天地所生，与自然万物共存于天地之间。充塞于天地之间的阴阳二气构成了我的身体，统领天地万物的物质本体构成了我的本性。因此，“民胞物与”。即，天下之人都是我的兄弟，天下之物都是我的伙伴。人不仅要爱他人，而且要爱自然。著名的“横渠四句”也体现了这一点。“为天地立心，为生民立命，为往圣继绝学，为万世开太平。”（《横渠语录》）就第一点来看，天地本来无心，人类具有爱心。当人以爱心对待自然万物，那么，就可以知晓和包容自然万物，实现天人合一。显然，“民胞物与”和“为天地立心”可以互训，是中国古代生态伦理的典型命题。这一传统大体包括以下几个方面：

一、爱育草木

草木欣欣，有时飘零。中国古代提出，人类对待草木的恰当行为是遵循时令。《礼记·祭义》提出，“树木以时伐焉”。因此，中国古代对肆意践踏草木的行为持有严厉的批评态度。孟子就讲到：“牛山之木尝美矣，以其郊于大国也，斧斤伐之，可以为美乎？”（《孟子·告子上》）柳宗元也曾经赋诗：“君不见南山栋梁益稀少，爱材养育谁复论。”（《行路难三首》）根据这种反思，中国古代不仅形成了爱花惜草的伦理审美心理，而且形成了植树造林的优良传统。《管子》讲到：“一年之计莫如树谷，十年之计莫如树木，终身之计莫如树人。”（《管子·权修》）白居易《春葺新居》有咏：“栽松满后院，种柳荫前墀”“移花夹暖室，徙竹覆寒池”“池水变绿色，池芳动清辉”。中国共产党人发扬光大了这种爱树植树的传统，在中央苏区时就开展过群众性的植树运动。改革开放以来，全民义务植树运动促进了中国和世界的绿化过程。生态环境部部长黄润秋在2019年9月29日出席庆祝新中国成立70周年活动新闻中心发布会时说，近 20 年来，中国新增植被覆盖面积约占地球植被新增总面积的 25%。

二、恩及禽兽

鱼鳖禽兽具有养育人的重要功能，其生长具有明显的季节节律，遵循时令同样是人类对待鱼鳖禽兽的行为准则。《礼记·祭义》提出，“禽兽以时杀焉”。在孔子那里，钓鱼捕鸟具有用于祭祀等不得已的原因，但是，他反对采用一网打尽、覆巢毁卵的行为。这就是“钓而不纲、弋不射宿”的道德律令。面对动物临死时的恐惧发抖，孟子提出了“恩及禽兽”的伦理，要求“君子远庖厨”。在荀子看来，“鱼鳖优多”才能够保证“百姓有余用”，因此，“杀大蚤，非礼也”。即，在其发育的时候捕杀动物，不符合礼的规范。这样，“恩及禽兽”、反对“流连荒亡”（沉迷于田猎和酒色）就成为中国古代的重要传统。1953 年诺贝尔和平奖获得者施韦泽在提出“敬畏生命”的生态伦理学时就曾经提到，孟子以感人的语言谈到过对动物的同情。

三、忘情山水

中国古代不仅在比德的意义上看待山水，而且将忘情于山水作为重要的人生境界。孔子提出“知者乐水，仁者乐山”的价值判断。在他看来，水奔流不息，智者应像之一样不舍昼夜。山稳重不迁，仁者应像之一样志存高远。如此，人将与山水融为一体，汇通自然风物与人的品性，达到天人合一的境界。这就是“君子比德于山水”的道理。这一思想与现代生态伦理学代表人物利奥波德的“像山那样思考”的思想具有异曲同工之妙。同样，庄子提出：“山林与，皋壤与，使我欣欣然而乐与！”（《庄子·知北游》）在他看来，山水具有的辽阔而朴素的大美，可使人获得充分的精神享受，达到天人合一的境界。因此，山水画、山水诗成为中国艺术的重要形式，表达着中华民族对天人合一的伦理和美学向往。在此基础上，儒家提出了“致诚配天”的思想。真实无妄的“诚”，既是天道又是人道。以真实无妄之心对待真实无妄之自然，就可实现天人合一。显然，“致诚配天”和“天人合一”可以互训。这是基于尊重自然规律提出的道德命令。今天，对于处于现代性焦虑中的人们来说，忘情山水或许是恢复身心健康的可供选项。当初，也是基于“绿水逶迤去，青山相向开”[1]的生态美学考量，习近平同志创造性地提出了“绿水青山就是金山银山”的绿色发展理念。

当然，在中国传统社会中，食不果腹的劳动人民为了温饱不得已会采用杀鸡取卵的方式对待自然，地主阶级为了其骄奢淫逸往往“流连荒亡”。在这种情况下，如鲁迅先生所言，“君子远庖厨”就是自欺欺人。从哲学上来看，天人合一也具有客观唯心主义的成分。但是，“民胞物与”毕竟积淀了中华民族对人与自然和谐共生规律的科学认知和伦理诉求，因此，至今仍给

---

1 ［唐］张说：《下江南向夔州》。

人以警示和启迪。对此，我们不必妄自菲薄，必须增强自信。

第六节 李滉的生态伦理思想

随着宋明理学尤其是“朱子学”（朱熹哲学）在朝鲜半岛的传播，儒家思想从东方传播到了西方。在为儒家伦理学寻求本体论根据的过程中，性理学（宋明理学）对“人性”和“天理”的关系进行了深入而系统的探讨，从而将自然观和道德观统一了起来，最终建立起了儒家的生态观。[1]作为韩国性理学大师、东方朱子的李滉（号退溪，1501—1570），在传播和弘扬朱子学的同时，十分注重对性理学义理的阐发，完成了性理学从伦理学到道德本体论的转换。在这个过程中，李滉也表达了对人和自然关系的看法，形成了具有生态人文主义或人道生态主义、环境机能整体主义和普遍道德理想主义特征的生态观。同时，李滉也形成了自己的生态伦理学思想。

一、李滉生态伦理思想的生态人文主义特征

在讨论性理学的宇宙论模式，尤其是比较韩国性理学“双峰”李滉和李珥（号栗谷，1536—1584）宇宙论的过程中，有

1 自然观是关于自然界的存在、演化、发展的本质和规律的哲学学说，生态学是关于生物有机体与其环境关系的科学，生态观是关于人与自然的关系以及与之相关的人与社会的关系的哲学学说。尽管三者的研究重点和学科属性不同，但是存在着很大的交叉空间。因此，当论述到生态观的问题时，往往会涉及自然观和生态学的问题。

的论者将李滉的宇宙论看作是人类中心论的宇宙论："退溪的宇宙论是建立在对理气的人类学的假定基础上的，而栗谷的宇宙论没有任何预定的人类中心论的假设：从根本和原始的意义来看，作为宇宙论和本体论概念的理气在价值上是中立的。换言之，退溪的方法是在解释性理学的理气概念的过程中具有人类学的取向，而栗谷是在宇宙论取向的意义上运用理和气这对概念的"[1]。即使李滉在解释理气关系的过程中具有人文主义的取向，但是，也不能将之比拟为西方环境伦理学所言的人类中心论（anthropocentrism），更不能运用西方环境伦理学的视野和范式来简单地评判包括儒家思想在内的东方思想的得失。

沿袭儒家的传统，李滉坚持人文主义的取向，但是，并没有将人的地位特殊化而发展成为人类中心论。从宇宙自然物质构成和演化的角度来看，由于人禀受了"阴阳之正气"，万物禀受了"阴阳之偏气"，因此，"惟人也得其秀而最灵"[2]。在宇宙自然的构成和演化的过程中，"气"存在着正与偏、明与暗、通与塞的不同，由此，形成了草木、禽兽和人的区别。显然，李滉的这一思想与荀子所讲的人的特殊性和优越性是一致的，在某种程度上反映了宇宙演化的进程和序列。但是，人的这种特殊性和优越性（万物之灵）是在宇宙万物构成的整体中呈现

1 Young-chan Ro，Ecological Implications of Yi Yulgok's Cosmology，*Confucianism and Ecology*，edited by Mary Evelyn Tucker and John Berthrong，Cambridge，Massachusetts：Harvard University Press，2001，P.174.

2 《增补退溪全书》第一册，서울：成均馆大学校出版部，1997 年版，第 198 下页。

出的特殊性和优越性，离开了这种整体性就不可能突出人的特殊性和优越性。“今横渠亦以为，仁者虽与天地万物为一体，然必先要从自己为原本，为主宰。仍须见得物我一理，相关亲切意味，与夫满腔子恻隐之心，贯彻流行，无有壅閼，无不周遍处，方是仁之实体。若不知此理，而泛以天地万物一体为仁，则所谓仁体者，莽莽荡荡，与吾身心有何干预哉。”[1] 这里，之所以突出人的特殊性和优越性，是为了避免将“天地万物一体为仁”的整体主义泛化和空疏化，这样，才能有效地发挥人的主体作用，将“天地万物一体为仁”落在实处。反之，从整个宇宙系统的构成来看，中国思维（中国哲学）尤其是儒家思想承认万事万物都是宇宙系统的构成单元，以“同时性”的方式并存于这个世界上。整体性“在以《周易》为代表的中国思维的结构中，表现为‘同时性’。生态思想不可能是其他的东西，正如生态学家巴里•康芒纳强调的那样，‘生态学的首要规律’是宇宙中的每一种事物都与其他事物存在着联通性”。[2]正是在这个意义上，李滉认为，人与万事万物是统一的，不能将之割裂开来。例如，当有人问“草木之理亦皆与我同”时，李滉回答说：“不可下同字，只是一而已。如有形之物则必有彼此，

1《增补退溪全书》第一册，서울：成均馆大学校出版部，1997 年版，第 218 下页。

2 Hwa Yol Jung，The Harmony of Man and Nature：a Philosophic Manifesto，*Philosophical Inquiry*，Vol.Ⅷ，№1-2，1996，pp.32-49.

理无形底物事，何尝分彼此？”[1]在形而下的层次上，万事万物是形形色色的，存在着差别，为多，为“异”；但是，在形而上的层次上，它们都是仁的体现，是同一的或者统一的，为同，为“一”。在后一意义上，人当然没有自己的特殊性和优越性，是与天地万物为一体的。这里的“一”就表明，在宇宙论的意义上，李滉拒斥人类中心论。

当从理气论转向生活论时，李滉思想中则到处可见生态学的珍珠。尽管生态学概念是在 1866 年才由德国动物学家海克尔提出的，但是，生态学思想却存在着源远流长的历史。在李滉思想中，主要包括以下生态学思想：

第一，对生物种群的认识。在孔子的思想中就已经形成了“群”和“类”的概念。在《周易》中有“鸣鹤在阴”的说法。因此，李滉咏道：“孤踪在世间，常恨少朋游。有如鹤鸣阴，和者何悠悠。空山岁暮时，独咏无相犹。”[2]尽管这里运用的是比的手法，但是，“鸣鹤在阴”以素朴的形式表达了生态学的种群或群落的思想。另外，李滉将《周易》中的“品物”解释为“品类之物”。

第二，对生物与环境关系的认识。生物与环境是不可分割的，构成了生态系统。虽然儒家没有形成生态系统的概念，但是，对生物与环境的整体关系也表达了自己的看法。例如，李

---

1 《增补退溪全书》第四册，서울：成均馆大学校出版部，1997 年版，第 84 上页。
2 《增补退溪全书》第一册，서울：成均馆大学校出版部，1997 年版，第 88 下页。

滉留下了这样的诗句，“群蝉得佳荫，日夕如相促”[1]；“虫鸣在四壁，草露翻似沐”[2]。不仅如此，当人将自身也融入这样的环境中，可以体验到生命的乐趣和价值。李滉有诗表达了这种境界带来的生命愉悦，“林居识鸟乐，地坐看蚁大”[3]。这样，包括人在内的万事万物就成为一个相互依赖的整体。

第三，对物质循环的认识。生物是通过物质循环与环境联系在一起的。儒家对此也有一定的认识。例如，荀子有“树落则粪本”（《荀子•致士》）的思想，李滉进一步咏到：“落叶满林蹊，凉风撼书幌。万物各归根，龙蛇思蛰养。”[4]面对萧萧落木，李滉没有悲秋的感觉，而是感觉到了生命的物质循环的力量。另外，荀子看到了“肉腐出虫”和“鱼枯生蠹”（《荀子•劝学》）这样两种腐蚀性食物链现象。李滉也看到了“木腐而虫生”的现象[5]。在微生物学还没有出现的情况下，能够达到这样的认识已难能可贵。

第四，对季节节律的认识。生物与环境的有机联系在时间上表现为生态学季节节律，包括儒家在内的东方思想将之表述为“时”（天时，农时）。《礼记・月令》根据天象变化来确定季节更替、气象变化和物候，然后按照十二月的顺序来合理安排农事活动、利用和保护自然资源的措施等，由此提出了具有

1 《增补退溪全书》第一册，서울：成均馆大学校出版部，1997 年版，第 49 下页。
2 《增补退溪全书》第一册，서울：成均馆大学校出版部，1997 年版，第 50 上页。
3 《增补退溪全书》第一册，서울：成均馆大学校出版部，1997 年版，第 80 上页。
4 《增补退溪全书》第一册，서울：成均馆大学校出版部，1997 年版，第 51 下页。
5 《增补退溪全书》第一册，서울：成均馆大学校出版部，1997 年版，第 182 下页。

生态学意义的“时禁”。李滉也看到了天象、物候和季节的内在关联，有“尽日云含雨，移时鸟唤春”的诗句[1]。但是，他没有简单地停留在“因时感物”上，而是突出了季节变化对农业生产的意义，期待着“和风吹澹荡，时雨发絪缊”[2]。在此基础上，他提出，“劝汝作劳待天时，无使坐负龙耕冰”[3]，要求将“天时”作为农业生产的准则。最终，他将“与时偕行”[4]作为一般行为准则，要求时止则止，时行则行。不仅如此，李滉在认识到天时客观存在的同时，也认识到人尽其职的重要性：“在天斯有时，在人斯有责。人能尽其职，天时庶调燮。”[5]即，通过人尽其职，可以促进天时的协调。

可见，尽管李滉秉承了儒家的人文主义传统，但是，正如不能将儒家定位为人类中心论一样，我们也不能将李滉的思想视为人类中心论；事实上，儒家不是脱离人与自然的关系来看待人的主体性的，而是将自然看作是人的主体性的前提条件，并且认识到了人与自然和谐对于人的存在和发展的意义和价值；因此，我们可以将包括李滉这样的性理学在内的整个儒家的人文主义看作是生态人文主义或人文生态主义。生态人文主

1 《增补退溪全书》第一册，서울：成均馆大学校出版部，1997 年版，第 77 下页。
2 《增补退溪全书》第一册，서울：成均馆大学校出版部，1997 年版，第 77 上页- 77 下页。
3 《增补退溪全书》第一册，서울：成均馆大学校出版部，1997 年版，第 113 下页。
4 《增补退溪全书》第二册，서울：成均馆大学校出版部，1997 年版，第 300 下页。
5 《增补退溪全书》第一册，서울：成均馆大学校出版部，1997 年版，第 74 下页。

义是具有生态意识的人文主义，将生态认知和生态情感纳入了人文主义中。

二、李滉生态伦理思想的生态整体主义特征

尽管李滉是从人文主义出发看待人与自然关系的，但是，他并没有将人与自然的关系割裂，而是将之看作是一个不可分割的整体。有的论者认为，“由于栗谷将自然和宇宙作为主体来对待，因此，就需要一种整体的方法，因为宇宙是一个完整本体。当我们在研究一个客体时（在主体和客体关系的意义上），我们可以运用概念和分析的过程，但是，当我们在主体与主体关系的意义上面对一个主体时，我们需要的是一种整体的、综合的、知觉的和直觉的方法”[1]。在笔者看来，不仅如此，李滉的生态观在思维方式上也是与当今的生态哲学的生态整体主义方法相契合的。

第一，在宇宙论上，李滉将宇宙看作是由天地人（三才）构成的整体，揭示了人与自然的和谐与统一（天人合一）。在儒家看来，宇宙是由天地人三个要素构成的，他们分施不同的职能，但是，在功能上又是相互匹配的，由此构成了一个系统。这就是《中庸》所讲的“人与天地参”。所谓“参”就是天地人三者各司其职，在三足鼎立的格局中构成了宇宙整体。

---

1 Young-chan Ro，Ecological Implications of Yi Yulgok’s Cosmology，*Confucianism and Ecology*，edited by Mary Evelyn Tucker and John Berthrong，Cambridge，Massachusetts：Harvard University Press，2001，P.181.

从整个宇宙的演化来看，自然万物是在阴阳二气的交互作用中形成的，“阳变阴合，而生水火木金土。五气顺布，四时行焉。五行一阴阳也，阴阳一太极也，太极本无极也”[1]。由于人禀受了天地之正气，因此，成了万物之灵；这样，“圣人定之以中正仁义而主静，立人极焉”[2]。尽管如此，人极不是孤立于天极、地极之外的，人通过自己的主观努力能够实现天地人“三才”的和谐共存、协调发展。这就是说，“圣人与天地合其德，日月合其明，四时合其序，鬼神合其吉凶。君子修之吉，小人悖之凶。故曰，立天之道，曰阴与阳；立地之道，曰柔与刚；立人之道，曰仁与义”[3]。这里，“天地”“日月”“四时”和“鬼神”其实就是人之外的自然，“合”事实上就是在宇宙论的层面上确立了天人合一。显然，这一思想体现了李滉的生态整体主义方法。

进一步来看，在整个宇宙演化的过程中，作为其要素和动力的阴阳二气是不可分割的整体，不仅独阴不成，而且独阳不成。二者只有作为整体中的不可分割的部分发生交感，才能成为宇宙演化的要素和动力。“二气交感，化生万物。万物生生，

1 《增补退溪全书》第一册，서울：成均馆大学校出版部，1997 年版，第 198 下页。

2 《增补退溪全书》第一册，서울：成均馆大学校出版部，1997 年版，第 198 下页-199 上页。

3 《增补退溪全书》第一册，서울：成均馆大学校出版部，1997 年版，第 199 上页。

而变化无穷焉。”[1]正是在阴阳二气构成的整体的矛盾运动过程中才能产生万事万物，才有了宇宙的生成和演化。再进一步来看，尽管天地人禀受的“气”是不同的，但是，他们又都受同一个“理”的支配。理和气同样是不可分割的整体。“盖理动则气随而生，气动则理随而显。”[2]理气的基本关系是“不离不杂”，一方面是“理发气随”，另一方面是“气发理乘”。这样看来，尽管人和自然禀受的“气”是不同的，但是，支配他们的“理”是相同的，因此，人和自然的关系在总体上是整体关系，其差异是整体中的差异。这种不离不杂、即离即杂的关系，充分体现了李滉生态伦理思想的整体主义特征。可见，按照主体和客体关系的方式处理人与自然的关系同样能够走向整体主义方法。

第二，在方法论上，李滉将“中和位育”作为了实现“天人合一”的途径，要求人们要“时中”，做到时止则止、时行则行。

“尚中”是儒家在方法论上的一个重要特点。在孔子看来，“中庸之为德也，其至矣乎！民鲜久矣。”（《论语·雍也》）这里，所谓“中”也就是要求人们在“过”和“不及”之间维持一种必要的张力，反对两种极端的行为。所谓“庸”也就是用，要求人们要用“中”，将“中”作为亘古不变的常理。将“中”

1 《增补退溪全书》第一册，서울：成均馆大学校出版部，1997 年版，第 198 下页。

2 《增补退溪全书》第二册，서울：成均馆大学校出版部，1997 年版，第 18 上页。

和“庸”联系起来看，“中庸”的基本含义是：执两用中，用中为常道，中和可常行。人们运用这一方法，就可实现人与自然的和谐与统一。“致中和，天地位焉，万物育焉。”（《中庸》）即，只有适中，天地万物才能各得其所；只有和谐，天地万物才能自然生长。可见，“中和位育”不仅具有生态学意义，而且成为儒家的生态整体主义方法。

延续这一传统，李滉也强调指出：“中和之极，位天地而育万物；偏僻之极，灭天理而殄人伦。”[1]相对于“偏僻之极”的偏颇性（片面性，形而上学），“中和之极”突出的是全面性（整体性，辩证思维）；以偏颇性的方式对待自然万物，必然割裂人与自然的系统关联，灭绝天理和人伦；而按照全面性的方式对待自然万物，必然看到人与自然的系统关联，走向人与自然的和谐与统一。在这个意义上，“精一执中，为学之大法也。”[2]进而，为了达到“中和位育”的境界，必须要对人类的行为进行节制。因此，《中庸》强调：“喜怒哀乐之未发，谓之中；发而皆中节，谓之和。中也者，天下之大本也；和也者，天下之达道也。”

从宇宙论来看，这就是要按照天道适中的原则来行事。正如孔子所讲的，“天之麼（即“历”）数在尔躬。允执其中。”

---

1 《增补退溪全书》第二册，서울：成均馆大学校出版部，1997 年版，第 358 上页-358 下页。

2 《增补退溪全书》第一册，서울：成均馆大学校出版部，1997 年版，第 184 下页。

(《论语·尧曰》)李滉进一步从阴阳二气的辩证关系来展开这一点。只有阴阳二气相互节制，才能实现阴阳的和谐与统一；反之，“比如阳气亢极而不下交，则阴气无缘自上而交阳，岂能兴云致雨而泽被万物乎？此所谓亢龙有悔，穷之灾也。”[1]显然，失去节制的过阳和过阴都会造成失调。

从伦理观上来看，这就是要力戒自私、自利、固执和唯我独尊等行为，力求达到像孔子所讲的“毋意，毋必，毋固，毋我”(《论语·子罕》)的境界。可见，儒家坚决反对虚妄的人类中心论。

李滉进一步提出，“凡日用之间，少酬酢，节嗜欲，虚闲恬愉以消遣，至如图书花草之玩，溪山鱼鸟之乐，苟可以娱意适情者，不厌其常接，使心气常在顺境中，无咈乱以生嗔恚，是为要法”。[2]通过对人类欲望和行为的节制，不仅有助于人的道德和性情的修养；而且有助于预防和减少人类破坏自然的行为。因此，必须将“崇俭约，禁奢侈”作为基本的社会规范或行政规范[3]。即，要做到取之有节、用之有度。这里，已经提出了可持续消费的要求，对人们的行为尤其是统治者的行为具有一定的约束作用。

---

1 《增补退溪全书》第一册，서울：成均馆大学校出版部，1997 年版，第 217 下页。

2 《增补退溪全书》第一册，서울：成均馆大学校出版部，1997 年版，第 361 下页。

3 《增补退溪全书》第一册，서울：成均馆大学校出版部，1997 年版，第 192 上页。

总之，“曾子之忠恕一贯，而传道之责在其身，畏敬不离乎日用，而中和位育之功可致，德行不外乎彝伦，而天人合一之妙斯得矣。”[1] 显然，作为辩证思维的“中和位育”是走向“天人合一”的必然选择。

可见，无论是在宇宙论上还是在方法论上，李滉都坚持了生态整体主义的方法。这种整体主义的方法具有有机性，将“作为一个整体的宇宙中的所有组成部分看作是隶属于一个有机整体，它们都作为自发地产生生命的过程的参与者而相互作用”[2]。因此，李滉的生态观在方法论上具有生态整体主义的特征，要求从内在的生命关联的角度来把握人与自然的关系，并将之看作是一个不可分割的整体。

三、李滉生态伦理思想的普遍道德理想主义特征

由于儒家的宇宙论内在地具有事实和价值的双重属性，因此，儒家相信和确认在人和自然之间存在着道德关系，并且将“天人合一”作为了道德上应该追求的理想。但是，有的论者认为：“我们不能轻率地在儒家和性理学思想的只言片语的基础上去建立一种儒家的环境伦理学。我们需要的是从生态系统的视野对作为一个整体的儒家思想进行反思。性理学没有为反

---

1 《增补退溪全书》第一册，서울：成均馆大学校出版部，1997 年版，第 197 下页-198 上页。

2 Frederick W. Mote，*Intellectual Foundations of China*，New York：Alfred A. Knopf，1971，PP.17-18.

思人和地球、人和宇宙的关系提供确定的基础。”[1] 在笔者看来，这一论点难以成立。事实上，在从伦理学到道德本体论的转换中，性理学最终也确立起了自己的生态伦理学（环境伦理学）。

沿袭儒家“爱物”和“民胞物与”的伦理传统，李滉进一步阐明了人与自然之间的道德关系（生态道德）。在儒家思想中，尽管道德是按照“亲亲→仁民→爱物”这样的阶梯状分布的（或许可以称之为“差序格局”），但没有否认“爱物”在道德体系中的位置，仍然认为“爱物”是基本的道德规范。进而，宋儒张载提出了“民胞物与”的生态道德概念：“乾称父，坤称母。予兹藐焉，乃混然中处。故天地之塞，吾其体；天地之帅，吾其性。民吾同胞，物吾与也。”（《正蒙•乾称•西铭》）这里，不仅鲜明地表达了儒家的民本主义的政治理想（民胞），而且也集中体现了儒家的普遍道德主义的生态理想（物与）。即，只有将生态道德（人与自然之间的道德规范）包括在道德体系中，道德体系才是完整的和普遍的。李滉从以下两个方面对之进行了论证：

第一，从宇宙论的角度来看，造化是普遍无私的，要求将万事万物都包括在“仁”的关怀的范围内。在宇宙的生成、存在和演化的过程中，流行于天地之间的大道是无时不有、无所不在的，这样，世间的一切都成为仁爱关怀的对象。“窃谓天

1 Young-chan Ro，Ecological Implications of Yi Yulgok’s Cosmology，*Confucianism and Ecology*，edited by Mary Evelyn Tucker and John Berthrong，Cambridge，Massachusetts：Harvard University Press，2001，P.183.

地之大德曰生，凡天地之间，含生之类，总总林林，若动若植，若洪若纤，皆天所闷覆而仁爱，而况于吾民之肖象而最灵为天地之心者乎？”[1]尽管这里突出了人的特殊性和优越性，但是，丝毫没有排斥和否认万事万物在天地之间和仁爱之心中的位置。反倒是，如果不将万事万物包括在仁爱的怀抱中，那么就显示出了天地和仁爱的偏心和私心。在这个意义上，“造化岂容私物物”[2]。与人一样，自然万物是造化包括的对象。显然，对于退溪来说，性理是相同的，因此，理必然是善的，而这种善是无所不包的。

第二，从伦理学的角度来看，作为万善之首和全德之名的“仁”是无所不爱的，要求人类要有爱物和利物的情怀。在儒家伦理学中，仁即是爱，是普遍存在的道德关怀。在天地之间，仁表现为天地生物之心；在人当中，仁既是爱人之心，又是人所具有的爱物和利物之心。李滉指出，“朱子曰：仁者，天地生物之心，而人之所得以为心。……天地之心，其德有四，曰元、亨、利、贞。而元无不通，其运行焉，则为春夏秋冬之序，而春生之气，无所不通。故人之为心，其德亦有四，曰仁、义、礼、智。而仁无不包，其发用焉，则为爱恭宜别之情，而恻隐之心，无所不贯。盖仁之为道，乃天地生物之心，即物而

1 《增补退溪全书》第一册，서울：成均馆大学校出版部，1997 年版，第 190 下页。

2 《增补退溪全书》第一册，서울：成均馆大学校出版部，1997 年版，第 156 上页。

在”[1]。这里，作为人道的仁义礼智对应的是作为天道的春夏秋冬，而贯穿其间的是元亨利贞，同样体现的是“天人合一”。元亨利贞即是天理，即是天道，即是大德。“天即理也，而其德有四，曰元亨利贞是也（四者之实曰诚）。盖元者始之理，亨者通之理，利者遂之理，贞者成之理，而其所以循环不息者，莫非真实无妄之妙，乃所谓诚也”。[2]从天道（诚）到人道（诚之）之间不仅是毫无障碍的，而且是圆融为一的，因此，凡是存在仁爱的地方就存在着自然万物，凡是存在自然万物的地方就存在着仁爱。这即是“致诚配天”。如果将仁只局限在人际关系上，而不包括自然万物，那么，仁就难以成为万善之首，就难以成为全德之名。

在总体上，“谓物我为一者，可以见仁之物不爱”[3]。在对待自然万物上，仁就是要求人们要爱物和利物。爱物就是要呵护和关心万事万物，利物就是要保证万事万物的存在、促进万事万物的发展。

除了强调“致诚配天”在实现人与自然和谐中的地位和作用之外，李滉突出强调了人以美学方式对待自然万物的重要性，将审美看作是实现生态道德的基本方式。

---

1 《增补退溪全书》第一册，서울：成均馆大学校出版部，1997 年版，第 206 下页。

2 《增补退溪全书》第三册，서울：成均馆大学校出版部，1997 年版，第 140 下页。

3 《增补退溪全书》第一册，서울：成均馆大学校出版部，1997 年版，第 207 上页。

正如道家强调“天地有大美”一样”（《庄子·知北游》），儒家也突出了人与自然之间的美学关系，并将审美看作是达到伦理学目标的重要途径。例如，《礼记》将道德属性赋予了天地，将体现天地差异性和多样性的协同统一的“和”与“序”同体现美学关系的“乐”、体现伦理关系的“礼”联系起来。“乐者，天地之和也。礼者，天地之序也。和，故百物皆化。序，故群物皆别”（《礼记•乐记》）。在此基础上，李滉突出了以下几点：

第一，乐山乐水。在比德的意义上，孔子提出了“知（同“智”）者乐水，仁者乐山”（《论语·雍也》）的理想境界。李滉对此作出了这样的解释，“仁者类乎山，故乐山；智者类乎水，故乐水。所谓类者，特指仁智之人，气象意思而云尔”[1]。在此基础上，李滉进一步挖掘了乐山乐水的美学意蕴。他咏道：“溪中鱼与鸟，松下鹤与猿。乐哉山中人，言归谋酒樽。”[2] 李滉就是带着对自然万物的美学体验来处理人与自然的关系的，因此，他强调“莫言乐水偏于智，更有青山面面层”[3]。这样，不由得使人想起了大地伦理学创立者利奥波德“像山那样思考”的命题。

第二，任其自然。或许受陶潜（陶渊明）的影响，李滉欣

1 《增补退溪全书》第二册，서울：成均馆大学校出版部，1997 年版，第 251 上页。
2 《增补退溪全书》第一册，서울：成均馆大学校出版部，1997 年版，第 48 上页。
3 《增补退溪全书》第一册，서울：成均馆大学校出版部，1997 年版，第 114 上页。

赏的是万事万物的自然而然的状态。从宇宙的生成和演化来看，是一个自然而然的过程。当人类目睹了“万物各自得，玄化妙无乖”[1]的景象时，就不能将自己的意志强加于外物。从生产和生活的情趣来看，理想的状态同样是自然而然。“田家相贺麦秋天，鸡犬桑麻任自然。”[2]只有在田园风光中，让万物自得其乐，才能实现人与自然的和谐。在总体上，“城中那得尽风流，水远山长各自由”[3]。这不由使人想起了当代西方环境运动的“Let the river live”（让河流自己流淌）的口号。

第三，关怀他物。由于生命死亡的悲哀同样能够在唤起人的美学体验的同时催醒人的关爱自然万物的道德意识，因此，孔子总是将动物的行为道德化，去诱发人类的良知。“曾子有疾，孟敬子问之。曾子言曰：‘鸟之将死，其鸣也哀；人之将死，其言也善。’”（《论语・泰伯》）在此基础上，李滉在乐山乐水中也有了对生命尤其是他者的同情，“山中何所乐？鸟兽悲踯躅。”[4]这不是简单的伤感，而是体现了“厚生”和“重群”的美德。

第四，物我同乐。在乐山乐水的过程中，最终要走向人与自然的和谐与统一。在李滉看来，只有将人的生命融入自然中，才能延续人的生命，洗涤人的心灵。因此，他留下了这

1 《增补退溪全书》第一册，서울：成均馆大学校出版部，1997 年版，第 71 下页。
2 《增补退溪全书》第一册，서울：成均馆大学校出版部，1997 年版，第 99 上页。
3 《增补退溪全书》第一册，서울：成均馆大学校出版部，1997 年版，第 49 上页。
4 《增补退溪全书》第一册，서울：成均馆大学校出版部，1997 年版，第 62 下页。

样的诗句，“薰风鼓万物，亨嘉今若兹。物与我同乐，贫病复何疑。”[1] 显然，他希望回到山水之间，过着与自然万物和谐共处的其乐融融的生活。这样，才能体验到“鱼乐本无分物我，木生那更原青黄”[2]的生命乐趣。

显然，李滉的思想比海德格尔的“人诗意地栖居”更有诗意。“简言之，在中国传统思维中，在美学和伦理学之间存在着一种不可避免的关联：美和善是同义的。当在美学中达到了人与自然的和谐，那么就意味着人与人之间的和谐关系之善。因此，和谐不仅是美学（音乐）的本质，而且也是社会的本质。”[3]其实，韩国性理学同样具有这样的追求和特征。

可见，秉承儒家的传统，李滉不仅将人与自身的和谐、人与社会的和谐作为了其道德理想，而且将人与自然的和谐也作为了其道德理想，其生态观具有普遍道德理想主义的特征。这样，包括李滉在内的性理学就建立起了自己的生态伦理学（环境伦理学）。儒家的生态伦理学是自觉的、内生的和整体的，而不是像西方那样是被迫的、外生的和扩展的。

要之，李滉的生态伦理思想具有生态人文主义、生态整体主义和普遍道德理想主义等特征，可以成为当今发展生态哲学和生态伦理学的思想资源，可以成为当下建设生态文明的历史

1 《增补退溪全书》第一册，서울：成均馆大学校出版部，1997 年版，第 71 上页。
2 《增补退溪全书》第一册，서울：成均馆大学校出版部，1997 年版，第 154 上页。
3 Hwa Yol Jung，The Harmony of Man and Nature：A Philosophic Manifesto，*Philosophical Inquiry*，Vol.Ⅷ，No.1-2，1996，pp. 32-49.

资源。由之我们也可以看出儒家生态伦理思想的世界影响和当代启示。

文明的多样性是人类文明发展的动力。今天，只有坚持文明交流互鉴，坚持“去中心化”（去西方中心主义，去生态中心主义和去人类中心主义，去新自由主义），坚持综合创新，我们才能构造和完善一种普遍的生态伦理学。

第三章　生态伦理学的社会思潮表征

我们既要立足本国实际，又要开门搞研究。对人类创造的有益的理论观点和学术成果，我们应该吸收借鉴，但不能把一种理论观点和学术成果当成“唯一准则”，不能企图用一种模式来改造整个世界，否则就容易滑入机械论的泥坑。一些理论观点和学术成果可以用来说明一些国家和民族的发展历程，在一定地域和历史文化中具有合理性，但如果硬要把它们套在各国各民族头上、用它们来对人类生活进行格式化，并以此为裁判，那就是荒谬的了。对国外的理论、概念、话语、方法，要有分析、有鉴别，适用的就拿来用，不适用的就不要生搬硬套。哲学社会科学要有批判精神，这是马克思主义最可贵的精神品质。

——习近平[1]

1 习近平：《论党的宣传思想工作》，北京：中央文献出版社，2020 年，第 229 页。

生态环境问题对人们的正常生活造成了严重的冲击，深刻影响着人们的社会心理，促使绿色成为社会心理的趋势和潮流。在这个基础上，产生了环境主义（Environmentalism）和生态主义（Ecologism）这样一些新的社会思潮。前者是一种重视环境保护的社会思潮，后者是一种包括生态中心主义在内的激进绿色思潮。作为对生态环境问题的一种反应和应答，社会意识沿着“绿色社会心理→绿色社会思潮→绿色社会运动→绿色意识形态→绿色社会科学”的线路变迁，构成了社会发展绿色变化的社会意识的图谱。这一变迁有助于唤醒人们的生态文明意识和生态伦理意识。

在当代西方社会，《敬畏生命》《瓦尔登湖》《沙乡年鉴》《寂静的春天》是最早一批具有生态文明意识和生态伦理意识的作品。“上个世纪，发生在西方国家的‘世界八大公害事件’对生态环境和公众生活造成巨大影响。其中，洛杉矶光化学烟雾事件，先后导致近千人死亡、百分之七十五以上市民患上红眼病。伦敦烟雾事件，一九五二年十二月首次暴发的短短几天内，致死人数高达四千，随后两个月内又有近八千人死于呼吸系统疾病，此后一九五六年、一九五七年、一九六二年又连续发生多达十二次严重的烟雾事件。日本水俣病事件，因工厂把含有甲基汞的废水直接排放到水俣湾中，人食用受污染的鱼和贝类后患上极为痛苦的汞中毒病，患者近千人，受威胁者多达二万人。美国作家蕾切尔·卡逊的《寂静的春天》一书对化学农药危害状况作了详细描述。”[1] 在此基础上，1972 年左右，随着《只有一个地球》《增长的极限》等绿色作品的问世，环境主义和生态主义开始正式登场。

环境主义和生态主义都有明确的伦理道德维度和伦理道德诉求。尽管环境主义主要从社会—生态建构的角度来看待环境问题，但是，他们也认为：“我们对环境问题的理解是一种社会建构，出自于一系列协商的经验。引用‘生态学原理’作为理解环境问题的基础，就是依赖于某种特殊类型的社会建构的经验与解释，而它们则具有其特有的政治与道德的基础和含义。”[2] 生态主义甚至是生态中心主义的代名词。其基本主张是：第一，把道德关怀给予非人类存在物，但对不同生物的道德关怀程度（degree）不尽相同；第二，把最高程度的道德关怀给予人类，但要求人类必须把非人类存在物纳入道德考量的范围当中；第三，把人类的福祉作为关怀的重点，但坚持要求从情境主义的角度来理解人类福祉；第四，认为人类在物质、文化、精神上与非人类存在物具有密切的相互联系，但反对那种认为非人类存在物的道德地位来源于这一事实的观点；第五，认为对非人类存在物的道德关怀要求一种新的政治哲学，人类和非人类存在物之间的正义问题将在这种政治哲学中得到解决；第

1 习近平：《论坚持人与自然和谐共生》，北京：中央文献出版社，2022 年，第 133-134 页。

2 ［英］戴维·佩珀：《现代环境主义导论》，宋玉波、朱丹琼译，上海：世纪出版集团格致出版社、上海人民出版社，2011 年版，第 360 页。

六，为了实现上述目标，认为政治结构和其他社会实践尤其是经济实践，必须做出广泛的调整；第七，强调道德关怀，而不是花大力气去预言生态危机，尽管后者不能被排斥；第八，并不寻求建立关于人类行为的极限的论点，尽管其观点与这种极限论题具有相容性。[1] 这样看来，西方绿色思潮是生态伦理思想的重要载体和重要表达。

绿色思潮具有复杂的思想谱系。在生态环境问题导致的人类命运和前景的看法上，存在着生态悲观主义和生态乐观主义的区分。在生态环境问题的价值成因和解决这一问题的价值取向上，存在着人类中心主义和生态中心主义的区分。在生态环境问题社会制度成因和解决问题的社会对策方面，存在着绿色资本主义和生态社会主义的区分。针对深层生态学对人类中心主义的抽象批判，生态女性主义和社会生态学突出了性别支配和等级支配在造成生态环境问题中的作用，构成了激进生态学。在马克思主义和生态环境问题关系的看法上，生态学马克思主义主张沿着“马克思生态学”前进，生态学社会主义主张用社会主义方式实现可持续性。由此，可以将绿色社会思潮区分为“黑绿”（绿色资本主义等）、“蓝绿”（深层生态学等）、“粉绿”（生态女性主义、社会生态学等）、“红绿”（生态学马克思主义和生态学社会主义）等几种类型。

---

1 ［英］布赖恩·巴克斯特：《生态主义导论》，曾建平译，重庆：重庆出版社，2007年版，第10-11页。

由于罗马俱乐部于 1972 年发布的《增长的极限》率先在生态学的意义上向西方传统伦理道德观念提出了系统挑战，表明了按照“新人道主义”摆脱生态困境的生态伦理诉求，在世界上产生了冲击波，因此，我们对罗马俱乐部的生态道德观应给予充分的重视。

后现代主义是当代西方重要的社会思潮。“二十世纪以来，社会矛盾不断激化，为缓和社会矛盾、修补制度弊端，西方各种各样的学说都在开药方，包括凯恩斯主义、新自由主义、新保守主义、民主社会主义、实用主义、存在主义、结构主义、后现代主义等，这些既是西方社会发展到一定阶段的产物，也深刻影响着西方社会。”[1]其中，后现代主义存在解构性和建设性两个流派。建设性后现代主义试图将怀特海的有机哲学（过程哲学）、马克思主义哲学、中国传统哲学结合起来，试图打通传统、现代、后现代，是从单纯的生态视角（生态中心主义）转向社会—生态—文化视角的一种重要尝试，提出了自己独特的生态伦理主张。由于其与“综合创新”理论具有一定程度的契合性，因此，我们也应该对此给予高度重视。

当然，环境主义和生态主义的其他流派都提出了自己的生态伦理主张，都应该成为我们研究的问题。在这个问题上，我们既要“睁眼”看世界，又要避免“言必称希腊”。尤其是，

1 习近平：《论党的宣传思想工作》，北京：中央文献出版社，2020 年版，第 215 页。

我们应该注意避免陷入生态中心主义的陷阱。“正是在这个语境中，某些马克思主义者回到了生态稀缺性和自然极限的论点，承认其比马克思（或者多数重要的马克思主义者）具有更加根本的意义。不幸的是，本顿、佩罗曼和奥康纳（……）等人向那种观点的回归姿态看起来常常是向资本主义论点的悲哀投降。当然，他们之中没有一个人会在任何情况下支持马尔萨斯使用（后来新马尔萨斯主义者持续使用）的具有恶劣影响的阶级区分。”[1]由之来看，人类中心主义和生态中心主义的分歧不是单纯的价值观上的分歧，而是阶级立场上的分歧。

习近平生态文明思想创造性地提出了“人与自然是生命共同体”的科学理念。按照这一理念，“我们应该追求热爱自然情怀。‘取之有度，用之有节’，是生态文明的真谛。我们要倡导简约适度、绿色低碳的生活方式，拒绝奢华和浪费，形成文明健康的生活风尚。要倡导环保意识、生态意识，构建全社会共同参与的环境治理体系，让生态环保思想成为社会生活中的主流文化。要倡导尊重自然、爱护自然的绿色价值观念，让天蓝地绿水清深入人心，形成深刻的人文情怀”[2]。我们要以“生命共同体”为世界观基础，整合和超越人类中心主义和生态中心主义，建构和完善人与自然和谐共生的生态伦理学。

---

1 ［美］戴维·哈维：《正义、自然和差异地理学》，胡大平译，上海：上海人民出版社，2010 年版，第 166 页。

2 习近平：《论坚持人与自然和谐共生》，北京：中央文献出版社，2022 年，第 231 页。

第一节 西方绿色思潮的多维图谱

第二次世界大战之后，面对“世界八大公害事件”，环境主义和生态主义思潮在西方应运而生。2008 年，为了应对全球次贷危机，联合国提出了“绿色新政”的政策建议。在如此背景下，2008 年以来，环境主义和生态主义再度活跃，在角逐中发展，在碰撞中融合，塑造和影响着全球可持续发展，集中体现着当代世人的生态伦理意识。

一、绿色思潮的五彩“光谱”

1972 年，联合国人类环境会议发布了《只有一个地球》的报告，罗马俱乐部发布了《增长的极限》的报告。后者认为，人口、经济的指数增长将遇到按照算术增长的粮食、资源、环境的限制，最终将导致全球性生态萎缩，因此，必须采取“零增长”策略。对此，美国赫德森研究所的康恩等人认为，未来增长仍然可能。围绕着增长是否存在极限的问题，形成了生态悲观主义和生态乐观主义的激烈争论，由此拉开了现代意义上的生态主义序幕。

与生态悲观主义重视自然极限的思路呼应，在深层生态学的基础上形成了生态中心主义。生态中心主义认为，人类中心主义是造成生态危机的本质根源，应尊重自然的“内在价值”。

同时，将后现代主义和生态主义融合起来的生态后现代主义也强调自然的中心地位。这样，二者就构成了“蓝绿”思潮。由于“绿色价值观的核心是生态中心主义”[1]，因此，生态中心主义成为西方生态伦理学的主导范式。对此，生态女性主义、社会生态学提出异议，认为人有性别和等级之分，父权制和等级制才是造成生态危机的根由。同时，维护少数族裔环境权益的环境正义运动将矛头指向了种族制。这些思潮将社会支配逻辑作为造成生态危机的根源，但未将资本主义制度作为主要批判对象，因此，可将之称为“粉绿”思潮。这些“粉绿”思潮都形成了自己的生态伦理主张。例如，生态女性主义认为，“主流的环境伦理学是不充分的，他们或者具有成问题的人类中心主义立场，或者具有令人绝望的男性中心主义的立场”；事实上，“人类中心主义和男性中心主义是联系在一起的”。[2] 当然，“粉绿”阵营也存在着尊崇内在价值的流派，也有主张用社会主义取代资本主义者。

沿着生态乐观主义的思路，一些人士希望在维持和维护现有资本主义制度的前提下，通过科技和经济等方面的绿化来化解生态危机，这样，就形成了生态资本主义这一“黑绿”思潮。对此，生态学马克思主义、生态学社会主义将资本主义作为生

1 ［英］戴维·佩珀：《现代环境主义导论》，宋玉波、朱丹琼译，上海：世纪出版集团格致出版社、上海人民出版社，2011 年版，第 6 页。

2 Karen J. Warren，Introduction to Ecofeminism，*Environmental Philosophy：From Animal Rights to Radical Ecology*，edited by Michael E. Zimmerman etc.，New Jersey，Prentice Hall，1993，P.261，263.

态危机的深层次根源，要求通过消除资本主义来摆脱生态危机，这样，就形成了“红绿”思潮。在广义上，可将生态工联主义、生态女性主义、社会生态学也包括在“红绿”阵营中。历史地理学唯物主义、有机马克思主义也具有红色特征。

2008 年以来，围绕着生态文明和绿色新政等绿色议题，各种生态主义展开了激辩和角逐，试图主导世界绿色潮流，再度进入活跃期。

二、黑绿：资本主义的生态辩护

在资本主义制度内部谋求消除生态危机是西方社会的固有选择。1999 年，三位美国人士撰写了《自然资本主义——掀起下一次工业革命》一书，提出了“自然资本主义”（Natural Capitalism）的概念，试图通过确立“自然资本”来解决生态环境问题。由此，自然资本主义得以“正名”。生态资本主义（Ecological Capitalism）、绿色资本主义（Green Capitalism）是自然资本主义的同义词。这是一种在维护资本主义制度前提下应对生态危机的生态主义，甚至试图通过自然资本来确保资本主义的永久存在。因此，这不是一种“浅绿”思潮而是一种“黑绿”思潮。

在西方流行的“绿色增长”“绿色经济”“可持续发展”“生态现代化”等字眼，都属于“黑绿”话语。在保持资本主义制度的前提下，他们试图通过单纯的科技和经济的绿化等手段来化解生态危机。同时，他们肯定了资本家的“道德”对于环境的友好性。“实际上，越来越多的商业主和经理出于根深蒂固的信念和价值观，正在将他们的企业变得对环境更加负责任。”[1] 在“红绿”思潮看来，自然资本和生态资本主义是矛盾性修辞，并未改变资本主义的实质。在中国，主要从生态治理和学术研究的视角看待上述科技和经济的绿化进展，因此，上述绿色字眼在中国也得以流行。同时，随着自然资本术语出现在中国政策文件中，一些论者认为需要采用生态资本主义的方式来推动绿色发展。这样，正如我们将市场经济从资本主义制度中剥离出来而使之成为一般资源配置方式一样，现在有必要将自然资本从资本主义制度中剥离出来使之成为绿色发展和生态治理的一般手段。据此，中国一些学者开始探讨“社会主义生态文明经济”问题。无疑，这是对生态资本主义的反拨和反动。

为了使生态资本主义成为可能，必须实现空间的外部化，这样，在向南方国家采用资源殖民主义政策的基础上，北方国家演变成为生态帝国主义。1986 年，美国学者克罗斯比出版的《生态帝国主义：欧洲的生物扩张，900—1900》一书提出了“生态帝国主义”（Ecological Imperialism）的概念。“红绿”思潮认为，这一理论只是揭露出了西方社会的“生物扩张”，而忽略了其背后的社会扩张，是一种典型的生态资本主义理论。其实，

1 ［美］Paul Hawken，Amory Lovins，L.Hunter Lovins：《自然资本论——关于下一次工业革命》，王乃粒等译，上海：上海科学普及出版社，2000 年版，序言第 11 页。

由美国发动的海湾战争和伊拉克战争都是围绕着控制世界能源市场展开的，造成了严重的人道灾难和生态灾难。这样，“能源帝国主义”成为生态帝国主义的新变种。“红绿”思潮对之展开了深刻批判。

现在，由于气候变暖成为全球性问题，在西方社会主导下，人们试图通过碳排放权交易、碳税、清洁发展机制等市场化手段开展气候治理。在不平衡的世界资本主义体系中，这些市场化手段不但无益于问题的解决，甚至会加剧全球不平衡发展。这样，“气候资本主义”（Climate Capitalism）[1]成为生态资本主义的新变种。

美国一度退出控制气候变化的《巴黎协定》的不负责任行为，将生态资本主义、气候资本主义、生态帝国主义“完满”地融合了起来，展示出了“晚期资本主义”的反生态本性。相反，中国在提出“人类命运共同体”倡议的基础上，积极促进全球化朝着开放、包容、普惠、平衡、共赢、绿色的方向发展，表达了建设清洁美丽世界的美好愿望。

三、红绿：社会主义的生态愿景

针对资本主义生态危机，在 1968 年“五月风暴”之后，在参与环境运动中，以社会批判理论著称的法兰克福学派开始

1 Peter Newell and Matthew Paterson，*Climate Capitalism*，New York，Cambridge University Press，2010.

对资本主义进行生态批判。莱易斯提出，异化消费是造成生态危机的重要原因，而马克思没有看到这一点，异化消费主要是生态学问题，因此，有必要用生态学来修正和补充马克思主义。1979 年，加拿大学者阿格尔在《西方马克思主义概论》中提出了“生态学马克思主义”（Ecological Marxism）的概念。一般来讲，这是将生态学和马克思主义结合起来的思潮，试图从马克思主义和社会主义的视角提出化解生态危机的理论和方案，或者试图用生态学来补充和修正马克思主义和社会主义以此来克服生态危机。

在世纪之交，生态学马克思主义在美国再度崛起。奥康纳的《自然的理由——生态学马克思主义研究》（1998 年）、福斯特的《马克思的生态学——唯物主义与自然》（1999 年）、柏克特的《马克思和自然：一种红色和绿色的视野》（1999 年）、科威尔的《自然的敌人》（2000 年）等著作，成为生态学马克思主义范式有力对抗资本主义生态危机的利器。

从其主张来看，福斯特和柏克特等人以《每月评论》（MR）杂志为阵地，以“马克思的生态学”为依据和基础，以“物质变换断裂”为核心概念和原理，展开了对资本主义的生态批判，呼吁通过生态革命，向生态社会过渡。由此形成了狭义的生态学马克思主义流派。

从其发展来看，MR 阵营反映了斯威齐和巴兰的垄断资本论点，进而希望发展马克思主义生态政治经济学。柏克特的《马克思主义和生态经济学：走向一种红绿政治经济学》（2006 年）就是其代表作。同时，以“马克思恩格斯全集历史考证版第二版”（MEGA²）成果为依据，延续福斯特注重马克思主义文本的传统，日本学者斋藤幸平的《卡尔·马克思的生态社会主义：资本主义、自然与未竟的政治经济学批判》（2017 年）重点研究了 MEGA² 中收录的马克思手稿中的生态学思想。在现实问题上，福斯特批判了能源帝国主义，呼吁通过生态革命，走向 21 世纪的社会主义。同时，他们对中国的生态文明表现出了关注。例如，回应科学发展观提出的和谐社会和生态文明等理论，马格多夫于 2012 年提出了“和谐文明”的概念。“和谐文明=社会主义（社会控制之下的经济和政治，意味着由人民和工人管理工厂、农场和所有其他工作场所的民主控制）+以生产满足基本人类需求并保护环境的商品和服务为目标的经济体+实质平等+简单生活。”[1] 这是对生态文明的生态学马克思主义解释。

尽管 MR 阵营的主要关注点在于“马克思的生态学”，但是，他们也承认发展生态伦理学的必要性和重要性。在谈到共同体的问题时，福斯特指出：“在这种意义上的真正‘共同的’的共同体，只能出自强大的社会联合——符合芒福德的‘基础的共产主义’和马克思的‘各尽所能，按需分配’的思想——

1 Fred Magdoff，Harmony and Ecological Civilization：Beyond the Capitalist Alienation of Nature，*Monthly Review*，Vol. 64，No. 2，2012，pp.1-9.

因而消除了纯粹的个人经济交换。这种类型的可持续性共同体需要培养一支地方性感觉，并将共同体伦理扩展到奥尔多•利奥波德（Aldo Leopold）所称谓的‘土地伦理’，将周围环境融为一体。在今天占有性个人主义社会的背景中，这样一种关于社会和生态共同体的重要观念显然属于革命性的。”[1] 这样，共同体的生态伦理学就成为取代受个人主义支配的资本主义的重要方案。

奥康纳和科威尔等人以《资本主义、自然、社会主义》（Capitalism Nature Socialism，CNS）杂志为阵地，在他们看来，马克思主义没有看到资本主义的第二重矛盾（生产力和生产关系与生产条件）的矛盾、第二重危机（生态危机），因此，必须用双重矛盾理论和双重危机理论来补充和修正马克思主义，实现向生态社会主义的过渡。生态社会主义是生态可持续性和社会公平正义相结合而形成的社会主义。这样，就形成了狭义生态社会主义流派。

CNS 阵营在推动理论向前发展的同时，更为重视现实和实践问题。2001 年，他们发表了《生态社会主义宣言》。2012 年，“生态社会主义国际网络”在巴黎成立。2017 年，“第一生态社会主义国际组织”在委内瑞拉成立。同时，这一流派与生态女性主义、民族解放运动形成了密切的互动关系。最初，CNS 就

1 ［美］约•贝•福斯特：《生态革命》，刘仁胜等译，北京：人民出版社，2015 年版，第 25 页。

是作为生态社会主义和生态女性主义对话的平台推出的。

与狭义生态学马克思主义有所不同，狭义生态学社会主义较为重视伦理道德问题。科威尔在《自然的敌人》中提出：“由于价值观是人类特有的现象，因此我们很自然地会将其范围扩大到包含生态方面的道德立场……。从生态学角度来讲什么才是符合道德的行为？或者说应该如何树立‘以生态为中心’的价值观？这一问题包含了生态学的所有维度，其答案也正是本书将要使用到的一个词汇，同时也是本书的研究目标——我们将其命名为‘生态社会主义’。”[1] 但是，与奈斯的“深层生态学”不同，生态学社会主义主要是在与资本主义推崇的“交换价值”（使用价值）相对的意义上使用“内在价值”概念的。

总之，各种“红绿”思潮将生态正义引向了制度正义的高度，尤其是突出了阶级生态正义。这恰好是学院式生态伦理学（环境伦理学）欠缺的东西。

四、蓝绿：自然主义的生态迷思

围绕着生态危机的价值成因问题，挪威学者奈斯于 1973 年提出了“深层生态学”（Deep Ecology）概念。在他看来，忽视自然的“内在价值”的人类中心主义是造成生态危机的深层次原因，因此，应采用“不干扰”战略对待自然，限制西方技

---

1 ［美］乔尔•科威尔：《自然的敌人——资本主义的终结还是世界的毁灭？》，杨燕飞等译，北京：中国人民大学出版社，2015 年版，第 80-81 页。

术对非工业化国家的影响。内在价值就是自然界和自然物自身存在着的价值，与其有用性无关。这样，就形成了生态中心主义思潮。其实，“深层生态学不好的一面表现在它保留并开发了荒地。在此过程中，人们可以赶走一直居住在那里的居民，这些居民很久以前就已经成为自然的一部分，在他们的世界里没有自然之外的词汇，当然也没有形容荒野的词汇。”[1] 即，生态中心主义是通向生态法西斯主义的桥梁。在广义上，生态中心主义还包括“动物解放论”“生物中心主义”“生态后现代主义”等流派。

从其发展来看，美国学者罗尔斯顿先后出版了《哲学走向荒野》（1986 年）、《环境伦理学》（1988 年）等著作，在确立“自然价值论”的环境伦理学的基础上，进一步确立了生态中心主义的理论形态。2017 年，澳大利亚学者盖尔在《生态文明的哲学基础》一书中提出了“思辨自然主义”（Speculative Naturalism）概念，强化了生态中心主义的哲学基础。在实践上，生态中心主义导致了“地球第一”这样的为了保护地球不惜破坏人类社会设施甚至滥杀无辜生命的生态恐怖主义。在历史上，南非的种族隔离政策与生态中心主义也有千丝万缕的关系。[2]

---

1 ［美］乔尔•科威尔：《自然的敌人——资本主义的终结还是世界的毁灭？》，杨燕飞等译，北京：中国人民大学出版社，2015 年版，第 153 页。

2 ［美］约・贝・福斯特：《生态革命》，刘仁胜等译，北京：人民出版社，2015 年版，第 136-140 页。

受上述思潮的影响，一位中国学者于 1994 年呼吁走出人类中心主义，引发了轩然大波。2000 年，由罗尔斯顿个人资助翻译的《哲学走向荒野》《环境伦理学》在中国出版。同时，由于“红绿”思潮难以在欧美大学立足，而主张生态中心主义的环境哲学和环境伦理学是美国大学的主流学科，这样，跟随这些人士研究环境哲学和环境伦理学就成为一些中国访问学者的首选。于是，中国形成了一个“深绿”圈子。随着生态文明理念的提出，这个圈子试图控制生态文明的话语权。

在他们看来，只有确立在承认自然的内在价值的基础上的生态中心主义，才能走向生态文明。其实，价值是一个关系范畴，而不是一个实体范畴。况且，承认内在价值存在着复活万物有灵论的危险。在阶级社会中，人们总是从特定的阶级立场出发看待自然，根本不可能将全人类作为价值的中心去看待自然。

由于内在价值难以成立，一些论者又试图将思辨自然主义确立为生态文明的哲学基础。在他们看来，在人类之外总是存在着一个人类遥不可及的无限的自然，因此，人类应该敬畏自然。这样，存在着复活牛顿的“第一推动力”和康德的“物自体”的危险。

在发展观上，这些论者认为，只有回归乡村文明，或超越和取代工业文明，才能走向生态文明。“深层生态学”的代表人物奈斯提出：“非工业化文化（国家）必须免于工业化社会的入侵。他们的目标不应是追随富裕国家的生活方式。”[1]这种主张甚至得到了一些政界人士的认同。在西方国家已经从工业社会走向后工业社会的情况下，假如仍然处于社会主义初级阶段的中国采用如上的生态文明建设方略，那么，就存在着回到 1840 年位置上的危险。这根本不是生态文明，而是一种浪漫主义。

生态中心主义回避和遮蔽资本主义生产方式的反自然和反生态的本性，将资本主义和社会主义都划归到人类中心主义当中，批评和敌视科技进步和工业文明，试图在个体价值观念和行为方式的“深处”发动变革。从生态危机的价值成因来看，个人主义、利己主义、拜金主义才是要害。其实，相对于生产关系和上层建筑，这些“深层”的东西都是“表层”和“肤浅”的因素。因此，与其将之称为“深层生态学”，不如称为“表层生态学”或“肤浅生态学”。在生态环境问题上，欧洲惯用“绿色”称呼，美国惯用“蓝色”称呼，因此，将生态中心主义归为“蓝绿”较为恰当。

五、粉绿：人道主义的生态扩展

当深层生态学将人类中心主义视为造成生态危机的根源的时候，一些流派强调，要从社会支配关系的角度发现生态危

---

1 Arne Naess，The Deep Ecological Movement：Some Philosophical Aspects，*Environmental Philosophy：From Animal Right to Radical Ecology*，edited by Michael E.Zimmermal，New Jersey，Prentice Hall，1993，P.202.

机的真实根源，要将消除社会支配逻辑作为摆脱危机的出路。

生态女性主义指出，人有性别差异，父权制才是造成问题的根源，因此，女性解放和自然解放是一致的。1974 年，法国作家德奥波纳提出了“生态女性主义”（eco-feminism）的概念。生态女性主义是将女性主义和生态主义结合起来形成的思潮，从性别角度提出了解决生态环境问题的理论和方案。唯物主义的生态女性主义构成了生态社会主义的基础。“生态女权主义也应该是反资本主义的，因为资本和资本主义国家是用压制女权和生态的方法保持其权力地位的。生态女权主义的大量理论和实践是符合这一情况的，而且对这里设想的项目起到了基础性作用。但不是所有称自己为生态女权主义支持者的人都是反对资本主义的。”[1] 尽管这一流派也传播到了中国，中国也出现了一些妇女主导的绿色团体和绿色活动，但是，二者不存在着直接关联。当然，作为一种文学和批评理论，生态女性主义在中国产生了积极影响，有助于提升女性的生态意识，推动女性的生态参与。

社会生态学提出，人有等级之别，等级制才是造成问题的根源，因此，只有实现直接民主，才能消除等级制，最终实现自然解放。俄裔美国人布克金于 1964 年提出了“社会生态学”（Social Ecology）概念。这是一种将无政府主义和生态主义相

1 ［美］乔尔·科威尔：《自然的敌人——资本主义的终结还是世界的毁灭？》，杨燕飞等译，北京：中国人民大学出版社，2015 年版，第 157 页。

结合的思潮，可称为生态无政府主义。最近，克拉克提出了辩证的社会生态学，要求回归到拥护巴黎公社的无政府主义者雷克路那里，并梳理了佛教和道教的相关思想。同时，他还创立了地球研究所。此外，生态公社的主张也可划入这一流派中。从其实质来看，“无政府主义者以及社会生态学者大都自称反资本主义者，但他们都对资本主义支配剥削劳动者的根源避而不谈。同样地，他们强调了推翻在国家沉积已久的支配统治的必要性，这一点是正确的，但他们忽视了一个事实（恐怕主要是从敌对马克思主义的方面），那就是国家的首要职责就是保证阶级体系的安全，实际上阶级和国家这两种结构都是彼此相互依赖的，二者总是成对出现的。”[1]社会生态学在中国的影响主要局限在学术领域。

尽管没有像“红绿”思潮那样提出消灭资本主义的口号，但是，生态女性主义和社会生态学将社会关系维度引入生态主义中，将消除社会支配逻辑作为了实现自然解放的重要任务，因此，可将之称为“粉绿”思潮。此外，发端于美国的环境正义运动将斗争的矛头指向了种族主义，也可划入这一分类当中。这些思潮集中彰显了生态正义的诉求，为研究性别、阶层、种族生态正义提供了鲜活的材料。

五彩斑斓的生态主义思潮有助于唤醒公众生态文明意识

---

1 ［美］乔尔•科威尔：《自然的敌人——资本主义的终结还是世界的毁灭？》，杨燕飞等译，北京：中国人民大学出版社，2015 年版，第 159 页。

和生态伦理意识，促进可持续发展，但是，由于其固有的政治立场和哲学立场，存在着误导生态文明的可能和危险，因此，不能按照西方绿色思潮的方式构建生态伦理学体系，我们应该坚持用习近平生态文明思想引领绿色思潮。

第二节　西方绿色思潮的曲折前行

2008 年次贷危机之后，尤其是特朗普当选为美国总统之后，西方绿色思潮经历了一定程度的曲折。近年来，环境主义和生态主义在多元格局中平稳前行。

一、气候资本主义的困局

气候变暖是全人类面对的共同问题。早在 1992 年，国际社会就将“共同但有区别的责任”确立为解决气候问题的原则。“承认气候变化的全球性要求所有国家根据其共同但有区别的责任和各自的能力及其社会和经济条件，尽可能开展最广泛的合作，并参与有效和适当的国际应对行动”[1]。这是作为国际生态正义的气候正义的集中表达。《巴黎协定》体现了国际社会加强气候治理的雄心壮志。但是，这一协定仍然是由少数西方发达国家主导或者操纵的政策设计，具有明显的等级化和排他

---

1 《气候变化框架规约》《迈向 21 世纪——联合国环境与发展大会文献汇编》，中国环境报社编译，北京：中国环境科学出版社，1992 年版，第 33 页。

性的色彩，因此，是“气候资本主义”的表现和表征。即便如此，随着特朗普当选为美国总统，这一协议也陷入了困局。

特朗普担心，如果履行这一协定，已经衰落的作为美国传统工业和制造业腹地的底特律、匹兹堡等“铁锈带”将再次受到重创，煤炭行业将成为重灾区，将使美国 GDP 损失 3 兆美元，丢失 650 万个工作机会。为了实现“让美国再次伟大”的目标，他于 2017 年 6 月宣布，美国将退出该协定并重新开始谈判。这充分暴露了美国“生态帝国主义”的强硬立场。

对此，国际社会展开了各种抗争。据英国《卫报》网站 2018 年 2 月 20 日报道，英国气候学家丹·普赖斯发起了“特朗普森林”项目。该项目声称：我们将在全球植树造林来抵消特朗普的极端愚蠢行为。根据《巴黎协定》，美国曾经承诺，到 2025 年将排放量在 2005 年的基础上减少至少 26%。由于美国退出这一协议，那么到 2025 年将有额外的 6.5 亿吨二氧化碳排放到大气中，相当于 3300 万美国人的年度碳足迹。这样，就需要种下 100 亿棵树增加碳汇以抵消上述排放量。自该项目启动以来，来自世界各地的人已经承诺种下 100 多万棵树。此外，据美联社 2018 年 9 月 14 日的报道，为了展现正在采取的行动并深化对抗气候变化的承诺，全球气候行动峰会在美国旧金山举行。在这次峰会上，特朗普成为众矢之的，越来越多的人认为有必要对抗气候变化。这次峰会呼吁，现在是所有领导人承担起责任、勇敢行动的时候了。世界各国政府现在就要树立起雄心壮志，开辟一条走向零碳未来的明确道路。上述对特朗普气候政策的“围攻”，不仅表明了气候资本主义的困局，而且彰显出绿色思潮在气候议题上的集结和动员，是气候正义的表现和表达。

尽管拜登政府表明要重返《巴黎协定》，但是，问题的实质没有改变。对此，中国政府重申了气候正义的原则：“各国应该遵循共同但有区别的责任原则，根据国情和能力，最大程度强化行动。同时，发达国家要切实加大向发展中国家提供资金、技术、能力建设支持。”[1]现在，《中华人民共和国国民经济和社会发展第十四个五年规划和2035年远景目标纲要》提出，落实2030年应对气候变化国家自主贡献目标，制定2030年前碳排放达峰行动方案。锚定努力争取2060年前实现碳中和，采取更加有力的政策和措施。这是作为一个负责任的社会主义大国对气候正义的坚持和坚守。

二、思辨自然主义的入场

生态文明的哲学基础到底何在，这是生态主义发展中遇到的一个基本问题。澳大利亚哲学家阿伦•盖尔在其于2017年出版的《生态文明的哲学基础》一书中，提出了“思辨自然主义”（speculative naturalism）的概念。其实，早在《宇宙与历史：自

1 习近平：《论坚持人与自然和谐共生》，北京：中央文献出版社，2022年版，第270页。

然与社会哲学杂志》2014 年第 2 期上，盖尔就发表了题为《思辨自然主义：一个宣言》的文章。2018 年，思辨自然主义受到了一些生态主义者的热捧。

从理论来源来看，思辨自然主义是谢林、科林伍德、皮尔士、怀特海等人哲学思想的发展和集成。尤其是，盖尔非常推崇谢林哲学。在德国唯心主义盛行的时候，谢林注重的是自然哲学。在谢林看来，自然的概念并不意味着应该有一种能够意识到自然存在的智能。即使没有任何东西能够意识到自然，自然也会存在。因此，问题应这样表述：智能是如何被添加到自然当中的，即自然是如何被呈现出来的。谢林把整个自然界描述为一个自组织的过程。盖尔进一步指出，物质本身就是一个自组织过程。

从思维形式来看，思辨自然主义是分析、统揽、综合三者的统一。分析、统揽、综合是哲学家常用的三种方法。但是，随着分析哲学的兴起及其影响的扩大，分析思维占据了上风，结果分析哲学家推动的自然主义几乎成为科学还原论的同义词。“大陆哲学”并没有对此提出真正的挑战。现在，需要强调思辨性，将上述三者统一起来。可见，思辨自然主义同时就是思辨辩证法（speculative dialectics）。

从理论形态来看，思辨自然主义是自然主义、人文主义和思辨性三者的统一。自然主义、人文主义和思辨性的统一是一种很重要的传统，但是，随着科学主义的流行，这种传统被边缘化了。现在，思辨自然主义力求使三者再度统一起来。这就要创造一种新的文化。人文学科的实际成果就是改变文化。改变文化就是改变我们自己、我们和社会的关系、我们与自然的关系。这样，就会创造一个新的时代——生态文明。“人们将对自己的文化及其改革负责。在文化变革的过程中，思辨自然主义将创造新的主体性。这些主体性致力于解决和克服文明和人类目前因生态破坏而面临的威胁。这些主体性将创造一个新时代，中国环境主义者呼吁并称其为‘生态文明’的时代。”[1] 盖尔认为，生态文明就是“生态持续性文明”（ecologically sustainable civilization）。

在一些生态主义者看来，盖尔提出的思辨自然主义是反对虚无主义的号角，为人们从社会和物质过程中来探索一个辩证的世界提供了指导，为创造全球生态文明提供了一个哲学基点，有助于人们真正理解什么是幸福和美好生活。在我们看来，自然主义是唯物主义的不确切的表述，思辨自然主义存在着复活先验哲学的可能。

三、建设性后现代主义的苦行

以小约翰·柯布为代表的建设性后现代主义高度关注生态环境问题。他们相信，人是生态系统的一个有机组成部分。只

1 Arran Gare，Speculative Naturalism：A Manifesto，*Cosmos and History：The Journal of Natural and Social Philosophy*，Vol. 10，No. 2，2014，pp.300-323.

有生态系统繁荣了，人类才会繁荣。因此，建设性后现代主义实质上是“生态后现代主义”。2018 年，年届 93 岁高龄的柯布像一个苦行僧一样，在中国和韩国展开了长达一个月之余的思想之旅，苦口婆心地劝导人们走生态文明之路。其中，在中国参加了 6 个会议，发表了 12 场演讲。

与解构性后现代主义完全拒绝发展不同，柯布等人将绿色发展看作是社会发展模式的创新。绿色发展就是在生态圈范围内的发展。他们提出，为了保持生态系统的完整性和人类的幸福，绿色发展是必要的，可将之定义为人类朝着生态文明方向的前行。为此，必须要注重社区经济的发展。

与解构性后现代主义断然与传统决裂的姿态不同，柯布等人将传统文化，尤其是中华文明看作是走向生态文明的重要资源。在他们看来，只有中华文明将人性完全归结为自然，形成了“天人合一”“道法自然”的训导，因此，这种文化更有益于生态文明。

与解构性后现代主义只是注重现代性批判不同，柯布等人将斗争的矛头也指向了资本主义制度和资产阶级经济学。他们指出，在资本主导的世界里不会出现生态文明。资本主义追求的个人主义和消费主义必然导致生态危机，但是，资产阶级经济学极力论证上述价值观的必要性和合理性。只有社会主义和马克思主义才能克服个人主义和消费主义及其造成的生态危机。

与解构性后现代主义对人类文明进步持有怀疑的态度不同，柯布等人相信人类存在着一个光明未来。生态文明就代表着这样的未来。他们认为，包容性生态系统的持续繁荣将是人类共同体的共同目标。由于中国文化的独特性和中国共产党的创造性及其坚守和坚持，因此，生态文明的希望在中国。

与解构性后现代主义只注重言语不同，柯布等人坚信行胜于言。在柯布的劝说下，洛杉矶大多数城市已经设立了“可持续发展官员”的职位。在 2018 的“美丽家乡·零污染村庄（社区）建设论坛暨垃圾治理与生态文明研讨会”上，柯布与 300 多位来自基层的村民、村主任、环保组织人士、公益组织人士以及企业家和政府官员齐聚一堂，共议生态文明建设大事。最后，建设性后现代主义呼吁，现在到了开展全民大自救的生态运动的时候了。

四、生态学马克思主义的前行

生态学马克思主义是西方生态主义思潮中最具左翼色彩的流派。在 20 世纪 90 年代后期，埃·阿尔特瓦特、保·柏克特、约·贝·福斯特、弗·马格多夫等人，回归到经典的历史唯物主义，利用马克思的“物质变换断裂”的理论分析生态环境问题，从而促进了生态学马克思主义的发展。2018 年，生态学马克思主义主要取得以下进展：

物质变换断裂理论是马克思资本主义生态批评理论的核

心思想。福斯特等人对之进行过深入的发掘和考察。2018 年，他们进一步深化了对这一问题的认识。福斯特和布·克拉克研究了“掠夺土壤”和物质变换断裂之间的关系。他们认为，马克思关于“掠夺土壤”的概念与人类与地球之间物质变换断裂之间存在着内在联系。为了理解马克思的物质变换断裂理论的复杂性，分别研究掠夺和断裂问题大有裨益。这两种现象在资本主义单一发展中都可被分别看到。同时，汉·霍利曼指出，当科学家描述类似气候变化条件下沙尘暴状况的增加时，他们发出了一种特殊类型的强烈的生态和社会变化的信号。但同样强烈的是在第一步就导致巨大的社会生态危机的社会力量、历史发展以及政策和实践。因此，她断言：“没有帝国，就没有沙尘暴。”（No Empires，No Dust Bowls）

此外，MR 杂志 2018 年 4 月号刊发了一篇对斋藤幸平著作《卡尔·马克思的生态社会主义：资本主义、自然与未竟的政治经济学批判》（2017 年）的书评。斋藤是参与马克思恩格斯全集历史考证版第二版（MEGA2）编辑的年轻日本学者。他综合运用马克思的读书摘录、个人笔记、通信、草稿和公开出版的著述，雄辩地说明马克思对将自然和实践的转变联系起来的统一历史科学的持久承诺，从而展示出了马克思对自然的跨历史描述的深刻生态本质。他认为，马克思已经看到生态危机是资本主义的内在危机。人类能够建立一个可持续的生态社会主义世界。他指出，“早在《1844 年经济学哲学手稿》当中，马克思就将‘人道主义=自然主义’的解放理念设想为一项重建人与自然统一的计划，以反对资本主义异化”[1]。因此，如果忽视其生态维度，就不可能理解马克思政治经济学批判的全部内容。

马克思劳动价值论的生态边界问题。近年来，对资本主义的生态批判不断深化和成倍增加，引发了对马克思劳动价值论的新争论。对此，福斯特在 MR 杂志 2018 年 7—8 月号上发表了《马克思、价值和自然》一文，福斯特和柏克特在《国际社会主义》季刊 2018 年秋季号上发表了题为《不能将价值泛化》的文章。在他们看来，地球危机的根源在于马克思所说的“自然形态”和“价值形态”之间的资本主义生产的矛盾，以至于后者的提升是以前者为代价。这是资本主义自身不可避免的内在矛盾。因此，试图将价值和商品关系扩展到自然界的一切事物上，以此来解决地球危机，将破坏马克思劳动价值论的稳定性，也难以真正消除地球上存在的社会和生态危机。这在于，并非一切事物都能够用价值来衡量（Value Isn’t Everything）。

来自德国的阿尔特瓦特也持有这样的观点。在《市场的未来》（1991 年）等著作中，他将那种认为自然本身创造了商品价值的西方主流观点定性为商品拜物教的一种形式，认为这种观点掩盖了资本与自然、资本与劳动之间潜在的矛盾，实际上

1 Kohei Saito，*Karl Marx's Ecosocialism*，New York，Monthly Review Press，2017，P14.

遮蔽了马克思试图揭示的内容。不幸的是，阿尔特瓦特于 2018 年 5 月 1 日去世。这无疑是生态学马克思主义阵营的一大损失。

其实，消除生态危机存在着将外部问题“内部化”的需要，“自然价值”和“自然资本”或许会成为一种当下选择。当然，生态资本主义不可能从根本上消除生态危机。

关于气候议题，MR 杂志 2018 年 11 月号的编辑札记指出，“关键不只是要理解资本主义对环境的破坏，而是要超越资本主义：是制度变革而非气候变迁（System Change Not Climate Change!）”。在他们看来，气候和资本主义已经成为关于价值、资本和自然的总体辩论的中心议题。

Goodreads 网站的用户编制了 104 本批判性思维类别的顶级书目，由福斯特等人所著的《生态断裂：资本主义对地球的战争》（2010 年）位居第二位，由此可见其社会影响。

五、生态学社会主义的进展

以詹 • 奥康纳、乔•科威尔等为代表的一批西方人士，开启了从生态学马克思主义向生态学社会主义的转型。生态学社会主义从社会主义视角提出了解决环境退化的方案，为未来社会的发展提供了替代性方案。2018 年，生态学社会主义主要在以下方面获得了进展：

生态学社会主义在肯定马克思主义价值的同时，将生态学社会主义作为未来的发展方向。2018 年 5 月 5 日，是马克思诞辰 200 周年的日子。CNS 刊发了一组文章来纪念这个日子。例如，在考察马克思对商品生产中心性的描述与作为一种制度的资本主义的关系、资本主义对自然的破坏性结果、21 世纪面临的全球气候危机的基础上，《气候变化和 21 世纪的马克思》一文的作者提出，哈耶克主义、凯恩斯主义、国家社会主义、绿色凯恩斯主义都无法解决对 21 世纪的人类存在构成威胁的问题，为此，需要绿色社会主义。一般而言，绿色社会主义是一个建立在使用价值为主导、社会公正和民主控制基础上的生态理性的社会。

生态学社会主义与诸多的社会运动和社会思潮尤其是生态女性主义、民族解放运动具有密切的互动。CNS 最初是作为生态学社会主义和生态女性主义对话的平台出现的。该杂志 2018 年第 1 期的主题就是“生态女性主义的视野、行动和选择”。例如，通过提出一个“共同的生态女性主义的分析”框架可以发现，妇女为公地而斗争，要求对生活资料进行合作控制，这样，就从根本上挑战了资本主义关系并肯定了变革的替代方案。因此，可与土著妇女和有色人种形成对抗导致生态灭绝的石化资本主义的联盟。

此外，在应邀参加北京大学举办的第二届世界马克思主义大会期间，CNS 的现任主编撒万土（Salvatore Engel-Di Mauro）在中国的高校发表了几次演讲。在追溯生态学社会主义起源、分析生态学社会主义动向的基础上，他提出，生态学社会主义目前面临的挑战是在现有和日益增长的生态学社会主义组织之间建立协调关系，为战胜全球资本主义力量的斗争做出自己的贡献。

继奥康纳逝世之后，科威尔于 2018 年 4 月 30 日去世。为了实现生态社会主义，科威尔主张集体财产权，回归巴黎公社。他在反对资本主义意义上提出了内在价值的概念："我将内在价值定义为这样一种主张，即我们应该从自然自身出发去评价自然，而不管我们将如何对待它。价值是内在的，应该将之作为自然界固有权利的一种功能。这是一种我们必须为之奋斗的权利，是消除资本积累诅咒斗争中的一种动力因素。"[1] 这种内在价值具有明确的反对将自然自身作为交换价值的政治性质，是对自然界的整体欣赏。在科威尔看来，实现内在价值是生态学社会主义的重要奋斗目标。"在一个注重生态并以自由为上的理性世界里，使用价值具有独立于交换价值的特征，使用价值为人类本性以及自然服务，但却不对它们进行约束管制。换句话说，人性和自然都将朝着内在价值转化。"[2] 这里，既承认自然的内在价值，也承认人性的内在价值。这样，就与深层生态学划清了界限，提出了一种基于反资本主义的内在价值的生态伦理学的可能性问题。

---

1 Joel Kovel，Ecosocialism as a Human Phenomenon，*Capitalism Nature Socialism*，Vol. 25，No. 1，2014，pp.10-23.

2 ［美］乔尔·科威尔：《自然的敌人——资本主义的终结还是世界的毁灭？》，杨燕飞等译，北京：中国人民大学出版社，2015 年版，第 177 页。

撒万士和迈·洛伊等生态学社会主义者发表了悼念科威尔的文章。他们高度评价了科威尔对于生态学社会主义的贡献，认为他的逝世对于广泛的国际生态社会主义运动来说是一个巨大的损失。当然，我们难以苟同生态学社会主义的马克思主义观。问题不在于马克思主义是否存在着生态学空白，而在于如何按照马克思主义的立场、观点和方法来研究和解决环境退化问题。

第三节　罗马俱乐部的生态道德观

罗马俱乐部提出的“增长的极限”向世人敲响了生态警钟，标志着当代生态主义的兴起。因此，考察当代生态伦理意识的发生，应从对罗马俱乐部的生态道德观的考察开始。

一、罗马俱乐部的成立及影响

第二次世界大战以来，出现了一系列全球性的重大社会问题，生态危机便是此类问题的集中表现。这类问题若得不到妥善及时的解决，就会祸及人类自身。1968 年 4 月，在意大利一位具有远见卓识的企业家、经济学家 A. 佩西（又译为佩切依）的倡导和主持下，来自十个国家的约三十名各方面的专家、学者聚集在意大利罗马讨论人类面临的全球问题。罗马俱乐部就是在此基础上建立的。

随后，他们颁布的第一个正式文件就是由美国学者 D. 米都斯等人所著的《增长的极限》。该报告以美国学者 J. W. 福雷斯特的“系统动力学”为基础展开。福氏运用系统动力学方法研究了全球性问题，最后却得出悲观主义的结论：污染将消灭人类。米氏等人选出了人口、经济、粮食、污染和资源等五个对人类命运有决定性意义的因素，对它们的关系进行了分析，认为有限制的系统（后三个因素）与增长的系统（前两个因素）的冲突不可避免，必将会造成“生态萎缩”，可见，增长是有极限的，应采取“零增长”的对策。它发表以后，遭到卡恩、西蒙等人的强烈反对，由此引起了一场关于包括生态危机在内的全球性问题的大论战。这也就是所谓生态环境问题上悲观主义和乐观主义的对立。

正是在这样的背景下，西方一些青年和知识分子在“五月风暴”中将保护环境、维持生态平衡作为一个斗争内容，生态运动（环境运动）随之兴起；后来又出现了生态学马克思主义、生态学社会主义等思潮。各种生态道德理论和思潮正是在这样的背景下产生的。

后来，罗马俱乐部又提出了《人类处在转折点上》（《明天的战略》）、《重建国际秩序》、《人类的目标》、《学无止境》、《能源，倒过来计算》、《占世界四分之三的第三世界》、《关于财富与福利的对话》、《通向未来的道路图》、《微电子学与社会》以及《翻转极限——生态文明的觉醒之路》等一系列报告，他们从采取零增长的对策过渡到了倡导“有机增长”，从寻求问题的“外极限”过渡到了探究其“内极限”。在这个过程中，他们逐渐注意到了造成生态危机的伦理道德原因，并提出了从伦理道德上解决问题的办法。

佩西不仅对罗马俱乐部的工作进行了组织和指导，也发表了像《人类的素质》《未来的一百页》等著述，系统地阐述了他关于生态危机问题的思想，提出了用“新人道主义”作为解决生态危机的总对策等问题。此外，他还在其著作中对英国史学家 A. 汤因比大加赞扬，将他视为自己的前辈和同道。确实，汤氏在其《历史研究》《人类和大地》《展望二十一世纪》等著述中所持的观点与佩西相一致。汤氏认为，面对生态危机，需要的是伦理行为，应提倡一种“世界宗教”（这是一种宗教化了的道德或道德化了的宗教，它将人和自然的协调作为人类的目标，要求人们应“尊敬”和“体贴”自然）。

在罗马俱乐部之后，有一大批人追随着他们，这些人或者拥护零增长或者捍卫有机增长，成为罗马俱乐部的同道，其中有些人试图将生态伦理学系统化。1980 年，由美国政府组织、由罗马俱乐部的成员 G. 巴尔尼领导的研究小组发表了《全球 2000 年》的研究报告，基本上重申了罗马俱乐部的观点和立场，将自然资源的极限和环境的变化作为影响社会未来发展趋势的主要因素。由此，罗马俱乐部的思想和行动引起了全世界的关注和重视，他们的有些报告甚至成为联合国会议的正式文件。

总之，在当代西方，罗马俱乐部最先意识到了生态危机的严重性，并对之进行了系统分析，提出了解决问题的总体性对策，对西方以至整个世界影响极大，尤其是在价值观念方面。这便是我们从对罗马俱乐部的生态道德观开始考察各类生态道德理论的缘由。

由于罗马俱乐部组织发展的特殊性和他们思想的复杂性，我们下面考察罗马俱乐部的生态道德观就以佩西的思想为主要对象，兼及罗马俱乐部其他成员的著述和同道的言论。

二、倡导生态道德的根据和理由

罗马俱乐部认为，提出和倡导人与自然之间的伦理道德准则有其深刻的背景和根源。从造成生态危机原因的角度来看，有必要从伦理道德角度来考虑问题。

生态危机是人类消费需求增加而引起的对自然的毁坏。人类是贪婪和不知足的，远远超出了生理上的需要，而这对于人类生存毫无真正的意义；这就致使消费需求增加。需要增加必然导致生产扩大，生产扩大依赖于更多的资源和更好的环境，这就使人对自然资源造成了毫无约束的开发，致使环境恶化，从而侵蚀自己的生存基地。可见，人们为了达到眼前的物质利益已经丧失了伦理和道德的价值。

生态危机是科学技术带来的不良后果。科学技术已成为自然、人、社会相并列的世界系统中的第四个因素，已成为导致地球上所发生的或好或坏变化的主要原因。它在解决一些老问题的同时也带来了像生态危机这样的新问题。有些科学技术（如核装置等）是直接用来进行生态灭绝的，科学技术带来的问题不能用它本身来解决。这在于，科学技术并没有错误或至少是中立的，它本身是一个学习过程。这样，如果我们要用这一过程来解决全球性问题，就必须引导它，应将科学技术的变革与人类价值方式的变革结合起来。

生态危机是建立在工业革命基础上的经济活动所造成的恶果。建立在工业革命基础上的经济活动改变了环境和人类自身。由于它给人类带来了许多好处，人们就认为经济活动是无所不能的。就在人们对之崇拜的过程中，这一偶像却愚弄了人。正是经济活动本身带来了资源的浪费和环境的污染，人们在进行经济活动时是缺乏良知的，或者说，经济活动本身是拒斥良知的。

生态危机是社会本身带来的问题。由于科学技术具有上述特性，我们必须把灾难归罪于社会，归罪于自己在运用科学技术时所出现的错误，不负责任、自私、贪婪、愚昧无知和其他的人为缺点；同时，建立在工业革命基础上的经济活动以超出想象的程度改变了环境和我们的生活方式，但我们的社会政治组织并没有进行与之相适应的发展，它在很大程度上是过时的和不适当的，这是造成生态危机的重要原因。面对生态危机，只有人文科学、道德科学、社会科学等“软科学”才能作出贡献。在社会革命和政治革新中最为迫切的就是这些软科学问题，我们需要的是伦理道德行为。

生态危机是人们不讲“生物道德”的结果。侵略、残忍、不文明也是人类的特性，在生存竞争的过程中，人类将自己的意志强加于其他自然存在物，弱肉强食，对于其他有生存权利的生物是残酷的、不文明的，缺乏道德原则，触犯了宗教的真正精神。这种特性驱使人们利用我们的新权力去摧毁有用的自然界，直到最后毁灭人类自身。

总之，引起生态危机是有各种各样原因的，但最根本的问题还是无视人类与大自然关系的征服思想和在此基础上形成的价值观念。

三、生态道德在解除生态危机中的作用

生态危机在实质上显示出了人和自然的矛盾。从人和自然关系的角度来看，有可能从伦理道德的角度来解除生态危机。

人和自然处于系统联系当中。当我们运用系统观点来观察生态危机时就会发现，当前的危机反映了历史发展格局之内的长期趋势；只有全面地认识正在发现的世界系统，并从全球长期发展的角度看问题，才能解除危机；真正需要的是综合考虑世界系统的各个层次，即应同时考虑从个人价值到生态和环境等人类发展的各个方面，解除危机的可行办法是合作。总之，

生态系统中的事物是互相依赖的。这些观察使人们认识到，为了解除危机，就要为提高道德和生活方式的急切需要开辟道路。

人一方面是从自然中分离出来的，另一方面又和自然相连接，这种关系导致人具有选择态度和行动的余地，即既可以为善，也可以为恶。这样，假如人把自己置于自然的中心，他是可以支配和利用自然的，他会以此作为自己存在的理由，只要放纵这种欲望，人的行为就会变成恶的。其实，对自然尊严的侵犯，最终还是侵犯了我们自己的尊严；为了解除危机，我们应该扬善弃恶。

包括道德在内的广义文化与自然也具有系统性。但是，文化与自然也存在着不协调性，这就需要予以调节。具体到道德来说，它发挥的就是这种调整和调节的作用。其实，人类行为的调整过程也就是对生态环境的不断适应的过程，道德的目的无非是为了寻求一种和谐一致的关系。但道德也存在着矛盾，并往往被环境所渗透和强化，不断提出新的问题，要人们去思考和回答。生态危机就向人们的伦理道德提出了这样的要求。

可见，“对生态的保护和对其他生命形式的尊重，是人类生命的素质和保护人类两者所不可缺少的重要条件。”[1] 我们应该充分发挥生态道德的作用。

---

1 ［意］奥雷利奥•佩西：《未来的一百页》，汪帼君译，北京：中国展望出版社，1984 年版，第 159 页。

四、生态道德的规范和评价体系

罗马俱乐部认为，人们应从以下几方面来规范和评价自己与自然交往过程中的行为：

要用适度消费的道德观代替过度耗费的神话。现在应将厉行节约放在第一位，这样做至少有三方面的根据：维护人的尊严、使现代人免受污染的危害、为子孙后代保存有限的资源。因而，应将物质消费控制在最低限度，要尽可能地使用再生废物；同时，个人不能仅满足于一己的基本需要的满足，而应做一个全面发展的人。所有这些也就是要求我们："为了适应即将来临的稀缺时代，我们必须树立利用物质资源的新型道德观，并据此调整我们的生活方式。"[1]即，我们应该确立节约资源的道德。

要用尊重自然的态度取代占有自然的欲念。这不仅仅在于自然本身具有尊严性，更在于人和自然的统一也是构成我们生活的要素。我们看到，大量将人和自然连接起来的系统和子系统（这些系统在不同的领域是不同的）都直接或间接地相互联系在一起，同时，它们的网络系统实际上包括整个地球；它们当中任何一个系统的故障或混乱都可以很容易地扩展到其他系统，有时甚至引起连锁反应；因而，我们应"尊重其他生物

1 ［意］米哈依罗·米萨诺维克等：《人类处在转折点上》，刘长毅等译，北京：中国和平出版社，1987 年版，第 135 页。

的权利”[1]。在此基础上，后来有人提出了自然权利的概念。

用爱护自然的活动取代征服自然的行为。由于物质革命的发展，自然日益成为人们改造和作用的对象，这样，就在人们头脑中形成这样一个信念——“征服自然”。人们为这种美好的成功所陶醉，但其中隐藏着暗礁流沙，今天，我们终于触礁了。面对危机，要求我们应恢复爱、友谊、了解、团结、牺牲精神等品质，应运用这些品质将我们和其他生命形式更紧密地联结起来。

要用人类对自然的自觉调节来取代自然本身的自发调节。人将自然在其演化和进化过程中发展出的自我调节、自我控制的能力削弱甚至破坏了，因此，我们必须懂得，我们在地球上处于上层的地位，那就有“责任”使自己成为生命洪流中的一个具有创新精神的、发挥调节作用的保护性因素。这在于，在人和自然这一复合系统中没有天生的控制机制，没有宏观的自我调节自动器，我们星球发展中的控制能力是人本身以及他的能动地形成起来的力量。只有当有效地控制住人类社会及其环境的关联域中的复杂动态体系时才能完成这一任务。因而，不管愿意与否，我们都必须在考虑到自然——人类的世界混合系统的情况下履行这一“职责”。

要用保护自然的方式取代瓜分自然的恶劣行径。由于世界

1 ［意］奥雷利奥•佩西：《未来的一百页》，汪帼君译，北京：中国展望出版社，1984 年版，第 19 页。

上存在着不同利益的社会集团和国家，他们在对待自然资源和环境上就有不同的态度，致使对自然资源和环境进行垄断和瓜分，而全然不顾自然本身，而我们应认识到，“对世界的自然资源没有绝对的使用权利，人类必须尽可能公平地保护和共享之，不论其所处的地理位置如何。”[1] 这样，就提出了国际生态正义问题。

要用人对自然的义务感来偿还人对自然的占有和利用。今天的生态危机侵蚀了人类的生存基地，因而，我们应想办法来解除危机，而解决问题的唯一办法就在于我们进行一场创新性的学习，将预期性和参与性统一起来。因为人的生态力量来自大脑，这样，就要求我们增加自己的知识、发展自己的才能，与自然进行全面的对话和交流，“我们知识的增加和力量的发展，是对我们子孙后代和其他形式的生命的责任与义务。”[2] 这样，就突出了人类保护自然的作用。

总之，我们不能仅局限于将尊重、爱护、友谊、保护、公平、责任、权利、义务等范畴施诸自然，而是应用一种“新人道主义”将人和自然联结起来。只要人类还想继续生存，他对自然的基本态度就是协调而不是征服，他对自己和自然的关系应具有系统观念；我们在精神上的目标应该是建立一种与代表

1 ［意］奥雷利奥•佩西：《未来的一百页》，汪帼君译，北京：中国展望出版社，1984 年版，第 159 页。

2 ［意］奥雷利奥•佩西：《未来的一百页》，汪帼君译，北京：中国展望出版社，1984 年版，第 159 页。

宇宙和地球上人类大家庭的每个成员之间的和睦。同时，我们应成功地创造一个世界。在那里，最好的人类素质与自然互相协调，在融洽的气氛中达到繁荣昌盛。而只有新人道主义才能使我们达到这种目标。“人道主义真正的核心是从整体上，从终结上和从生命的连续性上对人类抱有远见。我们所有问题的根源、全部兴趣和关心的目标，每件事情的始终，以及我们全部希望的基础都是人。”[1]可见，这种人道主义已内在地将人和自然的协调作为人类生活的要素。因而，我们应该清醒地认识到：如果我们不是很清楚地理解得救的唯一道路在于通过新人道主义指导的并导致到一种更高的人的素质发展的人的革命，那么，我们在解除全球困境方面在实际上就会一事无成。

罗马俱乐部的世界观倾向和对待战争的态度是不可取的，但他们所提出的解决问题的思路却应引起我们的高度重视。具体来说，第一，罗马俱乐部尽管没有明确提出“生态道德”的字眼，但他们已触及了生态道德的实质；尽管他们的思想没有在实质上超过施韦泽、利奥波德，但在社会影响上远远超出他们，对人类的整个价值体系造成了冲击，使伦理道德在某种程度上成为解除生态危机的有力武器。第二，他们不适当地将伦理道德在解除生态危机中的作用夸大了，特别是高估了新人道主义，没有看到生态危机在两种社会制度下具有全然不同的性

1 ［意］奥雷利奥•佩西：《人的素质》，邵晓光译，沈阳：辽宁大学出版社，1988年，第146-147页。

质，在某种程度上贬低了科学技术的作用，这些都是我们不能苟同的。第三，他们为我们解除生态危机、建构生态伦理学科学体系提出了一些具有重大意义的课题，如道德到底是几极的？道德的扩展是否可能，若可能的话，扩展后的道德在整个社会体系和解除生态危机中的地位和作用如何，道德是仅局限于人和人之间的吗？这就是罗马俱乐部的生态道德观的大体内容和我们的基本评价。

2018 年，在其成立五十周年之际，罗马俱乐部推出了其新著——“*Come on*!”（中文版名为《翻转极限——生态文明的觉醒之路》）。该书提出：“面向可持续发展的价值观转型，是对当前社会的价值观体系的范式变革：立足于人类最高的福祉，而不是更多的生产和消费。就全球来说，要有意识地专注于真正普遍的价值观，同时尊重不同文化的差异；在基层，可持续发展的行动必须融入当地的价值观。”[1]这可谓罗马俱乐部生态道德观的最新宣言。

第四节 建设性后现代主义生态伦理的哲学范式

面对全球性问题，在走向生态文明的过程中，建构生态伦理学，亟须生态哲学的引导和支撑。“没有形而上的预想，就

1 ［德］魏伯乐、［瑞典］安德斯·维杰克曼：《翻转极限——生态文明的觉醒之路》，程一恒译，上海：同济大学出版社，2018 年，第 251-252 页。

不可能有文明。”[1] 由于怀特海有机哲学将人与自然关系看作是自然参与人的生成（become）的内在关系，因此，可以将之视为生态哲学。建设性后现代主义试图将有机哲学作为“普遍”的生态伦理学哲学。但是，这种主张存在着一系列内在紧张，只是生态哲学的一种可能范式，可将之称为“生态哲学的有机范式”，即按照有机哲学构建的一种生态哲学范式。只有立足于社会主义生态文明建设实践，坚持以人民为中心，坚持综合创新，才可能形成一种科学的、普遍的、有效的生态哲学。

一、有机共同体的宇宙论

在生态哲学和生态伦理学中，长期存在着人类中心主义和生态中心主义两种立场和范式的激烈的抽象争论。之所以如此，一个重要的原因就在于双方都将人及其价值、自然及其价值看作是两个分离的独立的实体，而没有看到人与自然是不可分割的整体。建设性后现代主义试图在有机共同体的基础上消弭二者的对立，为人类提供一种新的可能的宇宙论图景。

在反思资本主义工业文明弊端的过程中，建设性后现代主义将批判的矛头指向了实有（实体）思维。怀特海指出：“文明也许无法从使用机器后所造成的恶劣气氛中恢复过来了。……造成这种情形的原因，第一是新教徒在审美上的错误，

---

1 ［美］A.N.怀特海：《观念的冒险》，周邦宪译，陈维政校，贵阳：贵州人民出版社，北京：人民出版社，2011 年版，第 133 页。

第二是科学唯物论，第三是人类天生的贪欲，第四是政治经济学的抽象概念。”[1] 其中，第二点和第四点涉及的是世界观问题。在科学唯物论即近代机械唯物论那里，自然只被看作是由具有颜色和质地等偶然属性的物质实体组成，社会被看作是单个人的机械的组合，思想被看作是具有情感和思维等偶然属性的精神实体构成。就政治经济学即资产阶级政治经济学来看，作为抽象概念的“经济人”这样单向度的人成为看待一切问题的前提，导致个人主义泛滥。显然，科学唯物论和政治经济学都坚持实有（实体）思维。在这种思维看来，构成世界的实有关系仅可从其本身来理解，而实有之间的关系并不构成实有本身固有的内涵。即实有之间的关系对实有来说仅仅是一种外在的关系。这表明，只要人们仍然坚持实体思维，那么，就会割裂人与自然的关系，不仅会陷入人类中心主义和生态中心主义的无谓争论，而且会引发和加剧生态灾难和生态危机。

针对实体思维的弊端，建设性后现代主义呼吁人们从实体思维转向关系思维。关系思维是有机思维的核心内容和基本原则。具体来说，世界存在的不是实体，而是事件的集合和过程。第一，“共生”。各种具体事件不是孤立的存在，而是处于“共生”（合生，concrescence）的关系当中。可以将之称为“关系实在论”。第二，“动在”。处于关系中的事件不是静止的，而

1 ［英］A.N.怀特海：《科学与近代世界》，何钦译，北京：商务印书馆，1959 年版，第 194-195 页。

是种种“动在”（actual entities）或“现实实有”。事件是一种不断变化的过程（process）。第三，“整体”。除了相互关系和不断变化的过程，事件构成一个整体。整体大于各部分之和。这样看来，关系思维其实就是有机思维，就是生态思维。有机思维之所以是生态思维，就在于能够从中推导出生命和自然、人和自然是不可分割的生态哲学命意。在唯物辩证法看来，客观存在的事物之间由于相互作用而相互联系。这种普遍联系使世界构成一个系统。

从有机思维来看，人类中心主义站不住脚，因为它没有看到人与自然的有机联系。同时，建设性后现代主义分享了生态中心主义的“内在价值”的观点。“内在价值”（intrinsic value）是指：“人类的福利和繁荣以及地球上非人类的生命都有价值。这些价值不依赖于非人类世界对于人类目的的有用性而存在。”[1] 内在价值和固有价值是同义词。换言之，存在者皆有价值。显然，这是一种典型的实体思维，不仅将价值泛化了，而且存在着复活万物有灵论的危险。在建设性后现代主义看来，价值应该被定义为合作和共同体而非竞争和个体。因此，不能在实体思维意义上来理解内在价值，而应在关系思维思域中把握内在价值。“我们以恰当的方式面对整体，这也在其内在价

1 Arne Naess，The Deep Ecological Movement：Some Philosophical Aspect，*Environmental Philosophy：From Animal Rights to Radical Ecology*，edited by Michael E. Zimmerman，New Jersey，Prentice Hall，1993，P197.

值与工具性价值之间达到了某种平衡。”[1] 在马克思看来，价值是在人们对待满足其需要的外界物的关系中产生的。可见，建设性后现代主义也超越了生态中心主义。总之，建设性后现代主义既反对人类中心主义，也不完全赞成生态中心主义，为走向人与自然和谐共生的生态哲学形态提供了一种可能范式。

当然，将世界看作是事件的集合体，也面临着哲学本体论上的难题。建设性后现代主义看到，西方哲学中的近代唯物主义和唯心主义都对“物”作出了错误的解释。在唯物主义那里，“物质”被看成是惰性的、僵死的、没有生气的“空洞的存在”；在唯心主义那里，完全拒斥物质概念，这样，自然就失去了独立的存在，仅仅沦落为人类经验的感觉内容。有机哲学对二者的批评与马克思的思路相一致。但是，当怀特海将世界归结为量子的事件的时候，忽略和遮蔽了量子的物质性，没有处理好物质和事件的关系。承认唯物论并不是要走上哲学独断论之路。“世界的真正的统一性在于它的物质性，而这种物质性不是由魔术师的三两句话所证明的，而是由哲学和自然科学的长期的和持续的发展所证明的。”[2] 无论是对世界的物质性还是对承认物质存在的唯物主义，都要接受长期的和持续的哲学反思和实践检验。

因此，在坚持尊重自然及其规律的客观实在性的马克思主

---

1 ［澳］查尔斯·伯奇、［美］约翰·柯布：《生命的解放》，邹诗鹏、麻晓晴译，北京：中国科学技术出版社，2015 年版，第 152 页。

2 《马克思恩格斯文集》第 9 卷，北京：人民出版社，2009 年版，第 47 页。

义唯物主义的基础上，在辩证思维的指导下，吸收系统科学和生态科学的思维成果，才能形成将辩证思维和系统思维融为一体的生态思维。当代中国马克思主义提出的“人与自然是生命共同体”的理念能够担当起这样的世界观重任，成为生态文明建设的哲学世界观。面对突如其来的新冠肺炎疫情，走向生态中心主义并不是人类的不二选择，而应按照“人与自然是生命共同体”的理念坚持人与自然和谐共生，让人兽两不相害。

二、文化嵌入式的方法论

形而上学是导致生态灾难和生态危机的思维成因。但是，无论是在生态伦理学的哲学理论研究中，还是在生态文明建设实践中都一定程度上存在着“言必称希腊”的问题。对此，建设性后现代主义将“文化嵌入式”方法作为生态伦理学的哲学理论研究和生态文明建设实践的方法论原则。

在方法论上，建设性后现代主义将“误置具体的谬误”作为其批评的对象。“这种谬误表现在，当现实存在仅仅被作为某些思想范畴之实例来考察时，忽略了所包含的抽象的程度。只要我们把思想严格地限制于这些范畴，就会有一些现实的方面被直接忽略掉。”[1]“误置具体的谬误”（the fallacy of misplaced concreteness）就是误把抽象当作具体的错误，即“一刀切”的

1 ［英］怀特海：《过程与实在——宇宙论研究（修订版）》，杨富斌译，北京：中国人民大学出版社，2013 年版，第 9 页。

简单化的错误，是形而上学的集中体现。

例如，尽管西方经济学中的“经济人”假设具有一定程度的合理性，但是，如果将之作为绝对真理，到处乱套，那么，就会出现误置具体性谬误，必然出现错误。用“经济人”的假设作为自然资源产权私有化的根据，更容易导致“私地闹剧”，其破坏性丝毫不逊于“公地悲剧”。其实，良好的生态环境是人民群众共有的财富，是最公平的公共产品和最普惠的民生福祉。当然，在社会主义市场经济条件下，我们可以探索土地所有权、承包权、经营权分置的可能和形式。同样，尽管商品是资本主义经济的起点，是天生的平等派，但是，当把人贬低为商品的时候，当把自然简化为商品的时候，当用金钱的逻辑去处理人与自然关系的时候，资本主义便造就了一个误置具体的世界。当然，在社会主义市场经济条件下，我们只是在将外部问题内部化的意义上承认“自然价值”和“自然资本”的存在。

可见，不是人类中心主义，而是资本逻辑才是造成生态异化和生态危机的根本原因。在社会主义条件下，生态环境问题主要是由发展方式不当造成的。在这个问题上，存在着异因同果的现象。

为了扭转“误置具体性谬误”，建设性后现代主义提出了文化嵌入式的方法，将之作为普遍的方法论原则。在他们看来，“有机”就是要嵌入其环境里。它有生命，并且不断变化。它在一个时空内运行良好，但可能并不适合另一个时空。因此，必须反对“一刀切”。“一刀切”就是“误置具体”的做法。与之截然不同，“文化嵌入式方法”（cultural embedded method）要求人们要联系具体的环境和条件去看待事物和事件，一切随时间、地点和条件的变化而变化，努力做到因时制宜、因地制宜、因人而异、因事而异。其实，在唯物辩证法看来，具体之所以是具体，因为是多样性的统一。在这个意义上，唯物史观的最大长处是超历史的。

根据文化嵌入式的方法论原则，建设性后现代主义主张把生态哲学同各个民族的具体实际结合起来。“按照界定，生态文明基本上是本土的。换句话说，生态文明必须关注特定的场所，为这些特定场所中的人们找到能够可持续地生存于其中的方式。”[1] 由此来看，试图在超越工业文明的基础上发展生态文明，明显脱离了中国社会主义初级阶段的基本国情。据此，建设性后现代主义对其他红绿思潮展开了批评。在他们看来，无论是以福斯特为代表的生态马克思主义，还是由哈维创立的地理学历史唯物主义，都没有充分地考虑到文化的特殊性，没有把一个民族的历史传统、文化习俗和更深层次的道德理念看作是这个民族的传统智慧并予以接纳，因此，他们都存在着将马克思主义本本化的危险。

---

1 ［美］小约翰·柯布：《论生态文明的形式》，董慧译，《马克思主义与现实》2009年第1期。

进而，建设性后现代主义主张发展一种面向文化多样性的后现代马克思主义，甚至怀疑和否认马克思主义的普遍性。在他们看来，将马克思主义深刻的社会经济见解应用于不同的文化“生态系统”，需要文化敏感性。只有适用于特定的时空条件时，后现代马克思主义才会存在。这主要指某一民族、某一文化、某一语言与历史、某些特定人群的特定需求。

在我们看来，马克思主义中国化固然包括马克思主义与中国传统文化的结合，但是，更为重要的是与中国革命、建设、改革的实际和实践结合。作为当代中国的马克思主义，中国特色社会主义是近代以来中国人民长期奋斗的历史逻辑、理论逻辑、实践逻辑的统一。

显然，建设性后现代主义往往从文化的角度看待本土化，而忽略了社会经济条件。因此，他们所倡导的后现代马克思主义是文化嵌入式马克思主义。这样，他们就割裂了普遍和特殊的辩证关系。

事实上，作为唯物辩证法的灵魂的矛盾特殊性原理，就具有普遍性。因此，在坚持“普遍性的具体化”的同时，必须承认和尊重“特殊性的普遍性”。在生态伦理学的哲学研究中缺乏的恰好就是这种辩证分析的姿态和方法，所以，生态中心主义才成为洋教条。

三、为了共同福祉的价值观

在生态中心主义的眼里，人类中心主义是造成生态灾难和生态危机的根本原因。其实，人总是具体的历史的人，个人主义和消费主义才是造成生态灾难和生态危机的根本价值原因。在批判这些价值观念的过程中，建设性后现代主义大力倡导为了共同福祉的价值观。

为了共同福祉不仅是对个人主义和消费主义的修正，而且是建立在对共同体的高度认知的基础上。

西方社会盛行的个人主义，将人看作是孤立于社会的“单子”，将个人利益看作是高于社会利益的决定个人行为的最主要的因素。尽管其有助于实现个体价值和个体自由，但是，个人主义造成了人与自然、人与人、人与社会的隔离甚至是对立。消费主义把个人的物质消费看作是人生的目的和意义，脱离了社会条件和自然阈值无节制地追求物质消费和物质享受。尽管消费有助于拉动生产，但是，消费主义的流行尤其是追求高消费必然会造成社会风气的败坏、自然资源的耗竭和生态环境的破坏。究其原因，一个关键的方面就在于他们没有看到共同体的重要性和约束性。

一方面，人总是处于社会共同体中的人。建设性后现代主义区分了“社会中的个体”（individual-in-society）和“共同体中的人”（person-in-community）。前者是每个人时刻都身处其中的既定情景，后者是一个规范性目标。只有社会变成健康的共同体，个体才能成为健康的人。因此，人与人、人与社会的关系不是机械关系，而是有机关系。据此，只有在保障他人健康和福祉、社会的健康和福祉的过程中和前提下，个体才能有效地谋求自身的健康和福祉。

另一方面，社会共同体是处于自然共同体中的共同体。自然参与了人类的生成。只有在保障自然万物的健康和福祉、生态系统的健康和福祉的过程中和前提下，人类才能有效地谋求自身的健康和福祉。因此，“那种将自然和人分别看待的学说，实在是一种错误的两分法。”[1] 这样看来，人类必须回归共同体。回归到共同体就是要求人类必须将共同福祉作为价值理想和社会目标。

“共同福祉”（the Common Good）是一种既兼顾个体福祉和社会福祉、平衡人类福祉和自然福祉的福祉，是最高的福祉。其实，在人类历史发展中，存在着“虚假的共同体”和“真实的共同体”的区别。在存在着私有制和剥削关系的情况下，共同体必然是虚假的共同体。在这样的共同体中，共同体只是剥削阶级进行阶级统治的工具，不可能实现共同福祉。只有在消灭了私有制和剥削的真实共同体中，才能实现共同福祉。当然，在现实的国际关系中，基于地球村的客观存在和全球性问题的

1 ［美］A.N.怀特海：《观念的冒险》，周邦宪译，陈维政校，贵阳：贵州人民出版社，北京：人民出版社，2011 年版，第 82 页。

普遍挑战，通过构建人类命运共同体，求同存异，可以有效地维护全球生态安全。

为了实现共同福祉，必须坚持按照人民的尺度来评价进步。在与人类中心主义论战的过程中，生态中心主义提出了按照自然的尺度（内在价值）评价发展的思想，试图通过浪漫主义的复辟实现人与自然的和谐。这样，不仅不能使富人和富国放弃其既得利益，而且会使穷人和穷国永远处于贫穷和奴役的地位。事实上，生态中心主义是一种维护现存不合理、不正义的社会经济秩序的少数人的“优雅”的方案。针对生态中心主义这种“见物不见人”的价值观，建设性后现代主义指出：“一个非常重要的举措，就是要取消资本主义国家评价进步的方法。一个社会主义国家，应该按照人民的发展来评价进步。”[1] 这确实抓住了问题的要害。

当下，在将“共同富裕”作为社会主义本质的基础上，当代中国马克思主义鲜明地提出了“以人民为中心的发展思想”和“共享发展”的科学发展理念，将社会主义生态文明建设看作是人民群众共有共建共治共享的伟大事业。这些科学理念同样应该成为生态文明建设的价值取向。今天，按照以人民为中心的原则，把绿色发展、协调发展和共享发展统一起来，才有更大的可能和适宜的条件去实现社会公平正义和生态公平正

1 ［美］小约翰·B.科布、杨志华、王治河：《建设性后现代主义生态文明观——小约翰·B.科布访谈录》，《求是学刊》2016 年第 1 期。

义的统一，实现人与自然、人与社会的双重和谐。

为了实现共同福祉，必须采用科学的评价指标体系。长期以来，人们惯于运用国内生产总值（GDP）和国民生产总值（GNP）来衡量发展，导致机械发展观大行其道。其实，这只是对复杂的经济过程和国民财富情况的简单抽象和机械衡量，难以完全、科学、准确地反映经济成就和国民财富真实而复杂的情况，尤其没有反映出由于资源破坏、环境污染、生态恶化造成的各种社会经济代价和生态环境代价。针对这种情况，建设性后现代主义倡导可持续经济福利指标（ISEW）、真实发展指标（GPI）、国民幸福总值（GNH）等评价方法。推行这些评价方法有助于促进可持续发展。

但是，在建设性后现代主义看来，“不丹这个小国家给我们树立了榜样。我们应当追求‘国民幸福总值’”[1]；“不丹有可能引领我们走上一条真正可行且必要的生态发展道路”[2]。事实上，不丹存在着普遍的贫穷。尤其是，印度继承了英国殖民主义在不丹的特权，有权“指导”不丹的国防事务和外交事务。在这种情况下，何来幸福而言？

显然，建设性后现代主义在这个问题上具有明显的空想性和误导性。在世界资本主义体系中，在南北问题和环境与发展

1 ［美］小约翰·B. 柯布、杨志华、王治河：《建设性后现代主义生态文明观》，《求是学刊》2016 年第 1 期。

2 王治河、李玲：《美国的主流城市化模式正是中国所要避免的——访著名生态经济学家小约翰·柯布》，《现代人才》2013 年第 5 期。

问题缠绕在一起的情况下，没有民族的独立和发展，幸福根本无从谈起。对于当代中国来说，建设美丽中国是实现中华民族伟大复兴的重要内容。更为重要的是，只有把生产发展、生活富裕、生态良好统一起来，才能称得上幸福。

四、追求美好生活的历史观

为了战胜生态灾难和摆脱生态危机，单纯的生态主义往往诉诸思维方式和价值观念的变革，绿色的发展主义仅仅谋求经济的绿色转型或经济的生态代替。与生态马克思主义一样，建设性后现代主义将实现马克思提出的“各尽所能、按需分配”的美好社会作为人类社会的未来理想，将寻求资本主义的代替选择作为生态哲学和生态伦理学的致用目标。

尽管有机哲学重心在于宇宙论问题，但是，怀特海在一定程度上肯定了马克思批判资本主义的价值。“有学问的经济学家众口一词地对我们说，《资本论》一书未能表达出一种健全的科学的学说，科学的学说是经受得起与事实的比较的。对于该书的成功——因为它对我们还有影响——只能作这样的解释：工业革命的第一阶段带来了太多的弊病。”[1] 其实，在晚期资本主义存在着同样的问题，甚至变本加厉。

1 ［美］A.N.怀特海：《观念的冒险》，周邦宪译，陈维政校，贵阳：贵州人民出版社，北京：人民出版社，2011 年版，第 38 页。

在面向生态文明议题的过程中，建设性后现代主义明确肯定了马克思主义阶级分析方法的价值，展开了对资本主义的生态批判。在他们看来，“阶级结构是现实的，而且美国人在对各种事件的看法中深受我们在那些阶级结构中的地位的影响。中产阶级基督徒的博爱和对正义的关怀并不能替代穷人手中的权力。”[1] 事实上，生态灾难和生态危机往往与阶级问题有关，生态灾难是资本主义总灾难的表现和表征，生态危机是资本主义总危机的表现和表征。穷人往往是生态灾难和生态危机的首当其冲的受害者。当然，穷人和工人不尽相同。我们在关注阶层正义的同时，更应该关注阶级正义。显然，将阶级分析方法引入生态议题研究中，不仅在生态哲学中是罕见的，而且对政治生态学也会造成冲击。

在政治生态学中，一些论者认为，马克思的预言在福特主义的危机时期之前是有效的。但是，在今天具有全球竞争性的社会中，“劳动对资本的真实依赖”“工人知识的剥夺”和“将全部劳动简化为简单劳动”等问题都在退却。因此，马克思主义阶级理论和阶级分析方法在生态议题上存在着失效的可能性。同时，工人阶级的解放也不会自动地创造出可持续发展的

1 ［美］小约翰 B .柯布：《马克思与怀特海》，曲跃厚译，《求是学刊》2004 年第 6 期。

模式。[1] 事实上，阶级是一个经济范畴，而不是一个政治范畴。只要存在私有制，就存在阶级和阶级斗争，就需要运用阶级分析方法研究阶级社会中的社会经济和生态环境现象。因此，放弃阶级分析方法就是放弃马克思主义。当然，在生产资料社会主义改造任务完成之后，不能将阶级斗争扩大化。

建设性后现代主义对资本主义的绿色转型进行了批评，认为这种转型是不可能的。面对生态灾难和生态危机，资本主义通过绿色转型调整和变革自身，这样，就出现了“自然资本主义”“绿色资本主义”“生态资本主义”等范式。这些范式在不触动资本主义制度的前提下，试图通过实现传统生产活动和消费活动的绿色化来避免生态灾难、化解生态危机。一些论者甚至认为，这些范式构成了对社会主义生态文明的严重挑战。

在建设性后现代主义看来，当今世界面临着一系列资本主义自身永远无法解决的危机。例如，在全球气候变暖的问题上，资本主义根本束手无策，甚至是加剧全球气候变暖的罪魁祸首，但是，他们将斗争矛头指向了仍处于社会主义初级阶段的中国。更为重要的是，即使在资本主义体系中出现了绿色元素，也并不意味着资本主义的绿色转型是可能的，更不意味着社会主义生态文明是不可能的。从本质上来看，资本与生态只是暂

1 Cf. Alain Lipietz，Political Ecology and the Future of Marxism， *Capitalism Nature Socialism*， Vol.11，No. 1，2000，pp.69-85. Alain Lipietz，From Marx to Ecology and Return？ A Brief Reply，*Capitalism Nature Socialism*，Vol.11，No.2，2000，pp.102-109.

时的同路人。问题在于，生态资本化或资本生态化造就的“生态文明”，只是生态与文明的暂时结合形式，而不是永恒的在场模式，更不具有普遍价值。事实表明，“资本主义对增长的需求更加内生，正如福斯特所说的那样，是资本主义本性使然，但马克思主义并不是绝对要求生产的增长。所以，我对生态马克思主义很感兴趣，而并不存在生态资本主义”[1]。显然，建设性后现代主义的这一看法与生态马克思主义的看法高度一致。这样，建设性后现代主义和生态马克思主义就一同向人们确认：自然资本主义、绿色资本主义、生态资本主义都是矛盾性的修辞，根本上是不可持续性的，更是不可能的。

尽管建设性后现代主义对资本主义持严厉的批判态度，但是，他们认为，资本主义和生态灾难（生态危机）并没有必然的联系，社会主义应该反思的是现代性问题。在他们看来，生态灾难和生态危机其实是现代性之病，甚至他们将资本主义和社会主义都划入了现代性的范围当中。为了避免现代性之死，社会主义应该走后现代发展之路。建设性后现代主义试图在以个人为中心的理论（自由主义、古典自由主义）和以共同体或社会为中心的理论（社会主义、共产主义、社群主义）之间，选择一条中间道路，推崇的是杰弗逊式社会主义、市场社会主义和生态社会主义。在他们看来，“经济有可能是市场社会主

1 孟根龙、[美] 小约翰・B. 柯布：《建设性后现代主义与福斯特生态马克思主义——访美国后现代主义思想家小约翰•B. 柯布》，《武汉科技大学学报（社会科学版）》2014 年第 2 期。

义的，即这样的一种文明：社会作为一个整体坚持将它全部的福利作为其功能的目标。经济学将其底线从以金钱为衡量的增长，改变为以可持续性地满足人们的需要”[1]。其实，杰弗逊式社会主义、市场社会主义和生态社会主义都只是社会主义的理论流派，都不承认阶级斗争、无产阶级革命和无产阶级专政的作用。市场社会主义不同于社会主义市场经济。尽管如此，建设性后现代主义宣告了“资本主义生态文明”的不可能性。

此外，在追求美好生活的过程中，建设性后现代主义呼吁“去增长”（Degrowth），将回归农业文明或超越工业文明作为生态文明建设的选项。其实，离开生产力发展，不可能有美好生活。“如果没有这种发展，那就只会有贫穷、极端贫困的普遍化；而在极端贫困的情况下，必须重新开始争取必需品的斗争，全部陈腐污浊的东西又要死灰复燃”[2]。显然，建设性后现代主义的上述主张具有浪漫主义和复古主义的色彩。对于处于社会主义初级阶段的中国来说，必须将绿水青山和金山银山统一起来，坚持走生态优先、绿色发展为导向的高质量发展道路。

综上，以对有机体、生态系统和地球的生物圈的新的整体性理解为基础，建设性后现代主义提出了立足有机共同体的宇宙论、文化嵌入式方法的方法论、为了共同福祉的价值观、追

---

1 ［美］约翰·柯布：《论建设生态文明的必要性》，吴兰丽译，《武汉理工大学学报（社会科学版）》2010 年第 5 期。

2 《马克思恩格斯文集》第 1 卷，北京：人民出版社，2009 年版，第 538 页。

求美好生活的历史观，提出了战胜生态灾难的非资本主义的替代方案。但是，由于其自身的缺陷，我们认为它不可能成为科学的普遍的有效的生态哲学和生态伦理学，而只是生态哲学和生态伦理学的一种可能范式。社会主义生态文明建设为构建中国特色的生态哲学学科提供了可能，中国特色的生态哲学学科将促进社会主义生态文明建设。中国的生态哲学研究和生态伦理学研究必须保持这样的理论自信、道路自信、制度自信、文化自信。

第五节　建设性后现代主义的共同体主义主张

在生态主义思潮谱系中，建设性后现代主义以倡导“共同体主义”而使其自身与生态中心主义和生态马克思主义区隔开来。在他们看来，现实中存在的不平等结构和支配逻辑严重威胁到有机共同体的命运。为扭转这一状况，建设性后现代主义把注意力从个人主义转移到了共同体主义上。共同体主义一直不断地对自由主义制度的弊端做出积极回应。随着环境危机越来越严重，它也将发挥越来越重要的作用。共同体主义的核心是倡导全球性的或者共同的公民价值观，要求人类个体要学会关心他人和关爱他物。

一、极端个人主义的有机批判

自启蒙运动以来，极端个人主义成为社会主导价值观，导致了社会不公和生态灾难。针对其流弊，建设性后现代主义从有机哲学的角度呼吁回归“有机共同体”，走向共同体主义。

1.“市场中的个体”导致极端个人主义

启蒙运动倡导的个人主义在资产阶级经济学家那里走向了极端，形成了“经济人”假设。经济人是仅就其经济需要和经济活动而被理解的孤立个体。这些个体的目标是以最短的时间和最少的资源获得尽可能多的商品和服务。由于撇开了人的全面性规定，“这里所描绘的经济人的主要特征就是极端的个人主义。其他人那里发生了什么情况不会影响经济人，除非他或她通过赠送礼物导致了这种情况。甚至经济人与其他人的外在关系，比如在共同体中的相对地位，也没有影响。此外，只有那些在市场中进行交换的稀缺商品才是有用的。自然的馈赠是不重要的，经济人所属共同体的士气也不重要。”[1] 可见，尽管“经济人”是“社会中的个体”，实质上却是“市场中的个体”，是一个由单纯的个体的物质利益规定的人，即经济单面人。因而，由之导致的人类生活及其依赖的自然受到破坏，就不足为奇了。在马克思主义看来，“现代的市民社会是实现了

1 ［美］赫尔曼・E. 达利、小约翰・B. 柯布：《21 世纪生态经济学》，王俊等译，北京：中央编译出版社，2015 年版，第 90 页。

的个人主义原则”[1]。尽管建设性后现代主义没有触及其得以产生的经济基础，但是，他们从西方经济学的“经济人”假设入手探究极端个人主义产生的根源，也触及了问题的实质。这在于，单纯的西方经济学是为资本主义合理性进行辩护的意识形态，属于典型的“资产阶级科学”。

2.“共同体中的人”呼吁拥有共同发展

针对极端个人主义的流弊，必须将经济人看作是“共同体中的人”。这在于，任何一个个体的实际生成总是在他人以一定方式参与下完成的，这样，个体和他人的关系就成为一种内在关系，个体和由其组成的社会就具有了有机联系。这种内在关系和有机联系就构成了共同体。因此，“‘共同体中的人’的理解方式在实践意义上与个人主义的理解方式有着截然的分别”，“‘共同体的人’的思维方式是考虑我们拥有共同的发展”[2]。即，在共同体中，一个人越是增加与他人之间的关系，这个人就越能发展成为一个自主的人。同时，只有社会变成健康的共同体，个体才能成为健康的人。当人们把他们自己认同为共同体的成员，才能在共同体中找到自身的意义和价值。只有共同体中的人们积极参与改善和提高共同体水平的活动，那么，作为共同体成员的他们就会共同拥有所有权，实现共同发展。在马克思主义看来，“共同体以主体与其生产条件有着一定的客

1《马克思恩格斯全集》第3卷，北京：人民出版社，2002年版，第101页。

2［美］小约翰·柯布：《走向共同体经济学》，王俊译，《武汉理工大学学报（社会科学版）》2011年第6期。

观统一为前提的”[1]。尽管建设性后现代主义没有看到生产资料所有制（劳动主体与生产条件的统一）在共同体形成中的决定性作用，但是，他们提出了共同体的成员共同拥有所有权的问题，这样，有助于走向“真实的共同体”。

3．反对对个体和共同体关系的机械论理解

基于有机哲学的考量，建设性后现代主义反对在个人和社会、个体和共同体的关系问题上的机械论理解：个人是孤立于他人和他物之外的个体，是孤立于社会之外的个体。其实，社会并不是一种个人由于其私利而进行的自愿建构。人总是在共同体中获得规定性，并在共同体中成长和发展。他们和这个共同体的其他成员的关系在很大程度上构造和塑造了他们自身。人们把他们自己认同为这些共同体的成员，并在这些关系中找到了意义。在我们看来，在不区分共同体的结构和性质的情况下，一概这样看待个人和社会、个体和共同体的关系也容易犯“误置具体性的谬误”，即把抽象当作具体的错误。例如，当个体“既不从属于某一自然发生的共同体，另一方面又不是作为自觉的共同体成员使共同体从属于自己”时，“这种共同体必然作为同样是独立的、外在的、偶然的、物的东西同他们这些独立的主体相对立而存在”[2]。换言之，有的共同体可能成为压抑个体发展的异己力量。在这种情况下，即使治理（所有个体

1《马克思恩格斯文集》第 8 卷，北京：人民出版社，2009 年版，第 148 页。
2《马克思恩格斯全集》第 31 卷，北京：人民出版社，1998 年版，第 355 页。

的共同参与）也无济于事。在这方面，马克思主义指出了“真实的共同体”和“虚幻的共同体”的本质区别。前者建立在生产资料公有制的基础上，有助于个体在实现个人与他人、个人与社会、社会与自然相统一的前提下实现个性的全面发展，因此，这样的共同体就是人的本质和归属。后者建立在生产资料私有制的基础上，是一个阶级反对另一个阶级的联合，是完全冒充的共同体。这样的共同体压抑个体的发展，是与人的本质分离的。

可见，建设性后现代主义对极端个人主义的批评与生态马克思主义对利己主义的批评具有异曲同工之妙。生态马克思主义代表人物科威尔指出：“‘利己主义的’这个字眼让我们开始关注资本主义社会制度的一个显著特征：私心，作为人类种属的特有品质，具有了从生存环境中分裂出来的特点，从而也就从其地球生物中分离出来。结果，生物开始分裂，也就是生态意义上的分解。”[1] 这样，建设性后现代主义和生态马克思主义一同消解了生态中心主义制造的人类中心主义的神话。在阶级社会中，统治阶级绝不会将全人类的利益作为价值的中心，因此，从来没有存在过人类中心主义，大行其道的是极端个人主义、利己主义和拜金主义。如果将人类中心主义视为造成生态危机的元凶，那么，必然会避重就轻，任由极端个人主义、利

1 ［美］乔尔·科维尔：《马克思与生态学》，武烜等译，《马克思主义与现实》2011年第5期。

己主义和拜金主义泛滥成灾。显然，建设性后现代主义和生态马克思主义一道实现了生态价值观上的拨乱反正。在这一点上，建设性后现代主义将自身与生态中心主义隔离开来了。

总之，建设性后现代主义代表了一种抵制极端个人主义和消费主义的重要力量。它特别强调共同体的重要性。“共同体中的人”不仅成为反对极端个人主义的武器，而且成为走向共同体主义的基石。共同体主义的目标就是使欣欣向荣的有机共同体的积极因素与马克思主义者一直强调的共同福祉紧密地结合起来。

二、共同体主义的有机论基础

面对“共同体中的人”，建设性后现代主义要求必须看到社会和共同体的区别，从社会走向共同体，不断扩展共同体的圈层，大力建设有机共同体，高扬共同体主义。

1. 从生物群集到人类社会

每一个生物体都是一个群集，甚至达到了十分复杂的程度。例如，在蜜蜂中，存在着复杂的分工和群集的结构。“然而所有的这些昆虫群集都有一个共同的特点，那就是：它们并不进步。正是这一特点使得它们和人类社会迥然不同。人类社会要进步的这一重要事实，无论是由坏变好或是由好变坏，当我们进入现代后，在西方文明中变得越来越重要了。”[1] 对于人

1 ［英］A. N. 怀特海：《观念的冒险》，周邦宪译，陈维政校，贵阳：贵州人民出版社，北京：人民出版社，2011 年版，第 95 页。

来说，“社会中的个体”是不可避免的，是每个人时刻都身处其中的既定情景，或难以逃避的命运。一个人绝非一个孤立的个体，而是一个有更广泛的群集的统一体，即人类社会。或者如马克思所言，人是社会动物，总是生存于一定的经济、历史、工作、阶层、等级、文化类型中，并深受之制约和影响。这样说，并非简单地断定昆虫群集是低级事态。即使它是低级的也是仅就精神层面而言的。实际上，低级事态和高级事态共同属于一个整体，仍然要求整体的协调。人类社会之所以不同于生物群集，就在于人能够意识到其常规活动的目的，同时社会是不断进步的。恩格斯从生物进化的角度已经指出了自然界的生物的群集现象，进而，他揭示出了劳动在从猿到人转变过程中的决定性作用。显然，人类社会是通过劳动在生物群集基础上的新质涌现。建设性后现代主义似乎没有看到劳动在这个过程中的作用。

2. 从人类社会到人类共同体

人类社会不等于人类共同体。在德国社会学家滕尼斯看来，“社会”是独立于其他共性的客观的契约关系和法律关系。一个现代城市或国家必然是一个社会，但不是一个共同体。“共同体”是基于亲缘关系和邻里关系的人的自然群体，他们有着共享的文化和社会习俗。部落和农村是其典型。在此基础上，建设性后现代主义指出，社会可以发展成为共同体。除了具有成员之间亲密关系的社群特征之外，“一个社会能够被称为共同体，就需要：（1）它的成员能广泛参与到支配其生活的决策中；（2）社会作为一个整体对其成员要负责；（3）这个责任包括要尊重其成员多样化的个性。”[1] 即，只有当人参与社会的生成，社会也参与人的生成，人和社会成为具有内在关系的有机联系的整体，那么，社会就成为共同体。因此，“共同体中的人”是一个规范性的目标。这一路径包括了第一人称视角。即，我们不是在讨论作为旁观者的人，而是作为亲身体验的人。即，要把“小我”（个体）放成“大我”（社会和自然），“大我”中要涵容“小我”。在我们看来，问题是何种“事件”能够使“小我”和“大我”联结成为具有有机联系的内在关系。在人类共同体的形成和发展中，物质交往和物质利益具有基础性的作用。没有基于共同的物质利益的普遍的物质交往，就不可能从社会有机体发展到有机共同体。脱离物质交往和物质利益的共同体，必然是机械的组合，根本不可能成为有机的共同体。显然，要害仍然是“真实的共同体”和“虚幻的共同体”的本质区别问题。

3. 从人类共同体到生态共同体

每个共同体都是更大的共同体的成员。人类共同体是自然共同体的产物，是处于自然共同体中的共同体。或者，如果人类愿意承认的话，人类共同体是生态系统的组成部分。我们每

1 ［美］赫尔曼·E. 达利、小约翰·B. 柯布：《21 世纪生态经济学》，王俊等译，北京：中央编译出版社，2015 年版，第 178 页。

个人的健康与福祉是和这些共同体或生态系统的健康与福祉息息相关的。这样，就形成了生态共同体，即人和自然共同构成的共同体。因此，生态共同体意味着一个生态的世界秩序，即一个万物相互联系的由共同体组成的共同体。因此，人类共同体应该包容和敬畏自然共同体。在这个问题上，马克思主义在揭示人类社会发展规律的时候，也科学地揭示出自然是人类共同体中形成的基础。当然，在马克思主义看来，不仅自然参与了人的生成（从自然史到人类史的发展），而且人也参与了自然的生成（从原初自然到人化自然的出现）。正是通过劳动的基础作用和中介作用，人与自然才联结成为一个系统。显然，建设性后现代主义没有明确指出劳动在联结人类共同体和生态共同体中的作用。

总之，在一定意义上，建设性后现代主义就是以对有机体、生态系统和地球的生物圈的这种新的整体性理解为基础的。就像新的有机生物学，建设性后现代主义是有机的、双向的，而非决定论的、单向的。显然，建设性后现代主义的生态共同体通过内在关系的方式揭示出了人与自然的系统性，与生态科学、系统科学等方面的科学成果具有一致性。因此，只有回归到有机共同体，才能确保人类和地球的可持续未来。为此，必须践行以关心他人和关爱他物为基本要求的共同体主义价值观。

三、关心他人的有机价值诉求

共同体主义要求将关心“他人”作为共同体价值观的重要要求。他人不是泛指“我”之外的“其他人”，而是特指穷人、工人和女性等弱势群体。在对资产阶级正义观和权利观批判的基础上，建设性后现代主义将权利划分为“蓝色权利”（公民权等）、“红色权利”（工作权等）和“绿色权利”（生存权、发展权、教育权和环境权等）三种类型，要求将价值关注的重心放在切实保障弱势群体的“绿色权利”上。

1．保障关涉他人的社会权

在绿色权利的问题上，可以将生存权、发展权和教育权视为社会权。在这个问题上，建设性后现代主义要求“赋权”于社会弱势群体，切实保障其社会权。

（1）保障穷人的生存权

在资本主义制度下，为了谋取最大利润，富人疯狂压榨和盘剥穷人，形成了不平等的阶级结构。例如，美国最富有的 400 个家庭拥有的财富比处于社会底层的 1.55 亿美国人的总收入还要多。尤其是，如果一种体制，一方面产生极少数富可敌国的亿万富豪，一方面使上亿的人仍然生活在贫困中，那么，这远非马克思主义的理想。事实上，穷人不是负担和累赘，而是有韧性的和高贵的；不是麻烦的制造者，而是伟大的创造者。在这个问题上，必须清楚地看到：“阶级结构是现实的，而且美国人在对各种事件的看法中深受我们在那些阶级结构中的地位的影响。中产阶级基督徒的博爱和对正义的关怀并不能替代穷人手中的权力。”[1] 关键是，必须关注穷人的物质利益，满足其物质需求，要通过改变分配方式的途径来改善其物质生活。在此基础上，必须变革权力结构，真正“赋权”于穷人。这样，不仅可以有效避免马太效应，而且可以形成人们共同拥有共同发展的局面。在这方面，建设性后现代主义对当代中国的成就和价值表示高度的赞赏。“感谢马克思的影响，对大多数穷人的真正关心，依然是中国政府的首要考量。”[2] 可见，建设性后现代主义追求的共同福祉和中国马克思主义追求的共同富裕具有一致性，明显呈现出社会主义的特征。

（2）保障穷国的发展权

当下，跨国公司不仅垄断着世界经济，而且无所不用其极地控制了世界政治，在强化不平等发展的同时，阻碍着全球性的革命变革。例如，世界大约 1/2 的人口，其每天生活费不足 2.50 美元。至少有 80%的人每天生活费低于 10 美元。在这种情况下，“一个真正的生态文明社会，是在自身所需的供给过程中，将对穷人的伤害降到最低。进一步来讲，不能自足的国家将会逐步陷入到与他国对资产进行控制的冲突中。一个生态

1 ［美］小约翰·B. 柯布：《马克思与怀特海》，曲跃厚译，《求是学刊》2004 年第 6 期。

2 冯俊、［美］柯布：《超越西式现代性，走生态文明之路》，《中国浦东干部学院学报》2012 年第 1 期。

文明的社会不可能是一个战争频发的社会。”[1]

为此，一是必须限制富裕国家的过度发展。在全球增长有限度的情况下，由于贫穷国家经济增长有其紧迫性，因此，实现贫穷国家增长的唯一途径是抑制富裕国家的增长。只有当富裕国家的注意力从“怎样才能增长”转移到“如何最好地适应增长停滞”的问题时，人类才能看到解决发展困境的希望。

二是必须实现贫穷国家的自主发展。贫穷国家不必模仿西方的发展道路和模式，而应立足于地方共同体的具体的实际情况，实现自主性的发展。建设性后现代主义认为，古巴是自主性发展的典范。例如，古巴的农业生产有一半属于现代化的工业生产，另一半属于传统农耕的生产方式。一旦出口糖受阻时，家庭农业的单位会迅速转型来进行自给自足的生产。

三是必须建立国家共同体的标准。现有的世界贸易体制表面上是自由的，但实质上是由富裕国家操控的，是为富裕国家服务的，因此，“更好的办法是，首先建设和加强国家共同体正在被削弱的约束力，然后将在工资、福利、人口控制、环境保护以及节约资源方面具有相似的共同体标准的国家共同体，联合成更大的贸易集团，以扩大共同体。”[2] 这样，才能冲破不平等的国际秩序，推动全球性革命。

---

1 ［美］约翰·柯布：《论建设生态文明的必要性》，吴兰丽译，《武汉理工大学学报（社会科学版）》2010 年第 5 期。

2 ［美］赫尔曼·E. 达利、小约翰·B. 柯布：《21 世纪生态经济学》，王俊等译，北京：中央编译出版社，2015 年版，第 241-242 页。

显然，建设性后现代主义的上述主张具有明显的反对帝国主义的特征。

（3）保障每个人的教育权

教育是促进人的全面发展的重要途径和主要抓手，教育权是每个人的不可剥夺的基本人权。围绕这一问题，建设性后现代主义把保障每个人的教育权作为实现人的发展的基本前提和要求。他们认同联合国《经济、社会和文化权利的国际公约》（1966 年）关于“人人有受教育的权利”的条款，将落实和保障每个人的教育权视为人类要实现繁荣发展的基本条件。

为此，一是必须有机地看待人类社会，把社会看作是一个由每个人有机联系而构成的系统，而不是将之看成是人们的地狱。二是必须有机地看待教育的目的，把教育看作是一个培养爱心和责任的过程。资本主义教育制度的目的是为了培养单纯的适应市场竞争的人。如此培养出来的人，绝对不会关注他人，尤其是在资本主义竞争中的失败者。这样的人只能是精致的利己主义者，因而不可能成为建立社会主义社会的主体。事实上，“教育的本义是教人社会化，关心他人，而不是关心自己。”[1] 这是对自私自利的根本反击。因此，社会主义教育必须转向对人的爱心意识和责任意识的培养上。三是必须完全地建立一种有机教育体系，其中一部分人可以在高度专业的学科方面进行研

---

1 ［美］小约翰·B. 科布、杨志华、王治河：《建设性后现代主义生态文明观》，《求是学刊》2016 年第 1 期。

究，但在寻求生态文明的转型中，大多数人应当在许多领域成为服务于社会的全面的人。尽管建设性后现代主义在很大程度上是从怀特海有机哲学的角度看待这一问题的，但是，在新自由主义在中国教育系统和意识形态有取得霸权地位可能性的情况下，这一看法发人深省。

总之，与解构性后现代主义对一般意义上的他者的关注不同，建设性后现代主义对弱势群体的社会权益给予了高度关注，将之作为共同体主义价值观的重要要求，这样，也使他们与生态中心主义区别开来，成为与生态马克思主义相近的思潮。

2．保障人们环境权

环境权在绿色权利中居于重要位置。一般而言，环境权（环境人权）有两项普遍的主张："（1）免受有毒污染的环境自由权；（2）拥有自然资源的权利"[1]。建设性后现代主义认为，重点是要保障弱势群体的环境权。

（1）保障穷人的环境权

虽然气候变化是全球性问题，但是，它首先是由富人而非穷人的消费方式造成的。但是，穷人将为全球气候遭到破坏付出最为沉重的代价。除非我们干预，否则气候变化将会给世界上最贫穷的人和三分之一到二分之一的动物物种造成难以名

1 ［英］简·汉考克：《环境人权：权力、伦理与法律》，李隼译，重庆：重庆出版集团重庆出版社，2007 年版，引言第 13 页。

状的大浩劫。不仅如此，富贵者和当权者享受着豪华的物质财富，并摆弄着高科技产品。而穷人尽管数量众多，却没有足够的能力和相应的文化水平去推翻不公正的经济和社会制度。此外，富人所创造的全球经济体系，给其带来了巨额利润，却使得十亿人生活在贫困线以下。显然，穷人的贫穷和自然的退化紧密地联系在一起，穷人将是生态灾难的最大受害者。因此，离开解放穷人，离开赋权于穷人，就不可能有地球的真正解放。同理，解放地球也离不开穷人的解放和对穷人的赋权。这在于，"穷人往往是那些最愿意将其生活建立在保卫自然的各个组成部分的基础之上的人。"[1] 他们的生产方式和生活方式决定了他们与自然具有更为密切的关系。因此，赋权于穷人就是要承认环境权同样是穷人的天赋的、不可剥夺的人权。离开保障穷人环境权的环境运动必然是虚伪的，根本不可能持续下去。最终，只有共同体的互利互惠才能有效地控制污染，使穷人免受污染。

（2）保障工人的环境权

目前，尽管资本主义国家的阶级结构发生了微妙的变化，但是，阶级支配仍然是客观存在的力量，不仅造成了社会不义，而且造成了生态不义。例如，在资本主义发展中，他们首先保障的是资产阶级的物质利益和生态权益，而这往往是以牺牲工

1 ［美］小约翰·B. 柯布：《马克思与怀特海》，曲跃厚译，《求是学刊》2004 年第 6 期。

人阶级的物质利益和生态权益为代价实现的。此外，工人阶级还是环境污染的最大受害者。事实表明，“只要阶级不平等的情况存在，那些拥有金钱、空闲、并在政治行为方面有足够的经验与势力的人，必定会更多地控制政府组织。伦理学上的原理告诉我们，反抗性的力量必定会起而抗争，以阻止这种不公正的趋向。”[1] 因此，按照马克思主义的阶级分析方法，建设性后现代主义要求“关注阶级不平等问题”，要求必须切实保障工人的环境权。在现实生活中，作为独立的个人，资本家有好有坏。有些资本家甚至还会设立环保公益基金。但是，作为一个阶级，资本家却想使破碎的且具破坏性的资本主义经济体系延续下去。因此，尽管工人阶级为改善其生存环境不断呐喊，但是，几乎完全被资产阶级国家忽略了。这样，就凸显了变革权利关系的必要性和重要性。变革权利结构，关键是要建立工人所有制，实行工人民主管理，并将二者结合起来。总之，必须将切实关注和保障工人的环境权作为争取环境权运动的重点。这集中体现了建设性后现代主义的鲜明的反资本主义的性质。

（3）保障女性的环境权

在父权制社会中，女性在自然财富的占有和享用上处于劣势地位，但却是污染的最大受害者和牺牲者。从有机思维出发，

1 ［澳］查尔斯·伯奇、［美］约翰·柯布：《生命的解放》，邹诗鹏、麻晓晴译，北京：中国科学技术出版社，2015 年版，第 166 页。

建设性后现代主义充分肯定了女性的内在价值。在他们看来，“两性如若公平，稳定自会实现。这不但是因为对女性的公平会对过激的人口增长产生重要的影响，也因为女性能帮助形成对非人类世界的新的态度。”其中，“超验主义的重要性，也表达了人类与自然之间的连续性，以及多种目标之间象征性的关系”[1]。具体来说，一是保障女性环境权有助于改变人类的生育模式。随着地球支撑人口无限增长的不可能性越来越明显，计划生育成为实现可持续发展的重要选择。人口增长模式的改变是通过改变女性的角色完成的。因此，建设性后现代主义认同中国的计划生育政策。二是保障女性环境权有助于形成和强化人类保护地球的意识。女性更为接近自然，同生命的原始动力有着“心有灵犀一点通”的接触。女性对自然的这种体验就是一种生态伦理学的感觉。当然，更为重要的是，必须确认可持续女性角色在实现公平中的重大作用。为此，必须让女性同男性一样进入公共生活，保证两性以一种更为公平合理的方式来完成必要的有成效的工作。在我们看来，父权制是私有制的表现和表征，因此，不消灭私有制，根本难以实现两性公平，更遑论女性环境权利和性别生态正义。

可见，在环境权的主体问题上，建设性后现代主义将穷人、工人和女性等弱势群体作为关注的重点，具有鲜明的反对资本

1 ［澳］查尔斯·伯奇、［美］约翰·柯布：《生命的解放》，邹诗鹏、麻晓晴译，北京：中国科学技术出版社，2015 年版，第 312 页。

主义和反对帝国主义的进步主义特征。

总之，尽管建设性后现代主义提出的关心他人的共同体主义价值观具有明显的有机哲学的色彩，但是，他们将穷人、工人和女性等社会弱势群体作为关注的中心，要求切实保障其绿色权利。这一价值取向与生态马克思主义的价值取向是一致的。美国生态马克思主义代表人物福斯特指出：“应该以人为本，尤其是穷人，而不是以生产甚至环境为本，应该强调满足基本需要和长期保障的重要性。这是我们与资本主义生产方式的更高的不道德进行斗争所要坚持的基本道义。”[1] 这样，建设性后现代主义就将自身与生态中心主义区隔开来了，与新自由主义区别开来了，成为生态马克思主义的同路人，彰显出了其自身左翼色彩。

四、关爱他物的有机价值诉求

从有机共同体出发，建设性后现代主义的共同体主义要求将关爱“他物”作为共同体价值观的重要要求。这里的他物不是泛指“主体”之外的“客体”，也不是指“主体间性”中的一切“主体”，而是特指与人处于内在关系中的自然。

1. 确立关爱他物的伦理

自然不是单纯的惰性的物质实体，而是复杂的流变的事件

1 ［美］约翰·贝拉米·福斯特：《生态危机与资本主义》，耿建新等译，上海：上海世纪出版股份有限公司译文出版社，2006 年版，第 42 页。

集合。自然不是单纯的人的改造的对象物，而是生成人的生命的参与者。在自然这个复杂的系统事件中，“自然中任何东西都只能是自然的成分。为区分而呈现的整体，在感觉—意识中对被区分的部分来说被断定为必要的。孤立的事件不是事件，因为每个事件都是更大整体的因素，是表示整体的。不可能有离开空间的时间，不可能有离开时间的空间，不可能有离开自然事件流变的空间和时间。当我们认为一个存在物是纯粹的‘它’时，思想中存在物的孤立在自然相应的孤立中没有对应物。这样的孤立只是理智认识过程的一部分”[1]。即，人与自然的关系是一种内在关系。事实上，将自然称为“他物”，只是强调自然是参与人的生成的另外一个因素而已。对于人的生成来说，这个“他”其实就是“我”。这在于，天人本一体，万物共逍遥。由此来看，“他物”是作为“我”的原初目的、出发点而存在的。因此，“肯定他物”就是“肯定我”，“尊重他物”就是“尊重我”，“热爱他物”就是“热爱我”。“这种思维方式产生了彻底的生态主义，其认为，每一个体的福祉也依赖于它与自然环境的健康联系，而且人类共同体的福祉与更大的‘共同体’紧密相连，人类共同体是生态系统下的一个小团体。”[2] 关爱他物，就是要求人类要认同自然，敬畏自然，热爱自然。由

1 ［英］阿尔弗雷德•怀特海：《自然的概念》，张桂权译，北京：中国城市出版社，2002 年版，第 134 页。

2 ［美］小约翰 • 柯布：《走向共同体经济学》，王俊译，《武汉理工大学学报（社会科学版）》2011 年第 6 期。

于自然是人类生命不可或缺的部分，因此，关爱他物，不仅构成了共同体主义本体论的基调，而且成为共同体主义价值观的核心。当然，在马克思主义看来，由于人与自然共同构成了一个大生态系统，自然是人的无机的身体，因此，人具有爱护自然的道德责任和义务。

2．关涉自然他物的生态正义

人与其他生物共处于地球系统中，是地球共同体的成员。基于承认和尊重自然万物的“内在价值”（intrinsic value）的立场，生态中心主义提出了实现“种际正义”的诉求，试图将人类的理性和关爱扩展到自然界。这种正义要求人类要平等地处置人与其他生物物种之间的关系，在二者之间维持一种正义关系。事实上，人与其他生物在进化链条和食物链结构中处于不同的位置，因此，“种际正义”具有象征和隐喻意义。尽管建设性后现代主义也承认内在价值，但是，其理解与奈斯的深层生态学有所不同。一是自然的内在价值主要突出的是其审美价值。在深层生态学那里，凡是存在的都具有内在价值。即，内在价值是一个实体范畴。建设性后现代主义则强调，每一事件都有其内在价值。即，内在价值是由事件所包含的关系和创造力来衡量的。换言之，内在价值是一个关系范畴，是一种审美价值。二是自然的内在价值要通过人的衡量才能实现。不仅自然界存在着内在价值，而且人类有其特殊价值。“在世界上，在人类出现以前就有了价值。而且，即使在人类消失以后，世界上也还会有价值。的确，许多事物都会消失。迄今，我们知道，现在发现的最大的价值在人的经验中，但是万物皆有价值这一事实表明，人类应该在计划他们的活动时与其自身一道来衡量这些价值。”[1] 即，只有呈现在人类的经验和活动中，内在价值才能实现。可见，建设性后现代主义之所以承认内在价值，是为了突出共同体主义价值观的重要性，力图追寻自然、人类、社会的和谐共处之道。当然，在马克思主义看来，价值是在人们对待外部世界的关系的实践中产生的，是一个基于实践的关系范畴。

3. 关注和保障自然的环境权

由于自然参与了人的生成，人参与了自然的生成，因此，人和自然都是主体，处于“互在”和“共在”关系当中，因此，不仅人有权利，而且自然也有权利；不仅人有环境权，而且自然也有环境权。基于这样的考虑，建设性后现代主义反对人对自然的支配和剥削，要求捍卫自然的权利。在这个方面，柯布曾经提出过“地球主义”的概念。在此基础上，建设性后现代主义主要从经验的内在价值出发来看待权利问题，认为经验的内在价值赋予权利。“所有活的存在都有内在价值的观念包含了这样一种观点，即人类对其他家养的和野生的受造物（如动物）负有道德义务。它同时意味着，各种经济体制和政策应该

1 ［美］小约翰 • B. 柯布：《马克思与怀特海》，曲跃厚译，《求是学刊》2004 年第 6 期。

将其目的确定为在生态学的语境中促进人的福祉，而不是为了其自身的原因促进经济增长；而且意味着，人类共同体在与生命的其他形式和自然系统之富有成效的合作时，以及当他们在某种范围内受到限制的情况下，为其他活的存在的生息保留空间时，实现了其繁荣。这并不表明任何一种活的存在（甚至包括人类）具有生命的绝对权利，但它确实表明对生命共同体的尊重和关心就是健康的人类共同体的特点。”[1] 自然的权利是指自然拥有使其生命得到尊重，并且在可能的情况下也得到保护的权利。当然，这样的权利不是绝对的。唯一绝对的是尊重生命本身。同样，自然的环境权就是指自然有免受人类污染和破坏的权利。对此，我们的疑问是，如果自然存在着环境权的话，那么，它与人的环境权是什么关系？建设性后现代主义没有明确回答这一问题。

在总体上，建设性后现代主义从怀特海的内在关系思想出发，提出了关爱自然的生态伦理要求，而不是从社会实践出发看待生态伦理，具有明显的有机哲学的色彩。建设性后现代主义承认自然的内在价值和自然权利，具有生态中心主义的色彩，重复了西方环境伦理学的论调。但是，建设性后现代主义对内在价值的看法，与生态马克思主义代表人物科威尔的观点较为接近。科威尔指出：“自然是非卖品，更不用被制作成商

---

1 ［美］杰伊·麦克丹尼尔：《生态学和文化：一种过程的研究方法》，曲跃厚译，《求是学刊》2004 年第 4 期。

品，其自然的‘本性’，它的内在，无论从直接感官还是永久性上面，都凌驾于我们的视野和理解之上。它是我们用‘奇迹’、‘敬畏’等词汇所描述的世界，或者仅意味着静静地欣赏白日，没有任何企图——当然，也没有从中谋利的欲望。内在价值往往更倾向于事物的精神层面，就好比什么是更加有趣好玩的，好比我们称呼为对本质有着‘高度认同’的心境体现。”[1] 在他看来，生态社会主义就是用社会主义的方式实现内在价值的社会。在此基础上，科威尔提出要回归到“自然辩证法”上来看待内在价值。由此来看，建设性后现代主义对内在关系、内在价值和自然权利的看法，有助于我们回到恩格斯的《自然辩证法》上去，这样，或许可以明确为社会主义生态文明奠定马克思主义哲学基础。

五、共同体主义的有机论建构

资本主义已经严重地破坏了共同体，把人类和地球拖入了灾难边缘，因此，建设性后现代主义呼吁，为了有效避免“共同体的毁灭”，人类必须持续不断地加强共同体主义的建设。

1. 转向有机发展

资本主义经济是一种建立在“经济人”假设基础上的个体经济。为了达到为个体和资本服务的目的，它将市场经济作为

---

1 ［美］乔尔•科威尔：《自然的敌人——资本主义的终结还是世界的毁灭？》，杨燕飞等译，北京：中国人民大学出版社，2015 年版，第 175 页。

工具和手段，结果导致了“市场崇拜”。这样，严重削弱了共同体主义。这种发展充其量只是“机械发展”，实质上是“破坏性发展”。因此，必须转向有机发展。有机发展就是要大力发展共同体经济。这就是要明确：经济发展必须为共同体服务，而且共同体的价值应该决定那些被视为发展的东西；市场不是经济社会发展的目的，也不是确定经济社会发展目标的合适手段。在此前提下，可以让市场继续发挥极其重要的作用。同样，发展共同体经济学是实现有机发展的题中之义。“如果把家庭的范围扩大，将更大的共同体如土地共同体、共享价值的共同体、资源共同体、生物群落共同体、组织机构共同体、语言共同体和历史共同体包括进来，那么我们就得到了一个‘共同体经济学’的很好定义。”[1] 共同体经济学的目标是，既要为人们提供有意义的和令人满意的工作，又要为大家提供足够的商品和服务。

2. 实行土地共同所有的所有权

资源产权是环境权的基础和核心。建设性后现代主义主要表达了对土地所有权的看法，主张实行共同所有。在他们看来，在史前社会，没有土地所有权的概念，土地属于所有人类，也属于所有与人类共享这片土地的动物。后来，出现了土地私有制。地主们仅仅只是收集了土地周围经济活动所产生的经济盈

1 ［美］赫尔曼·E. 达利、小约翰·B. 柯布：《21世纪生态经济学》，王俊等译，北京：中央编译出版社，2015年版，第142页。

利，自身却根本不投入任何价值，因此，土地私有制才是产生不平等和剥削的关键来源。当下，金融资本之所以引发和加剧了社会不平等和经济不稳定，就在于在很大程度上是通过土地所有权这一媒介实现的。尽管土地私有化会提高生产效率，但是，也会加剧经济不平等和贫穷。具体到生态文明来说，仅仅是私人所有制远远不够。这在于，还存在着许多诸如水资源管理和野生动物保护这样无法由个人解决的共同性问题。解决这些问题需要在地方和国家两个层面上建立集体性制度。在产权问题上，最佳的选择是要兼顾国家、地方、私人三者的利益。即使实行私有制，也必须对私人持有的土地征税，这样，可以实现土地所有权的普遍化和普及化。理想的选择是，处于共同体中的人共同拥有土地，即实现土地的共同所有制。

3. 加强和繁荣地方共同体

经济全球化事实上是金融资本对世界的控制和霸权。在这个过程中，跨国公司日益成为主导世界经济和政治的力量。全球化和跨国公司不仅不是共同体的新形式，反倒是对共同体的根本性颠覆。这在于，全球化进程与私有化进程相伴而生，甚至狼狈为奸。其理想境界是跨国公司在全球自由地驰骋和肆无忌惮地横行，在任何国家办厂和经商。尤其是，在过去是典型的公共所有或者至少是公共管理的公用事业和交通系统中，现在也出现了私有公司之间的竞争取代政府干预的情形。因此，必须将发展地方共同体作为实现共同体主义的重要议题。在不闭关锁国的前提下，各国，尤其是第三世界应该大力发展民族经济，大力发展自给自足的经济，建设和繁荣地方共同体。只有鼓励居民的积极参与，让人民自己掌握经济的命脉，自我决定所在共同体的繁荣发展，那么，就能充分发挥其创造力，使之拥有真实的幸福感。我们要看到，在即将来临的大灾难中，相对自足的地方共同体存活下去的概率更大，更能有效应对风险和危险。当然，这并不意味着放弃国际共同体（世界共同体）。事实上，人类需要共同体的共同体。今天，许多全球性问题都只能在全球层面上才能得到解决。只有共同体之间的互惠互利，才能形成人类命运共同体。

建设性后现代主义关于加强共同体建设的主张无疑有助于扭转资本主义发展的局面。但是，他们倡导的有机发展不是要消灭不平等，而是要缩小不平等。他们表示，“共同体经济学的目标不是实现完全平等，而是有限的不平等。完全的平等是集体主义者对共同体真实存在的差距的否认。无限的不平等则是个人主义者对共同体中存在的相互依赖和真正的团结的否认。有限不平等的原则作为共同体的一个条件并不是现代的观点。”[1] 显然，基于共同体的共同体主义只不过是要在集体主义和个人主义之间开辟一条中间道路而已。在所有制问题上，尽管建设性后现代主义反对私有制，但是，他们主张实行公私

1 ［美］赫尔曼·E. 达利、小约翰·B. 柯布：《21 世纪生态经济学》，王俊等译，北京：中央编译出版社，2015 年版，第 347 页。

混合的所有制。在当下，这或许是理想的选择。但是，公有制才是社会发展的未来方向。此外，在全球化势不可挡的情况下，单纯强调地方共同体的发展容易倒退回小国寡民的时代。关键是，能否将资本主义主导的全球化转变成为社会主义主导的全球化，这样，才能构筑人类命运共同体。

总之，在建设性后现代主义看来，我们要建设和呵护的共同体是充满创造力的、富有同情心的、公正的、参与性的、承担生态责任的、令人心灵愉悦的、兼顾所有人的共同体。这就是共同体主义的建设之道。

显然，建设性后现代主义的共同体主义彰显的是一种“关心他人”和“关爱他物”的全球性的共同的公民价值观和责任感，体现了建设性后现代主义悲天悯人的自然主义和人道主义相统一的情怀。在他们看来，只有在共同体主义的感召下，我们才能打造好和呵护好有机共同体。这样，建设性后现代主义就用共同体主义取代了极端个人主义，实现了价值观上的革命。由于它在政治上具有激进色彩，因此，有可能成为社会主义生态文明建设的价值思想资源。同时，它具有浓厚的有机哲学的色彩，没有将自己与生态中心主义严格区隔开来，这样，又具有生态上激进的色彩。因此，我们对共同体主义必须坚持辩证分析的立场。

第四章 生态伦理学的生态环境健康关切

绿水青山不仅是金山银山，也是人民群众健康的重要保障。

——习近平[1]

人类的生命安全、身体健康与自然、环境、生态具有密切的关系，提出了一系列的生态伦理学问题，要求人们进行科学思考和有效回答。

按照以人民为中心的思想，在价值取向上，我们必须坚持以人民为中心的发展思想，将切实保障人民群众的生态环境健康作为公共卫生的出发点和落脚点。从价值取向来看，科学的

1 习近平：《论坚持人与自然和谐共生》，北京：中央文献出版社，2022 年版，第 148 页。

生态伦理学必定是以人民为中心的生态伦理学。

按照“五位一体”的中国特色社会主义总体布局，在国家战略层面上，我们要统筹推进“美丽中国”建设和“健康中国”建设。我们要将防范生态环境风险作为统筹推进的现实任务，将维护生物生态安全作为统筹推进的物质支撑，将保障人民群众生态环境健康作为统筹推进的价值取向，将发展生态环境医学作为统筹推进的科技支撑，将制定生态环境健康法作为统筹推进的法治支撑。因此，生态伦理学既要关注生态伦理，也要关注医学伦理。

野生动物保护状况直接关系着生态安全以及人类的生命安全和身体健康，我们必须修订完善和严格执行野生动物保护法。我们必须严格执行《中华人民共和国野生动物保护法》，坚持全面推进科学立法、严格执法、公正司法、全民守法。同时，要重新检视这一法律。此外，由于野生动物保护是一项普惠公平的公益事业，因此，我们亟须构筑和健全野生动物保护法的全民行动体系，促进公众参与野生动物保护事业。我们要在习近平生态文明思想的指导下，从理念、规范、权益等方面入手，动员社会各界形成野生动物保护的齐抓共管的局面。对待野生动物的态度，集中体现着人们的生态道德水平。

爱国卫生运动是党和政府将群众路线运用于卫生防疫工作的伟大创举和成功实践。在继承和光大爱国卫生运动光荣传统和宝贵经验的基础上，我们应该按照守正创新的原则，促进爱国卫生运动沿着人民性、系统化、生态化、科学化、法治化的方向发展。科学的生态伦理学不仅要坚持一切为了人民群众的价值取向，而且要坚持一切依靠人民群众的工作路线。

第一节　切实保障人民群众的生态环境健康

良好的生态环境是人类生存与健康的基础。打赢新型冠状病毒感染肺炎疫情阻击战，直接关系到人民群众的生命安全和身体健康。按照以习近平同志为核心的党中央的科学指示和系统部署，我们必须始终把人民群众生命安全和身体健康放在第一位，紧紧依靠人民群众坚决打赢疫情防控阻击战。目前，尽管病毒的源头和传染机制有待于在科学上进一步查清，但从源头和本质上来看，如何从切实保障人民群众的生态环境健康的高度推进这场阻击战的胜利，是摆在我们面前的急迫任务和重大课题。

一、保障人民群众生态环境健康的重大价值

由生态环境因素引发和导致的疾病尤其是流行病是亟须当今社会有效化解的重大公共卫生课题。在经济全球化快速发展和新科技革命负效应的冲击下，作为一种不确定的存在，风险已经成为社会发展必须经历的过程。这一过程同样加快和加剧了环境风险和生态风险的扩散和影响，从而会严重威胁人民

群众的生命安全和身体健康。这样，就突出了生态环境健康的重要性。对此，可以分为环境健康和生态健康两个方面来认识。面对各类环境污染问题，环境健康主要关注的是环境与健康的关系问题，特别是环境污染对健康的有害影响以及如何有效预防的问题。面对各类生态风险问题，生态健康本质上是一种生态关系的健康，既要求直接避免和有效防范生态破坏带来的健康问题，又要求发挥生态系统服务功能在保持人们良好的健康状态、预防和治疗疾病中的作用问题。如果不能科学处理生态环境健康问题，有可能演变成为公共卫生危机事件。因此，国际社会开始高度重视这一问题。

能否保证人民群众的生态环境健康直接关系着社会主义本质的实现和社会主义优越性的发挥。在自由竞争资本主义阶段，由于生活环境和生产环境的污染导致的疾病普遍流行，严重威胁到了工人阶级和劳动人民的身心健康，因此，马克思、恩格斯对此展开了科学的批判。在其早期著作《英国工人阶级状况》中，根据亲身观察和可靠材料，恩格斯深刻指出，肺病、猩红热、伤寒等疾病之所以到处蔓延，是由于工人的住宅很坏、通风不畅、潮湿和肮脏而引起的。马克思在《资本论》中也深刻揭露出了这方面的问题。进入垄断资本主义阶段之后，生物战和生态战直接成为帝国主义战争的残酷手段。例如，美国在越南战争中使用了落叶剂，在海湾战争和伊拉克战争中使用了贫铀弹。这些战争手段对自然和人体造成了严重的伤害和危害，从而充分暴露了资本主义反自然、反人类的本质，充分暴露了晚期资本主义的“生态帝国主义”的本质。显然，“由于资本主义阶级社会各方面条件的不平等，传染病对工人阶级、穷人以及外围人口的影响最大，因此，正如恩格斯和英国宪章派在 19 世纪所讲的那样，以追求财富积累而造成此类疾病产生的制度，应被指控为犯有社会谋杀罪。”[1]在这个意义上，一些全球性大流行病的蔓延是资本主义制度之“恶”。

与之截然不同，社会主义国家能够凭借其制度优势不断破解生态环境因素对健康的影响问题，切实维护人民群众的身体健康。中国化马克思主义指出，生态环境问题直接关系到人民群众的正常生活和身心健康。如果生态环境保护工作做不好，人民群众的生活条件就会受到影响，甚至会造成一些疾病流行。对于已经产生的严重危害人民群众正常生活和身心健康的生态环境问题，必须抓紧治理。例如，我国防治血吸虫、研制治疗疟疾的药物、战胜“非典”等一系列成就，都充分证明了社会主义保障人民群众身心健康的制度优势。

在保障人民群众的生态环境健康方面，社会主义同样能够发挥出其制度优势。党的十九大以来，根据我国社会主要矛盾的变化，习近平总书记深刻地指出，生态环境需要尤其是优美生态环境需要是人民群众美好生活需要的重要构成部分，因

1 John Bellamy Foster and Intan Suwandi，COVID19 and Catastrophe Capitalism，*Monthly Review*，Vol. 72，No. 2，2020，pp.1-20 .

此，我们既要大力生产和提供更多的优质的物质产品和精神产品以满足人民群众的物质文化需要，又要大力生产和提供更多的优质的生态产品和生态服务以满足人民群众的优美生态环境需要。目前，按照以人民为中心的发展思想，按照马克思主义代表最广大人民利益的政治立场，按照共同富裕的社会主义本质，按照共享发展的科学理念，我们必须将保障人民群众的生态环境健康作为满足人民群众优美生态环境需要的重要内容和重要任务，切实将防范环境风险和生态风险作为保障人民群众生命安全和身体健康的重要任务，切实将社会主义国家保障人民群众的生态环境健康的制度优势有效转化为治理效能。

保障人民群众的生态环境健康要求必须切实维护生物安全。影响人体健康的生态环境因素大致可分为化学性、物理性、地质性、生物性四类。前三者主要涉及环境风险问题，体现为环境健康问题，应通过发展环境医学加以解决。对此，我们已形成了较为明确的政策思路。后一种因素包括细菌、病毒、寄生虫等。在这一领域极易发生生态风险。生态风险主要是指由于生态安全破坏而引起的自然环境的变化对人类的生命和健康造成的危险。生物安全风险是生态风险的重要方面。生物安全主要是指由于自然原因或人为活动导致的生物多样性减少、生态平衡破坏、外来物种入侵以及由于现代生物技术的研发和应用带来的潜在风险。为了科学而有效地化解这一类风险，必须加强生物安全的监督和管理，采取预防和控制措施，切实维护生物多样性、防范外来物种入侵、减少生物科技造成的生态环境污染，维护生态安全。这样，才能最大限度地减少生态风险，切实保障生态环境安全和人民群众的身体健康。这一类问题体现为生态健康，应通过发展生态医学加以解决。现在，亟须加强这方面的工作。

二、保障人民群众生态环境健康的社会举措

保障人民群众的生态环境健康是一项复杂的社会系统工程。我们必须将保障国家的生态环境安全和保障人民的生态环境健康统一起来，将防范外来物种尤其是有害外来物种的入侵和维护国内生态系统的多样性、系统性、稳定性统一起来，将促进全球化的绿色发展和加强进出口检疫统一起来，牢记人民利益高于一切，坚持人民至上、生命至上，切实提高公共卫生的科学性、系统性和有效性。

第一，我们要建立和完善生态环境风险的预警机制和联防联控机制，推动相关信息的开放共享，开展全方位的工作。无论在什么时候，我们都“要按照绿色发展理念，实行最严格的生态环境保护制度，建立健全环境与健康监测、调查、风险评估制度，重点抓好空气、土壤、水污染的防治，加快推进国土绿化，治理和修复土壤特别是耕地污染，全面加强水源涵养和水质保护，综合整治大气污染特别是雾霾问题，全面整治工业

污染源，切实解决影响人民群众健康的突出环境问题。”[1]这样，我们才能提高处理生态环境风险的能力。

第二，我们要彻底排查整治公共卫生环境，加强人民卫生工作的人民性，加强医疗卫生工作的公益性，严格防范市场失灵，补齐公共卫生短板，加强城乡人居环境整治和公共卫生体系建设。党的十九届五中全会提出，“坚持基本医疗卫生事业公益属性”“建立稳定的公共卫生事业投入机制”[2]。在此基础上，要将发展环境医学和生态医学纳入医疗卫生工作尤其是预防医学工作中，加大对环境医学和生态医学研发的投入。

第三，我们要依法加强市场监管，坚决取缔和严厉打击非法野生动物市场和贸易，尤其是跨境野生动物捕猎和买卖行为，从源头上控制生态环境风险引发的重大公共卫生风险。同时，要依法引导企业安全发展。企业不能采用容易造成生态环境风险和劳动安全的生产方式和管理方式，要承担反对危害生物安全、生态安全和劳动安全的社会责任。此外，必须坚持安全发展的原则，“强化生物安全保护，提高食品药品等关系人民健康产品和服务的安全保障水平。”[3] 我们要依法推动现代生物技术和生物产业的安全发展，严格防范跨境研发和生产可能

---

1 习近平：《论坚持人与自然和谐共生》，北京：中央文献出版社，2022 年版，第 148-149 页。

2 《中共中央关于制定国民经济和社会发展第十四个五年规划和二〇三五年远景目标的建议》，《人民日报》2020 年 11 月 4 日第 1 版。

3 《中共中央关于制定国民经济和社会发展第十四个五年规划和二〇三五年远景目标的建议》，《人民日报》2020 年 11 月 4 日第 1 版。

带来的生物安全风险。

第四，我们要研究保障人民群众生态健康、维护生物安全的立法问题，研究将保障人民群众的生态环境需要、维护人民群众的生态环境权益写入宪法的可能性问题。习近平总书记指出："坚持依法防控，要始终把人民群众生命安全和身体健康放在第一位，从立法、执法、司法、守法各环节发力，切实推进依法防控、科学防控、联防联控。要完善疫情防控相关立法，加强配套制度建设，完善处罚程序，强化公共安全保障，构建系统完备、科学规范、运行有效的疫情防控法律体系。"[1]这样，才能为防范和处置生态环境风险演变成为公共卫生风险提供法律依据。

第五，我们要加强生态伦理学教育，科学引导人民群众在科学认识自然规律的基础上，牢固树立"人与自然是生命共同体"科学意识，牢固树立"民胞物与"的生态伦理意识，学会敬畏自然和热爱自然。习近平总书记引用《庄子·外篇·天地》指出："爱人利物之谓仁。"[2] 我们不仅要"爱人"，而且还要"利物"。"利物"就是要爱护自然界的所有生命存在物和非生命存在物，努力实现人与自然和谐共生的"天人合一"的道德境界。这是中国传统生态伦理思想的创造性转换和创新性发展的重

1 中共中央党史和文献研究院编：《习近平关于统筹疫情防控和经济社会发展重要论述选编》，北京：中央文献出版社，2020 年版，第 50 页。

2 中共中央党史和文献研究院编：《习近平关于统筹疫情防控和经济社会发展重要论述选编》，北京：中央文献出版社，2020 年版，第 9 页。

要体现。同时，我们要努力提高全民的生态环境安全意识，形成绿色化的生活方式，推动形成保护生态环境的社会合力。这样，才能让“人道”和“兽道”各归其位，让人与自然和谐共生。

总之，为人民群众健康创造良好的自然生态环境，维护人民群众的身心健康，严格防范生态风险和环境风险，确保人民群众的生态健康和环境健康，是我们做好公共卫生工作的价值取向。

第二节 统筹建设“美丽中国”和“健康中国”

由于存在着人畜共患疾病的风险，一些病毒的宿主或中间宿主有可能存在于野生动物身上，人类食用“野味”等不适当干扰和干预野生动物的行为导致了一些公共卫生事件的发生和加剧。习近平总书记指出：“我们早就认识到，食用野生动物风险很大，但‘野味产业’依然规模庞大，对公共卫生安全构成了重大隐患。”[1] 这样看来，正确处理人与野生动物、人与自然、环境与健康、生态与健康的关系，是直接影响人类生命安全和身心健康的重要问题，是做好卫生防疫工作的重要任务，是建设“美丽中国”和建设“健康中国”的共同任务。为

1 中共中央党史和文献研究院编：《习近平关于统筹疫情防控和经济社会发展重要论述选编》，北京：中央文献出版社，2020 年版，第 47 页。

此，我们亟须从国家发展战略的层面上来统筹推进“美丽中国”建设和“健康中国”建设，将之作为国家“十四五”时期以至未来中长期规划的方向和任务。作为一种可能的“政治哲学”，生态伦理学必须关注这一重大课题。

一、防范环境风险和生态风险的现实任务

随着人类活动频率的加快，尤其是随着全球化的迅猛发展和新科技革命负效应的急剧扩散，人类社会已经进入了风险社会。风险是人类活动有可能导致的危险和危害。风险意识是自反式现代化的一种模式，是人类认识未来不确定世界的一种方法。现在，人类面对的风险是总体性的风险，既来自人与社会关系领域，也来自人与自然关系领域。环境风险和生态风险就是来自人与自然关系领域的风险。环境风险是由于人类污染环境行为导致的风险。生态风险是由于人类破坏生态行为导致的风险。当然，各种风险是缠绕在一起的，因此，“有必要考虑生态破坏、战争和不完全现代化的后果之间的互动”[1]。环境风险和生态风险都可能导致健康风险，威胁到人类的身心健康甚至会威胁到人类的生命安全。

我国春秋末年的秦国医家医和，曾经提出过“六气致病说”和“六淫致病说”，探讨过自然生态环境因素对于疾病和健康

1 ［德］乌尔里希·贝克：《世界风险社会》，吴英姿等译，南京：南京大学出版社，2004 年版，第 45 页。

的影响。现在，越来越多的事实表明："无论是自然的还是人为的环境变迁，都会以多重的和复杂的方式影响病原体、病毒媒介和宿主之间的相互作用，使得地方病、流行病和人畜共患病的发生或下降难以预测，而动物疾病的流行可能对人类共同体获取食物的途径构成挑战。"[1]这样，就要求我们必须要形成清醒的环境风险和生态风险意识，将预警、防范、控制环境风险和生态风险作为保障人民群众生命安全和身心健康的基本前提。

预警、防范和控制环境风险和生态风险以及由此导致的健康风险，是生态文明建设和医疗卫生工作共同面对的现实课题，是统筹推进"美丽中国"建设和"健康中国"建设的现实要求。我国的生态环境保护工作和医疗卫生工作都已经明确将生态环境风险管理作为其重要职责。例如，2016年，中共中央和国务院印发的《"健康中国 2030"规划纲要》提出，要"实施环境与健康风险管理"。2017年2月，环境保护部发布的《国家环境保护"十三五"环境与健康工作规划》提出，"风险管理是环境与健康工作的核心任务"。在一般意义上，"环境健康风险指环境污染（生物、化学和物理）对公众健康造成不良影响的可能性，对这种可能性进行定性或定量的估计称为环境健康风险评估"[2]。一些公共卫生事件之所以发生，在一定程度上

1 Juliet Bedford，et al，A New Twenty-first Century Science for Effective Epidemic Response，*Nature*，Vol.575，No.7，2019，pp.130-136 .

2 《国家环境保护环境与健康工作办法（试行）》，国家生态环境部网站（http：//www.mee.gov.cn/gkml/hbb/bgt/201801/t20180130_430549.htm？keywords=）

是没有科学预警和高度防范环境风险和健康风险引发的，由此导致了严重的人体健康风险和危险。

习近平总书记指出，“必须增强谨慎之心，对风险因素要有底线思维，对解决问题要一抓到底，一时一刻不放松，一丝一毫不马虎，直至取得最后胜利”[1]。因此，我们必须警钟长鸣，未雨绸缪，统筹环境风险、生态风险、健康风险，形成科学的生态环境风险意识和生态环境健康风险意识，运用新科技革命成果来建设国家生态环境健康风险预警系统，提高国家生态环境健康风险防范和控制的科学能力和水平，将之纳入国家应急管理系统中。我们应该运用这样的国家应急管理系统，支撑“美丽中国”建设和“健康中国”建设。这样，才能从源头上科学预警、有效防范和切实控制重大公共卫生安全风险，有效保证人民群众的生命安全和身心健康。

二、维护生物安全和生态安全的物质支撑

预警、防范、控制生态环境风险，必须筑牢国家安全屏障，建设好国家安全体系。现在，国家安全是由传统安全和非传统安全构成的总体。尽管生物安全、生态安全、资源安全、核安全属于非传统安全的领域，但是，对于维护国家安全至关重要。现在，“生物安全问题已经成为全世界、全人类面临的重大生

1 中共中央党史和文献研究院编：《习近平关于统筹疫情防控和经济社会发展重要论述选编》，北京：中央文献出版社，2020 年版，第 88 页。

存和发展威胁之一，必须从保护人民健康、保障国家安全、维护国家长治久安的高度，把生物安全纳入国家安全体系”。[1]生态安全同样如此。

生物安全和生态安全是既相互区别又相互联系的概念。一般来讲，生物安全是生物领域中的安全，主要指生命系统的正常存在和持续演化。生态安全是生态系统的安全，主要指生态系统的多样性、系统性、稳定性所达到的可持续的状态和水平。生物总是处在一定生态系统中的生命机体，生态系统总是由众多生物与生境构成的不可分割的生命系统。现在，由于人为活动尤其是科技进步的负效应，致使生物多样性的减少、生态系统的失衡、外来有害物种的入侵、现代生物技术的负效应往往叠加在一起，既对生物安全造成威胁，又对生态安全造成威胁。

因此，我们必须统筹生物安全和生态安全，努力提高站位，将生物、生态安全纳入国家安全体系中。由于人与自然是一个生命共同体，因此，生物、生态安全是人类生命安全和身心健康的基本条件和基本保证。只有切实有效地维护生物生态安全，才能切实保证人类的生命安全和身心健康。

面对生物、生态安全面临的风险和挑战，我们必须深入分析我国生物、生态安全的基本状况、基础条件、演化趋势，系统规划国家生物、生态安全的风险防控和治理体系建设，切实

1 中共中央党史和文献研究院编：《习近平关于统筹疫情防控和经济社会发展重要论述选编》，北京：中央文献出版社，2020 年版，第 52 页。

全面提高国家生物、生态安全的治理能力。

例如，保护野生动物是维护国家生物、生态安全的重要任务。有的论者认为，既然导致疫情病毒的源头在野生动物身上，那么，为了维护人类的身体健康，就应对有害野生动物进行“生态灭绝”。殊不知，在大自然中，有害和有益是相对的。无论是有害生物还是有益生物都是生物系统和生态系统进化到今天不可缺少的环节和部分。例如，一方面麻雀食用粮食会导致农业损失，但是另一方面麻雀食用害虫有助于林业发展。如果进行“生态灭绝”，必然会破坏生物系统和生态系统的完整性，可能会导致更为严重的生态环境风险，结果会将人类推向毁灭边缘。“然而，我们并不是把所有的生物都等而观之，而是从生态系统内部和生态系统之间存在的相互联系的角度来对待它们。有些细菌是我们生命依赖的对象，有些细菌是导致我们生病或死亡的根源，有些细菌能够在我们死后分解尸体而使之重新加入物质循环当中。同时，存在着啼鸟这样的生物，它们不为我们劳作或给我们提供衣食，但给予我们无私的愉悦、美学上的享受和单纯的快乐。无论我们如何言行，从人类生命开始的时候，一直都是这样。”[1] 即使从单纯的功利主义的角度来看，生物是药物的基本来源。只有保护好生物多样性，人类才可能从生物多样性中发现治疗疑难杂症的有效药物。

---

1 Joel Kovel，Ecosocialism，Global Justice，and Climate Change，*Capitalism Nature Socialism*，Vol.19，No.2，2008，pp.4-14 .

因此，我们不仅要修订和完善野生动物保护法，而且要严格执行生物安全法，尽快出台生态安全法，加快构建国家生物安全和生态安全的法律法规体系、制度保障体系。

三、保障环境健康和生态健康的价值取向

无论是防范生态环境风险，还是维护生物、生态安全，都是为了维护人民群众的生命安全和身心健康。按照社会主义本质和共享发展的科学理念，按照以人民为中心的发展思想，我们必须将确保人民群众的生命安全和身体健康作为医疗卫生工作的价值出发点，作为建设“美丽中国”和建设“健康中国”的价值取向，作为统筹推进“美丽中国”建设和“健康中国”建设的价值联结点。因此，我们必须在医疗卫生领域严格划分和确定市场和产业的边界，驱逐单纯的私有化、市场化、产业化医药卫生改革的逐利本性，坚持人民卫生的人民性，加强医疗卫生工作的事业性，坚持公共卫生服务的公共性。这样，才能切实有效地保证人民群众的健康权益。

否则，我们难以与“福利资本主义”划清界限。在福利资本主义的发展中，“福利国家还开辟了一系列的社会权利——获得医疗保健、教育和保持收入水平的权利——它们将确保每一个公民享有广泛的社会地位和机会平等”[1]。这是晚期资本主

1 ［英］马丁 •鲍威尔：《新工党，新福利国家？英国社会政策中的“第三条道路”》，林德山等译，重庆：重庆出版社，2010 年版，第 209 页。

义降解社会矛盾、维护社会稳定的“重要法宝”。更为重要的是，公共产品领域的单纯私有化、市场化、产业化必然会葬送社会主义。事实已经清楚地表明：“社会公共服务的私有化是昂贵而无效率的；比如，美国医疗保健的花费就是欧洲相应花费的两倍，而质量相比却很差。然而，（美国保险公司）却有较高的利润。”[1]因此，我们必须发挥社会主义制度的优势，发挥新型举国体制的优势。

在此前提下，我们必须认识到，人类的健康不仅取决于自身的身心平衡，而且取决于人与环境的和谐共生。

就后者来看，人类的健康既取决于人与社会环境的和谐共生，也取决于人与自然环境的和谐共生。在这种情况下，国际社会提出了“一体化健康”（One Health）的科学理念。这一概念就是要使人们知晓：人类、动物和生态系统的健康紧密相联，需要在彼此构成的复杂背景中开展研究。[2] 当然，这一概念忽视了社会因素对于“一体化健康”的影响。[3]在此基础上，我们应该形成环境健康和生态健康的科学理念。环境健康主要关注环境与健康的关系问题，确保人类免受环境污染造成的健康威胁和科学医治环境污染导致的疾病，确保人类能够在健康的自

1 ［埃及］萨米尔·阿明：《全球化时代的资本主义——对当代社会的管理》，丁开杰等译，北京：中国人民大学出版社，2013 年版，第 29 页。

2 Delphine Destoumieux-Garzón，et al. The One Health Concept：10 Years Old and a Long Road Ahead，*Frontiers in Veterinary Science*，Vol.5，No.14，2018，pp.1-13.

3 John Bellamy Foster and Intan Suwandi，COVID19 and Catastrophe Capitalism，*Monthly Review*，Vol. 72，No. 2，2020，pp.1-20.

然环境中持续地生活。生态健康主要关注生态与健康的关系问题，确保人类有效避免生态破坏造成的健康威胁和科学医治生态破坏导致的疾病，确保人类能够在健康的生态系统中持续地生活。

因此，对于国家和政府来说，必须通过生态文明建设和医疗卫生工作来确保人民群众的环境健康和生态健康，将之确立为人民群众健康权的不可剥夺的组成部分。

对于人民群众来说，必须形成简约适度、绿色低碳的生活方式，学会敬畏和善待动物和自然。

当有人问到养性之枢要时，药王孙思邈回答说："天有盈虚，人有屯危，不自慎，不能济也。故养性，必先知自慎也。慎以畏为本，故士无畏则简仁义，农无畏则堕稼穑，工无畏则慢规矩，商无畏则货不殖。子无畏则忘孝，父无畏则废慈，臣无畏则勋不立，君无畏则乱不治。是以太上畏道，其次畏天，其次畏物，其次畏人，其次畏身。忧于身者不拘于人，畏于己者不制于彼，慎于小者不惧于大，戒于近者不侮于远。知此则人事毕矣。"（《新唐书・孙思邈传》）在他看来，道、天、物、人和身是人类生存和发展的基本条件，因此，要达到养生卫体的目的，必须要敬畏它们。这一思想与诺贝尔和平奖获得者、生态伦理学创始人施韦泽提出的"敬畏生命"（Die Ehrfurcht Vor Dem Leben）的生态伦理学思想具有异曲同工之妙。

在尊重自然规律的马克思主义唯物主义的基础上，习近平总书记指出："自然是生命之母，人与自然是生命共同体，人类必须敬畏自然、尊重自然、顺应自然、保护自然。"[1]这样，敬畏自然就成为社会主义生态文明向我们提出的生态道德命令。敬畏动物是敬畏自然的题中之义。敬畏和善待动物和自然，就是敬畏生命和善待我们人类自己。对于处于现代性焦虑中的人们来说，这尤为重要。这在于，人与自然是生命共同体。唯此，才能从我们每一个人自身中根除疾患发生的根源。

四、发展环境医学和生态医学的科技选择

切实保障人民群众的生态环境健康，必须大力发展医学，运用先进的科学技术武装医疗卫生工作。

鉴于细菌、病毒和寄生虫的库就保留于野生动物和家养动物中的事实，监视人畜共患病成为"一体化健康"流行病规划的内在部分。了解人畜共患病的库中的疾病生态学，可能有助于产生预测人类疾病风险的方法，从而能够为早期智能预警系统提供基础。无论是人类健康还是动物健康，无论是生态科学还是社会科学，都必须考虑到多方面的因素，这样，"一体化健康"的方法才能发挥作用。[2]在此基础上，我们要把握新科技革命发展的生态化趋势，大力发展环境医学和生态医学，促进

1 习近平：《论坚持人与自然和谐共生》，北京：中央文献出版社，2022 年版，第 225 页。

2 Juliet Bedford，et al. A New Twenty-first Century Science for Effective Epidemic Response，*Nature*，Vol. 575，No.7，2019，pp. 130-136.

医学的生态化。环境医学主要解决环境健康问题，生态医学主要解决生态健康问题。

现在，我国已经把环境卫生、环境医学作为预防医学、卫生学的重要组成部分，将环境医学作为环境科学基础理论的重要组成部分。但是，没有确定生态医学的学科地位。生态医学是在环境污染和化学药品给地球生物、生态系统与人类健康带来的危害越来越严重的情况下，人类崇尚自然、回归自然的背景下提出的医学新理念。“生态”是指生物在一定的自然环境下生存和发展的状态，其核心内涵是保持“和谐”。这里的和谐既包括人自身的生理和心理的和谐，也包括人与人、人与社会的和谐，还包括人与自然的和谐。因此，生态医学是赋予人体以生态系统理念而研究健康状态与人体内外环境关系的医疗科学。

我们要从国家战略的高度促进环境医学和生态医学的协调发展，促进生态环境医学的发展，将之贯穿于预防医学、临床医学、康复医学中，促进医学范式的生态化转变。

我们必须以开放包容、综合创新的方式，发展环境医学和生态医学。由于我们现在面对的是一个复杂的非线性的系统，因此，发展医学尤其是流行病学，必须进行跨学科研究，利用和整合既定的和新兴的自然科学、工程技术、人文社会科学以及政治、外交和安全领域的各种工具、方法和成果。

同时，我们要将中西医结合起来。习近平总书记指出：“要加大重症患者救治力度，加快推广行之有效的诊疗方案，加强中西医结合，疗效明显的药物、先进管用的仪器设备都要优先用于救治重症患者。”[1]从本质上来看，中医具有生态环境医学的科学因素。例如，在《黄帝内经》看来，由于天地万物和人是一个有机的统一整体，人必须顺应天地自然万物才能保持健康，因此，养生的一条基本原则是：“处天地之和，从八风之理。”（《黄帝内经・素问・上古天真论》）即，与自然界的和谐是养生的一项重要内容。如果气候反常，就会使人生病，因此，“圣人遇之，和而不争”（《黄帝内经・素问・六元正纪大论》）。中医在疾病预防、治疗、康复等方面具有独特的优势。例如，生态治疗是通过调节机体内外的复杂关系，以恢复机体和谐的治疗方法。除了常规的物理疗法和最近发展起来的微生态制剂之外，中草药方剂、气功、针灸可以发挥重要的作用。因此，我们要发挥好中医药在治未病、重大疾病治疗、疾病康复中的重要作用。

当然，中医学具有自己明显的时间和地域的特征甚至是局限，仍然需要推进自身的科技创新，仍然需要实现现代化，仍然需要进一步接受医学实践的检验。

因此，我们既不能以神秘主义的方式对待中医药，无限夸大其作用和疗效；也不能以绝对科学主义的方式对待中医药，

1 中共中央党史和文献研究院编：《习近平关于统筹疫情防控和经济社会发展重要论述选编》，北京：中央文献出版社，2020 年版，第 79 页。

肆意抹杀中医药的作用和疗效。科学不是绝对的、封闭的真理体系，而是一个基于科学活动实践的认识和运用真理的具体的历史的过程。中医如此，西医也同样如此。在中西医的结合中，我们或许会开辟出环境医学和生态医学发展的新天地，以造福苍生。这就是科学之“善”。

五、制定环境健康法和生态健康法的法治选择

为了切实保障人民群众的环境健康和生态健康，促进环境医学和生态医学的发展，在统筹推进“美丽中国”建设和“健康中国”建设的过程中，我们还必须按照社会主义法治精神和依法治国的基本方略，完善相关的法律。习近平总书记指出：“要完善疫情防控相关立法，加强配套制度建设，完善处罚程序，强化公共安全保障，构建系统完备、科学规范、运行有效的疫情防控法律体系。”尤其是，要“尽快推动出台生物安全法，加快构建国家生物安全法律法规体系、制度保障体系。”[1]在出台生物安全法和生态安全法的基础上，我们应该考虑制定和出台环境健康法和生态健康法。这样，才能将维护生物安全和生态安全的成果有效转化为维护人民群众的环境健康和生态健康的切实保证。现在，我们要以习近平新时代中国特色社会主义思想，尤其是习近平生态文明思想和习近平法治思想为指

1 中共中央党史和文献研究院编：《习近平关于统筹疫情防控和经济社会发展重要论述选编》，北京：中央文献出版社，2020 年版，第 50、52 页。

导思想，将“绿水青山就是金山银山”的科学理念作为制定环境健康法和生态健康法立法依据和立法目的。

《中华人民共和国环境保护法》已经明确了环境与健康方面的法律规定。为了使之系统化、具体化，根据国外制定环境与健康法的有益经验，我国学者已经提出了我国环境与健康法学者建议稿。韩国于 2008 年 3 月颁布了《韩国环境与健康法》。据称，这是世界上第一部环境与健康法。该法第一条明确规定：“为了预防和维护公众健康和生态安全，减少健康危害，评估、识别和监测环境污染和有毒有害化学品等对公众健康以及生态系统的影响和损害，制定本法。”[1]我国学者建议稿的第一条提出：“为了科学评估、预防和控制环境污染和有毒有害化学品对公众健康的危害，减少环境相关疾病发生，保障公众健康，制定本法。”[2]二者相比，我们可以发现，中国学者的建议稿缺乏明确的“生态安全”意识和“生态系统”意识，不仅未反映和体现出我国建设生态文明方面的“美丽中国”的理论创新、实践创新和制度创新成果，而且难以有效应对环境与健康的复杂局面，难以适应“健康中国”建设的要求。因此，笔者建议学者建议稿明确纳入“生物安全”和“生态安全”的科学理念，将维护生物安全、生态安全、生命安全和人民健康共同作为我

1 《韩国环境与健康法（试行）》，环保公益性行业科研专项后续研究课题组：《〈环境与健康法（学者建议稿）〉条文、理由及立法例》，北京：法律出版社，2018 年版，第 256 页。

2 环保公益性行业科研专项后续研究课题组：《〈环境与健康法（学者建议稿）〉条文、理由及立法例》，北京：法律出版社，2018 年版，第 18 页。

国环境健康法的立法目的。

另外，《韩国环境与健康法》缺乏明确的人权理念尤其是环境权的理念，而我国学者建议稿明确将“公民环境人格权”作为第四条：“公民享有在健康、舒适的环境中生存和发展的权利，享有对环境风险真实状况知情的权利，享有充分参与环境风险决策的权利，受到健康危害时享有申请救济的权利。”[1]这一先进的科学理念反映了我国社会主义人权事业，尤其是环境人权事业的进展和成就，更为契合维护和保障人民群众的生态环境健康权的价值取向。目前，我们要进一步研究“环境权”（生态环境权益）写入宪法的可能性问题。

总之，我们既要见物（维护生物安全和生态安全），又要见人（维护人民群众的生态环境健康权益），统筹环境健康法和生态健康法。我们既要明确环境健康法和生态健康法各自的法律体系，又要实现二者的互补。这样，不仅可以为未来防范突发疫情提供法律依据，而且可以为实现国家长治久安和人民安居乐业提供法律支撑。法律是硬性的道德，道德是软性的法律。制定和颁布环境健康法和生态健康法，有助于我们形成和完善环境健康和生态健康方面的道德规范。

为了切实有效地维护人民群众的生命安全和身心健康，我们必须统筹推进“美丽中国”建设和“健康中国”建设。我们

1 环保公益性行业科研专项后续研究课题组：《〈环境与健康法（学者建议稿）〉条文、理由及立法例》，北京：法律出版社，2018 年版，第 19 页。

要将防范环境风险和生态风险作为统筹推进的现实任务，将维护生物安全和生态安全作为统筹推进的物质支撑，将保障环境健康和生态健康作为统筹推进的价值取向，将发展环境医学和生态医学作为统筹推进的科技支撑，将制定环境健康法和生态健康法作为统筹推进的法治支撑。这样，才能协同推进人民健康、国家安全、中国美丽，才能保证“美丽中国”和“健康中国”交相辉映。同样，统筹推进“美丽中国”建设和“健康中国”建设，也应该成为我国“十四五”社会经济发展的重要内容和任务以及未来中长期发展的方向和任务。

第三节 完善野生动物保护法的生态伦理思考

野生动物中存在有可能危及人类身体健康的大量细菌、病毒、寄生虫等隐患，如果人类对野生动物资源进行不当索取，就会导致疾病，尤其是一些传染病在人群中流行，引发公共卫生风险事件。习近平总书记指出：“要加大对危害疫情防控行为执法司法力度，严格执行传染病防治法及其实施条例、野生动物保护法、动物防疫法、突发公共卫生事件应急条例等法律法规，依法实施疫情防控及应急处理措施。”[1]在这种情况下，我们必须严格执行《中华人民共和国野生动物保护法》，并重

1 中共中央党史和文献研究院编：《习近平关于统筹疫情防控和经济社会发展重要论述选编》，北京：中央文献出版社，2020 年版，第 50 页。

新检视、不断完善这一法律，为国家生态安全、生物安全和人民身体健康提供切实有效的法律保障和支持。

一、推进野生动物保护的科学立法

中华人民共和国成立以来，我国十分重视野生动物保护立法。1950 年，在百废待兴之时，中央人民政府就发布了《关于稀有生物保护办法》。在推进依法治国方略的过程中，1988 年，我国正式颁布了《中华人民共和国野生动物保护法》。2004 年、2009 年、2018 年，我国分别对之进行了三次修正、修改；2016 年，进行了一次修订。但是，这一法律仍然不尽人意，亟待进一步修正和修订。

现行的野生动物保护法，已经引入了“推进生态文明建设”“维护生物多样性和生态平衡”“野生动物资源属于国家所有”“支持野生动物保护公益事业”“不得虐待野生动物”　“尊重社会公德”“促进人与自然和谐发展”等先进的生态文明理念，但仍没有处理好野生动物保护和利用的内在紧张关系，经济效益导向或市场经济导向的痕迹仍然较为明显。因此，在坚持上述科学理念的同时，现在有必要以习近平生态文明思想和习近平法治思想为指导，按照下述理念进一步完善野生动物保护法。

坚持生命共同体的理念。我们不能将野生动物看作是单纯的“资源”，简单地按照“功利——商业性保护”的方式对待野生动物。1992 年通过的联合国《生物多样性公约》明确要求国际社会要“意识到生物多样性的内在价值”[1]。当然，在哲学上，内在价值是一个容易引起分歧的概念，具有复活物活论的危险。根据生态科学和生态哲学的发展成果，我们必须立足于整个自然系统的构成和进化来看待人与野生动物的关系。在这个问题上，习近平生态文明思想创造性地提出了“人与自然是生命共同体”“山水林田湖草是生命共同体”的科学理念。生命共同体即有机生态系统，指自然界的所有存在物之间都存在着内在的关联，是不可分割、无限循环的有机链条。生命共同体既包括无机物，也包括有机物；既包括人，也包括自然；既包括驯养动物，也包括野生动物。人与野生动物的关系是生命共同体中成员与成员之间的关系。人类的生存不能危害野生动物，野生动物的存在也不能危害人类生存。只有二者各守其道，才能实现人与野生动物的和谐共生。如果人类不当地对待野生动物，那么，就会危害到生命共同体，最终会影响到人类的生命安全和身体健康。

坚持总体安全的理念。我们应该将现行《中华人民共和国野生动物保护法》中“维护生物多样性和生态平衡”的考量上升到维护国家总体安全的高度。生态平衡是生态系统优化的简单初级状态，生态安全是生态系统优化的复杂高级形态。生态

1 《生物多样性公约》，《迈向 21 世纪——联合国环境与发展大会文献汇编》，中国环境报社编译，北京：中国环境科学出版社，1992 年版，第 52 页。

安全一般是指生态系统达到多样性、系统性、稳定性的状态和水平。人类生命安全和身体健康要以生态安全为基础条件和重要保证。韩国《环境与健康法》第一条开宗明义地指出，为了预防和维护公众健康和生态安全，减少环境污染和有毒有害化学品对公众健康和生态系统的影响和损害，特制定《环境与健康法》。因此，我们也有必要将生态安全的理念引入《中华人民共和国野生动物保护法》中，进而从生态安全上升到总体安全的高度来看待野生动物的保护以及人与野生动物的关系。党的十八大以来，习近平总书记多次强调要树立总体国家安全观，走中国特色国家安全道路。总体安全，包括国土安全、政治安全等传统安全，也包括生物安全、资源安全、生态安全、核安全等非传统安全。人的生命安全和身体健康是国家总体安全的应有之义，非传统安全与人的生命安全之间存在着复杂的相互关联，尤其是生态安全直接影响着人的生命安全和身体健康。如果人类以不当方式对待野生动物，那么，就会引发和加剧生态安全风险，最终会影响到人类的生命安全和身体健康。

坚持敬畏生命的理念。近代以来，“人定胜天”成为流行的哲学观念。在其支配下，人类以征服者姿态对待自然和野生动物，结果导致了自然对人的报复，野生动物对人的惩罚。于是，西方出现了“动物权利法”和“动物福利法”。当然，“动物权利”和“动物福利”是一种拟人化的表达。在科学反思和系统把握人与自然关系的基础上，习近平总书记指出：“自然是生命之母，人与自然是生命共同体，人类必须敬畏自然、尊重自然、顺应自然、保护自然。”[1]这样，在科学认识自然的基础上敬畏自然就成为正确处理人与自然关系的伦理法则。敬畏自然就是要在听命自然和征服自然之间维持一种必要的张力，在承认和尊重自然的系统价值的基础上，将人与自然的关系纳入道德规范和评价体系当中，善待生命。一种行为，当其有助于维护生命共同体的多样性、系统性、稳定性时，就是善的（道德的）；反之，就是恶的（不道德的）。敬畏生命和善待生命是敬畏自然的题中之义和内在要求。因此，我们亟须将“不得虐待野生动物”的要求提升到“敬畏生命和善待生命”的伦理高度。

坚持生态共享的理念。野生动物的可持续存在所具有的系统价值是生态系统和生命共同体可持续存在的基础，是保证全体人民生命安全和身体健康的共同财富，由此形成的生态产品和生态服务理应为大家共享。联合国《生物多样性公约》提出，“认识到许多体现传统生活方式的土著和地方社区同生物资源有着密切和传统的依存关系，应公平分享从利用与保护生物资源及持久使用其组成部分有关的传统知识、创新和做法而产生的惠益”[2]。《中华人民共和国野生动物保护法》明确规定了野

---

1 习近平：《论坚持人与自然和谐共生》，北京：中央文献出版社，2022 年版，第 225 页。

2 《生物多样性公约》，《迈向 21 世纪——联合国环境与发展大会文献汇编》，中国环境报社编译，北京：中国环境科学出版社，1992 年版，第 52 页。

生动物的国家所有性质和野生动物保护的公益事业性质。但是，我国在野生动物利用收益方面还存在着较为严重的配置不公的问题。非法捕杀和买卖野生动物为一些亡命之徒带来了暴利，但并未对国家生态安全和生物安全作出补偿，甚至引发了疾病传播和公共卫生风险事件。因此，我们必须牢固树立生态共享的科学理念。习近平总书记提出："共享发展就要共享国家经济、政治、文化、社会、生态各方面建设成果，全面保障人民在各方面的合法权益。"[1]显然，全面共享要求生态共享，生态共享是全面共享的表现和表征。当然，我们也不能以共享开发和利用野生动物的经济收益为借口来大肆捕杀和买卖野生动物，我们强调的生态共享是要保证全体人民能够从野生动物的可持续生存中获得审美愉悦和保持身心健康。

在将上述理念纳入野生动物保护法的基础上，我们也应该按照上述理念进一步完善《中华人民共和国生物安全法》《中华人民共和国传染病防治法》《中华人民共和国动物防疫法》《中华人民共和国进出境动植物检疫法》《中华人民共和国陆生野生动物保护实施条例》《中华人民共和国水生野生动物保护实施条例》《最高人民法院关于审理破坏野生动物资源刑事案件具体应用法律若干问题的解释》等法律法规和司法解释；同时，要按照上述理念研究制定生态安全法、环境与健康法、生

1 习近平：《论把握新发展阶段、贯彻新发展理念、构建新发展格局》，北京：中央文献出版社，2021 年版，第 96 页。

态与健康法等法律。

二、推进野生动物保护的严格执法

法律的生命力在于规范实施和严格执行。《中华人民共和国野生动物保护法》明确提出，“国家对野生动物实行保护优先、规范利用、严格监管的原则”[1]。但在现实中，野生动物保护和利用的领域之所以会出现一系列乱象，从而危害人民群众的生命安全和身体健康，很大程度上同执法失之于宽、失之于松有很密切的关系。因此，必须全面推进野生动物保护领域的严格执法。

1．扩展野生动物保护和禁止利用野生动物的法律范围

在野生动物保护的范围和禁止利用野生动物的范围方面，我国现行法律适用的范围较为有限，亟须进一步扩展。

根据《中华人民共和国野生动物保护法》，我国保护的野生动物主要包括以下两种类型：一是珍贵、濒危的陆生、水生野生动物；二是具有重要生态、科学、社会价值的陆生野生动物。很明显，这一规定存在着范围有限的问题。

就前者来看，一些不属于珍贵、濒危野生动物的动物物种，有可能是细菌、病毒、寄生虫的宿主或者中间宿主。当这些野生动物身上的细菌、病毒、寄生虫由于自然的或者人为的原因

1 《中华人民共和国野生动物保护法》，中国人大网（http：//www.npc.gov.cn/npc/c12435/201811/f4d2b7a3024b41ee8ea0ce54ac117daa.shtml）

传播到人群中，就可能会引发疾病甚至公共卫生风险事件。因此，应将这类野生动物也纳入保护范围中。

就后者来看，又可能存在着两个方面的问题。一是可能会将具有其他价值的野生动物排除在保护范围之外。在这个问题上，联合国《生物多样性公约》明确要求，要意识到生物多样性及其组成部分具有的生态、遗传、社会、经济、科学、教育、文化、娱乐和美学价值。[1]“生态价值”“科学价值”“社会价值”不能包括和指代这些系统价值。如果这些系统价值丧失，不仅会影响到生物安全和生态安全，而且会影响到人类的生命安全和身体健康。因此，应该考虑将具有这些系统价值的野生动物纳入保护范围中。二是“社会价值”有可能被简化或降解为经济价值，这样，就有可能出现以社会价值为名的捕杀、出售、购买、消费野生动物的违法乱纪现象，对生物多样性和生态安全造成破坏，对人类的安全和健康造成威胁，甚至引发公共卫生风险。因此，我们必须将“社会价值”细化和具化为系统价值。

就禁止的范围来看，《中华人民共和国野生动物保护法》第二十一条明确规定，“禁止猎捕、杀害国家重点保护野生动物”，但又指出，“因科学研究、种群调控、疫源疫病监测或者其他特殊情况”可以向野生动物保护主管部门申请特许猎捕证进

1 《生物多样性公约》《迈向21世纪——联合国环境与发展大会文献汇编》，中国环境报社编译，北京：中国环境科学出版社，1992年版，第52页。

行猎捕。[1]这里关于“其他特殊情况”的规定存在宽松的问题，可能为乱捕滥杀野生动物留下余地和借口，因此，需要将之细化甚至完全取消。

就“捕猎”和“杀害”的情况来看，美国《濒危物种法》第九条禁止任何人捕杀美国境内的濒危鱼类或者其他野生动物。“捕杀”被定义为不仅包括狩猎，而且包括骚扰、伤害、捕捉或者试图作出上述行为。相比之下，我国对“猎捕”和“杀害”的规定过于宽松，因此，应该考虑借鉴美国的上述规定。同时，《中华人民共和国野生动物保护法》第二十七条明确规定，“禁止出售、购买、利用国家重点保护野生动物及其制品”，但是，“因科学研究、人工繁育、公众展示展演、文物保护或者其他特殊情况”，经过野生动物保护主管部门批准后，可以取得和使用专用标识来出售、购买、利用国家重点保护野生动物及其制品。[2]显然，“公众展示展演、文物保护或者其他特殊情况”与野生动物保护毫无关系，不仅失之于宽松，而且为商业利用野生动物留下了余地和借口。因此，我们建议从《中华人民共和国野生动物保护法》中删除“公众展示展演、文物保护或者其他特殊情况”等内容规定。

总之，根据生态安全的发展态势，国家应该扩展国家重点

1 《中华人民共和国野生动物保护法》，中国人大网（http：//www.npc.gov.cn/npc/c12435/201811/f4d2b7a3024b41ee8ea0ce54ac117daa.shtml）

2 《中华人民共和国野生动物保护法》，中国人大网（http：//www.npc.gov.cn/npc/c12435/201811/f4d2b7a3024b41ee8ea0ce54ac117daa.shtml）

保护野生动物名录，扩展限制国内外贸易野生动物及其制品名录。在我国已经彻底告别物质短缺和食品短缺的情况下，出于维护国家总体安全和公共卫生安全的考虑，我们甚至可以考虑将所有的野生动物都纳入保护范围中，完全取缔除安全可靠的人工驯养繁育野生动物之外的野生动物或者其制品的贸易。

2．覆盖野生动物保护执法的全部法律对象和法律领域

我国涉及野生动物的保护、研究、驯养、生产、销售、流通、消费等环节都不同程度地存在着这样或那样的问题，都存在着导致生态风险，进而引发健康风险的问题，因此，必须实现野生动物保护执法对象和领域的全覆盖。

从自然保护领域来看，现在亟须扩展保护范围。在这方面，美国环保人士开始尝试通过申请程序迫使渔猎局增补更多受保护的物种。在遵守《中华人民共和国野生动物保护法》的原则和机制的基础上，我国也应该向公众开放这一领域，允许科技教育人员、自然保护人员等社会各界人士提出增补保护野生动物的名单。同时，在生态文明制度创新和体制改革的过程中，我国已经建立了国家公园体制，并设立了相应的国家公园行政管理机构，建立了东北虎、大熊猫等国家重点保护野生动物的国家公园。但是，根据目前野生动物保护的趋势，还需进一步增加野生动物保护方面的国家公园。按照中共中央办公厅和国务院办公厅印发的《建立国家公园体制总体方案》，在国家公园中，必须严厉打击偷捕盗猎野生动物的违法犯罪行为。但是，现在偷捕盗猎野生动物的行为仍然时有发生，因此，当下必须将依法严厉打击和坚决取缔偷捕盗猎野生动物的行为作为执法重点。

从科学研究方面来看，出于科学研究和社会公益的目的，我国的一些科研机构经过国家野生动物保护行政主管部门批准后，可以从事相关的野生动物的科学实验和科学研究。这些实验和研究一般符合生物安全和生态安全的规定和流程。出于维护生态安全和公共卫生安全的考虑，当下在执法检查中，必须注意科研机构的科研伦理和社会公信的问题。重点包括：一是作为实验和研究对象的野生动物来源的合法性问题，即严格检查是否存在非法来源的情况；二是在实验和研究的过程中对待野生动物的生物伦理和生态伦理的问题，即严格检查是否存在虐待和滥杀野生动物的现象；三是在实验和研究结束之后淘汰的野生动物的流向和处置的问题。

从驯养繁育方面来看，出于保护基因和物种可持续性的目的，经过法定程序，国家支持有关科学研究机构人工繁育国家重点保护野生动物。在这方面，执法检查的重点应是：一是在有必要采用野外种源进行驯养繁育时是否按照《中华人民共和国野生动物保护法》进行，是否存在非法采集的问题，是否存在影响和破坏基因和物种可持续性的现象。二是在驯养繁育中是否存在虐待和滥杀野生动物的行为，是否符合技术标准和防疫检疫要求，是否遵守和符合相关的生物伦理和生态伦理。三是在驯养繁育后形成的子代是否能够确保基因和物种的可持续性，是否存在生态风险和健康风险。四是在编制人工繁育技术成熟稳定后的国家重点保护野生动物名录时，列入名录的野生动物及其制品进入流通和市场环节是否有严格的防疫检疫，是否存在生态风险和公共卫生安全风险。

从生产方面来看，为了有效维护人民群众健康，国家必须严格禁止以野生动物为生产加工对象和原料的相关生产和经营行为。重点应该检查与野生动物利用相关的药品和食品的生产和餐饮行业是否遵守《中华人民共和国野生动物保护法》，是否遵循可持续发展的原则。当然，在常规情况下，在药品生产和食品生产的原料来源上，在确保基因和物种可持续的前提下，可以使用人工繁育技术成熟稳定后的野生动物及其制品；在不能确保野生动物基因和物种可持续性的情况下，也应该将人工替代作为发展方向。但是，在人工替代时，必须避免基因污染，必须通过严格的生物安全评估和生态安全评估，必须经过严格的防疫检疫，必须防范和避免任何形式的生态风险和公共卫生安全风险。

在销售和流通方面，国家也必须严格禁止野生动物以任何形式进入销售和流通环节。同时，必须严格检查是否严格遵守《中华人民共和国野生动物保护法》第十五条第三款的规定，严格“禁止以野生动物收容救护为名买卖野生动物及其制品”[1]。对违反者尤其是枉顾生态安全和公共卫生安全牟取暴利者，必须依法严惩。待新型冠状病毒肺炎疫情阻击战胜利之后，在经过严格的安全评估和防疫检疫的程序之后，再讨论相关的销售和流通问题。一般原则是，在保证基因和物种可持续的前提下，经过防疫检疫程序，在确保生态安全和人体安全的基础上，人工繁育技术成熟稳定后的野生动物及其制品可以进入销售和流通环节，可以进入餐馆。但是，必须严格禁止国家重点保护野生动物进入销售和流通环节、进入餐馆。

在消费环节，国家必须严格禁止消费者食用以野生动物为原料的食品，必须严格禁止食用“野味”。目前，必须将食用野味作为执法检查的重点。在后疫情时代，在不违反可持续性原则的前提下，为了保证食物来源的多样性和人体健康，可以允许消费者食用人工繁育技术成熟稳定后、经过严格的安全评估和防疫检疫的野生动物及其制品。

总之，我们必须对涉及野生动物的保护、研究、驯养、生产、销售、流通、消费等环节实行全过程的监管，严格执法，筑起保护野生动物、维护生态安全和人体健康的铜墙铁壁。

3. 扩展野生动物保护执法的法律主体和法律部门

《中华人民共和国野生动物保护法》指出，国务院林业草原、渔业主管部门分别主管全国陆生、水生野生动物保护工作，

---

1 《中华人民共和国野生动物保护法》，中国人大网（http：//www.npc.gov.cn/npc/c12435/201811/f4d2b7a3024b41ee8ea0ce54ac117daa.shtml）

即国务院林业草原、渔业主管部门为野生动物保护执法的主体。但是，在这方面仍然存在着一些亟待优化的问题。

目前，由于一些公共卫生事件涉及人与野生动物的关系、涉及人与野生动物的安全和健康的问题，因此，野生动物保护主管部门在加强日常执法的基础上，必须加强与公安部门、生态环境部门、自然资源部门、应急管理部门、市场监管部门、卫生防疫部门、动植物检疫部门等部门的联合执法，坚决取缔和严厉打击非法捕猎和滥杀野生动物的行为，严厉打击破坏和毁坏野生动物栖息地、自然保护区、国家公园的行为，坚决取缔和严厉打击非法野生动物的研究、驯养和繁育、生产和加工、流通和销售、制作和食用的行为，坚决取缔和严厉打击非法跨境野生动物贸易的行为，坚决取缔和严厉打击非法输出我国野生动物的行为，坚决取缔和严厉打击非法输入外来野生动物物种，尤其是外来有害野生动物物种的行为。

在此基础上，国家应该允许和授权社会团体和公民个人参与野生动物保护执法。《中华人民共和国野生动物保护法》第六条明确规定，任何组织和个人都有保护野生动物及其栖息地的义务，都有权向有关部门和机关举报或者控告违反本法的行为。[1]美国的《濒危物种法》同时授予了私人执法权。美国渔猎局关于该法的实施规则规定，如果联邦政府行为可能影响濒危

1 《中华人民共和国野生动物保护法》，中国人大网（http：//www.npc.gov.cn/npc/c12435/201811/f4d2b7a3024b41ee8ea0ce54ac117daa.shtml）

物种或者其主要栖息地时，必须启动咨询程序。据此，除了相关的政府部门之外，我们也应该考虑扩展野生动物保护执法的主体，至少应该允许野生动物行政主管部门之外的社会主体参与野生动物保护执法，不仅要允许工会、共青团、妇联等人民团体参与执法，而且要允许自然保护团体、环境保护团体等社会团体参与执法。这样，才能强化野生动物保护执法的效力。

从野生动物保护主管部门的行政体制改革来看，仍然存在进一步改进的空间。就国家林业和草原局的情况来看，“林业”属于经济的范畴，“草原”属于生态的范畴。从农业农村部的渔业渔政管理局来看，“渔业”也属于经济的范畴。众所周知，作为国民经济第一部门的农业分为农（狭义的农业，即种植业）、林、牧、副、渔五业。现在，由“林业”和“渔业”行政部门主管野生动物保护工作，难免会带有较为严重的经济色彩，不仅难以平衡野生动物保护和利用之间的矛盾，甚至可能导致行政和市场双重失效的可能。这可能也是《中华人民共和国野生动物保护法》内在关系紧张的重要原因。因此，基于“山水林田湖草是生命共同体”的科学理念，出于从整体上加强生态保护的考虑，在未来的行政体制改革中，在坚持大部门制的前提下，国家林业和草原局可以改革为“国家森林和草原局”，将林业管理的经济职能划归农业经济部门。条件成熟时，可以在合并国家管理森林、草原、鱼类等行政部门的基础上成立国家生态安全部，在现在的生态文明行政体制格局的基础上形成新的生态文明行政体制格局。

总之，为了切实维护生物安全和生态安全、切实保障人民的生命安全和身体健康，在加强野生动物保护行政主管部门执法权威的基础上，应该允许各种合法社会主体参与执法。

三、推进野生动物保护的公正司法

尽管《中华人民共和国野生动物保护法》第四章“法律责任”部分已经明确规定了违反该法各种行为责任者的法律责任，并明确由国家野生动物保护主管部门负责相关法律责任的落实，但是，目前的执法手段只限于单纯的行政处罚，而且处罚力度较轻。尽管在《中华人民共和国刑法》第三百四十一条中，列入了“非法猎捕、杀害珍贵、濒危野生动物罪”和“非法收购、运输、出售珍贵、濒危野生动物，珍贵、濒危野生动物制品罪”两条罪名，但是，只有具有严重情节者才构成犯罪。例如，在非法收购、运输、出售珍贵、濒危野生动物制品方面，只有价值在 10 万元以上或者非法获利 5 万元以上者才被认定为“情节严重”。处罚力度过轻，可能是非法猎捕、贩卖、加工、食用野生动物的现象屡禁不止的重要原因。因此，必须加强野生动物保护的司法工作。

对于政法委员会来说，应该从总体上领导和指导野生动物保护方面的政法工作。一是应该按照党的路线、方针、政策，推动将习近平生态文明思想落实在《中华人民共和国野生动物保护法》当中，成为该法的依据和理念。二是应该加强与野生动物保护相关的政法机构和政法队伍的建设，推动公检法开展野生动物保护方面的司法工作。目前，应该组织政法系统积极完善野生动物保护司法，通过在法律上阻止猎捕、杀害、贩卖野生动物及其制品的犯罪行为，维护国家的生物安全和生态安全，维护国家的公共卫生安全，维护人民群众的生命安全和身体健康。同时，要妥善处理公共卫生风险事件引发和有可能引发的治安事件，将维护人民群众权益与维护社会稳定统一起来。

对于公安部门来说，必须依法严厉打击涉及野生动物保护的违法犯罪活动。在我国，森林公安是具有武装性质的兼有行政执法和刑事执法双重职能的专门保护森林和野生动植物资源、保护生态安全、维护林区社会治安的重要力量。2001 年 5 月 9 日，国家林业局和公安部联合发布《关于森林和陆生野生动物刑事案件管辖及立案标准》。2019 年 12 月 30 日，根据中央机构改革的有关决定，森林公安整体划转到公安部实行统一领导管理，业务上仍然接受林草部门的指导。按照中央要求和相关法律规定，森林公安职能保持不变，保护野生动物仍然是其主要职责之一。因此，公安系统应重点加强森林公安机构和森林公安队伍建设，尤其是要不断强化森林公安的野生动物保护的执法职能和执法权威。2020 年 1 月底，公安部下发紧急通知，要求公安系统依法严厉打击涉及野生动物保护的违法犯罪活动。当下，各级公安机关要联合相关部门，加强对辖区内的市场、餐饮等各类野生动物经营场所和网络销售情况的监督检查和清理整治，重点检查是否存在违法经营野生动物及其制品的情况，并现场督促经营主体依法依规经营和整改，坚决杜绝有可能引发公共卫生事件的病毒从野生动物交易途径传播到人群，确保生态安全和公共卫生安全。

对于检察系统来说，要积极探索拓展野生动物保护领域公益诉讼。2020 年 1 月 27 日，最高人民检察院下发《关于认真贯彻落实中央疫情防控部署坚决做好检察机关疫情防控工作的通知》（以下简称《通知》)。《通知》要求各级检察机关要结合公益诉讼检察职能，严惩非法捕猎国家保护的野生动物的行为，注意发现野生动物保护中存在的监管漏洞，积极稳妥探索拓展野生动物保护领域的公益诉讼，积极开展源头防控。借鉴我国环境公益诉讼的经验，应将公益诉讼的内容明确写入我国野生动物保护法中。同时，要做好相关的公益诉讼工作：一是公益诉讼的范围应该覆盖行政公益诉讼、刑事公益诉讼、民事公益诉讼等领域；二是公益诉讼的主体适格应该放宽，允许一切法律主体，尤其是人民团体、社会团体、律师界、新闻界开展野生动物保护领域的公益诉讼；三是公益诉讼的秩序应该通过缴纳保证金的方式来实现，以此来避免恶意诉讼。

对于法院系统来说，要加强涉及野生动物保护法律案件的审理和审判工作。2000 年 11 月 27 日，最高人民法院发布《最高人民法院关于审理破坏野生动物资源刑事案件具体应用法律若干问题的解释》。2014 年 6 月，最高人民法院设立环境资源审判庭。目前，法院工作的重点应该包括：一是进一步建立和完善环境资源审判庭，尤其是地方各级法院未设立资源环境法庭者都应该建立相关机构；二是明确将审理和审判涉及野生动物保护法的法律案件归入资源环境法庭工作的范围当中，加强对涉及野生动物保护案件的专业审理和审判；三是资源环境法庭要加大资源环境公益诉讼的审判工作力度，加强野生动物保护方面的公益诉讼。

总之，只有加强野生动物保护领域的司法工作，集中依法打击和依法查处违反野生动物保护法的大案要案，坚决摧毁跨区域犯罪团伙，积极稳妥开展野生动物保护领域的公益诉讼，切断相关细菌、病毒、寄生虫传播源头，才能为有效控制重大公共卫生安全风险提供强有力的司法保障和司法支持。

四、推进野生动物保护的全民守法

法律只有转化为人们的内心信仰和自觉行为，才能发挥作用。围绕严格执行野生动物保护法，我们必须推动全民知法、信法、守法。这应该包括一切社会主体。

对于各级政府及其相关工作部门来说，要严格对照《中华人民共和国野生动物保护法》第四条和第八条，加强野生动物保护的宣传教育和科学知识普及工作，鼓励和支持社会各界开展野生动物保护法律法规和保护知识的宣传活动。教育系统应当加强野生动物保护知识教育。公共媒体应当开展野生动物保护法律法规和保护知识的宣传普及，并加强对违法行为的舆论监督。在此基础上，应将依法治国和以德治国统一起来，坚持用社会主义核心价值体系和社会主义核心价值观引领野生动物保护工作，利用现代传播手段，以人民群众喜闻乐见的形式，加强涉及野生动物保护的伦理道德教育，为贯彻和落实《中华人民共和国野生动物保护法》营造良好的社会氛围。这样，才能培育好公民保护野生动物的意识。因此，有必要将加强野生动物保护伦理道德教育和宣传的内容写入野生动物保护法当中。

对于一般企业来说，应该严格遵守《中华人民共和国野生动物保护法》，科学防范和避免企业生产和经营活动有可能对野生动物造成的危害和伤害，将劳动保护、环境保护、生态保护统一起来，实现生态效益、经济效益、社会效益的统一。

对于直接从事野生动物保护相关工作的企事业单位来说，在严格遵守《中华人民共和国野生动物保护法》的基础上，必须进一步严格落实保护野生动物的岗位职责，科学制定和严格执行野生动物保护的生物伦理准则和生态伦理准则。

对于社会团体，尤其是从事野生动物保护的团体来说，要按照《中华人民共和国野生动物保护法》的相关规定，积极开展保护野生动物的捐赠、资助、志愿服务活动，积极开展保护野生动物的宣传、教育、普及活动，积极开展举报或者控告违反《中华人民共和国野生动物保护法》的违法犯罪活动，大力支持和积极推动野生动物保护公益事业的发展。同时，要自觉接受社会的监督和批评，不能以保护野生动物为幌子从事营利活动，全力避免野生动物保护领域的社会失灵或志愿失灵。

对于所有公民个体来说，既要严格遵守《中华人民共和国野生动物保护法》，又要对照《中华人民共和国野生动物保护法》第五条和第六条，积极参与野生动物保护公益事业。关键是，全体公民要养成科学而自觉的“敬畏生命和善待生命”的生态伦理意识。一是要努力做到“不杀生”。除非野生动物危及自己和他人的生命，否则我们都要远离猎捕、杀害野生动物的活动，要维持野生动物种群的可持续性。二是要努力做到“不食生”。不能为了满足个人的口腹之欲，食用野生动物及其制品（食品和药品），要遵循“君子远庖厨”之道，形成可持续的饮食习惯。三是要做到“不穿生”和“不用生”。不能为了满足个人炫耀性消费的需要，穿用动物皮草，尤其是野生动物皮草，使用象牙等野生动物制作的首饰和装饰品，要抵制封建腐朽文化和资本主义高消费文化，形成可持续的生活习惯。四是要努力做到“不放生”。要严格遵守《中华人民共和国野生动物保护法》第三十八条，不能为了个人的精神慰藉需要、赎罪心理需要、甚至是宗教目的，随意放生动物，尤其是来历不明的动物和外来的动物。

只有全社会都动员起来、行动起来，形成遵守野生动物保护法的良好社会风气，才能让“人道”和“兽道”各归其位，人和野生动物相安无事。

总之，我们要在党的领导下，严格执行《中华人民共和国野生动物保护法》，坚持科学立法、严格执法、公正司法、全民守法的统一，从源头上切断细菌、病毒、寄生虫的传播，从而有效保护国家生态安全、公共卫生安全和人民身体健康，促进我国生态文明建设和卫生健康工作的协调发展，使“美丽中国”和“健康中国”相得益彰。

第四节 健全野生动物保护法的全民行动体系

由于人与自然是生命共同体，当人类不当对待野生动物时，病毒从野生动物传播到人类身上，就会引发公共卫生风险事件。习近平总书记指出：“要抓紧修订完善野生动物保护法律法规，健全执法管理体制及职责，坚决取缔和严厉打击非法野生动物市场和贸易，从源头上防控重大公共卫生风险。”[1] 由于公民个体是社会的微观基础，因此，修订完善和严格执行野生动物保护法律法规必须形成公众参与的局面。中共中央办公厅、国务院办公厅印发的《关于构建现代环境

1 中共中央党史和文献研究院编：《习近平关于统筹疫情防控和经济社会发展重要论述选编》，北京：中央文献出版社，2020 年版，第 50 页。

治理体系的指导意见》（以下简称《意见》）提出，为了切实推进环境治理，必须构建党委领导、政府主导、企业主体、社会组织和公众共同参与的现代环境治理体系。同时，《意见》提出了建立健全环境治理的全民行动体系的要求。[1]全民行动体系是公众参与的制度平台和制度支撑。据此，我们也亟须构筑和健全野生动物保护法的全民行动体系，促进公众参与野生动物保护。

一、公众参与野生动物保护的科学理念

构筑和健全野生动物保护法的全民行动体系，首先要求全体公民必须按照野生动物保护法的立法目的，严格遵守野生动物保护法，积极投身于野生动物保护事业当中。立法目的是立法的科学理念和依据。《中华人民共和国野生动物保护法》第一条开宗明义地指出，“为了保护野生动物，拯救珍贵、濒危野生动物，维护生物多样性和生态平衡，推进生态文明建设，制定本法”。以习近平生态文明思想为指导，结合这一条，全体公民应牢固树立以下科学理念。

1. 生命共同体的理念

自然是一切生命的源头，人类是自然进化的产物。“人与自然是命运共同体。我们要同心协力，抓紧行动，在发展中保

1 中共中央办公厅、国务院办公厅印发《关于构建现代环境治理体系的指导意见》，《人民日报》2020 年 3 月 4 日第 1 版。

护，在保护中发展，共建万物和谐的美丽家园”[1]。只有维持人与自然之间物质交换的正常进行，人类才能生存、生产、生活。这样，人与自然就构成一个生命共同体。在这个有机整体中，人和野生动物都是自然进化的产物，都是自然系统的组成部分。即使是一些“有害”的野生动物，也参与了自然进化，也有益于自然系统。例如，正是一些“有害”的腐蚀者的存在，人类才免除了自己的排泄物和废弃物的包围，才能正常地生存和发展。

2. 生态安全的理念

生态安全是指生态系统的多样性、系统性、稳定性的状态和水平。如果人类按照自然界既存的结构和方式对待自然、对待野生动物，那么，人类生命无虞。如果人类扰乱了自然界既存的秩序而没有补救和修复措施的话，那么，就会导致生态风险，最终会影响到人类生命安全和身体健康。野生动物既关乎自然的生态安全，也关乎人类的生命安全。现在，全球化和新科技革命加剧了生态风险。因此，人类必须维护生态安全。

3. 敬仰生命的理念

心存敬畏，行有所止。由于人与自然是一个生命共同体，生物安全、生态安全影响着人类的生命安全和身体健康，因此，人类对待自然、对待野生动物应该心存敬畏。2018 年 5 月，

1 习近平：《论坚持人与自然和谐共生》，北京：中央文献出版社，2022 年版，第 260 页。

习近平总书记在纪念马克思诞辰200周年大会上提出了“敬畏自然”的理念。2020年9月，他在全国抗击新冠肺炎疫情表彰大会上提出了“对生命的敬佑”和“敬仰生命”的理念[1]。2022年1月，他在考察山西省时提出，要“敬畏生态”[2]。敬畏自然和敬畏生态就是对自然规律的遵从，对自然灾害的防范，对自然崇高的惊诧。敬仰生命是其题中之义和内在要求，是对生命的热爱、敬佑、敬畏的感情和意识。这同样是生态伦理学的要求。

4．生态健康的理念

人类健康既取决于人与自身的平衡与和谐，也取决于人与自然的平衡与和谐。良好的自然生态环境是人类健康的基本保证，恶劣的自然生态环境是导致疾病丛生的重要原因。因此，人类应该树立生态健康的理念。生态健康就是要在维护生态安全的前提下维护人类的生命安全和身体健康。由于自然环境中存有会危及人类健康的细菌、病毒、寄生虫，人类不当对待野生动物会引发疾病和疫情，因此，野生动物是影响生态健康的重要因素。只有保持人与野生动物和谐相处，各守其道，才能保持人类健康。生态健康应该成为重要的生态伦理理念。

为了提升其立法水平和执法效率，国家和政府应该将上述

---

1 中共中央党史和文献研究院编：《习近平关于统筹疫情防控和经济社会发展重要论述选编》，北京：中央文献出版社，2020年版，第6、10页。

2 《习近平春节前夕赴山西看望慰问基层干部群众 向全国各族人民致以美好的新春祝福 祝各族人民幸福安康 祝伟大祖国繁荣富强》，《人民日报》2022年1月28日第1版。

理念引入野生动物保护法当中，进一步完善野生动物保护法的科学理念和立法目的，这样，可以引导全体公民科学处理与野生动物的关系，积极投身到野生动物保护事业当中。全体公民应该牢固树立以上科学理念并用以规范自己的行为，这样，我们才能在真正保护野生动物的基础上，有效地呵护人类的生命安全和身体健康。

二、公众参与野生动物保护的行为规范

只有将法律规定转化为公民的行为规范，才能有效约束和引导公民行为。现在，我们亟须将野生动物保护法中的条款转化为公民的行为准则和评价标准。

1. 否定性行为规范

在现代法治社会中，法律禁止的事项是公民行为的底线和红线。这些底线和红线在伦理上表述为弃恶性原则，在逻辑上表述为否定性价值判断。我国《中华人民共和国野生动物保护法》明确规定：禁止违法猎捕野生动物、破坏野生动物栖息地，禁止猎捕、杀害国家重点保护野生动物，禁止出售、购买、利用国家重点保护野生动物及其制品等。目前，必须将之与公民个人日常生活结合起来，进一步扩大保护对象的范围。除了不食用野生动物食品、不穿戴野生动物皮草、不使用野生动物制品之外，我们亟须形成以下行为规范：第一，“不杀生”。面对生物多样性日益丧失及其造成的风险，必须严格禁止一切捕

猎、杀害野生动物的行为。当然，这一切以野生动物不伤人为前提。只有在野生动物种群超过环境承载力的时候，经过科学评估，专业工作者才可以从事捕猎活动。捕获物只能用于社会公益事业。第二，“不放生”。为了维护野生动物种群平衡和生态平衡，个人不能随意放生，尤其是来源不明物种和外来物种。只有在出现影响生物种群可持续性的情况下，经过科学评估，专业工作者才能从事放生增殖活动。放生增殖物种不能造成生态风险。现在，“随意杀生”和“随意放生”是两种严重的日常陋习，影响生态安全和生命安全，因此，必须大力倡导和践行“不杀生”和“不放生”。

2．肯定性行为规范

只有人们弃恶从善，社会才能正常运行。法律上倡导的行为自然是社会上褒扬的行为。这在伦理上表现为从善性原则，在逻辑上表述为肯定性价值判断。我国《中华人民共和国野生动物保护法》第六条明确提出，“任何组织和个人都有保护野生动物及其栖息地的义务”。这不仅是法律赋予公民的义务，而且是公民的伦理责任。境外有“野生动物保育”的说法。保育具有保护、复育、管护等含义和要求，对公民提出了更为严格和周全的法律义务和道德责任。借鉴这一经验，我们可以将第六条具体化为“要护生”和“要爱生”两项肯定性行为规范。事实上，包括野生动物在内的自然具有系统价值，不仅维系着人类的生存和发展，而且构成了人类的科学、道德和艺术的对象，影响着人类真善美的价值判断。在马克思看来，自然是人的另外一个身体，人类应该在自然界实现人道主义，按照美的规律对待自然界。因此，我们不仅要为了功利主义的目的保护野生动物（“护生”），而且要为了伦理超越和美学欣赏的目的爱护野生动物（“爱生”）。

唯此，才可以实现《中华人民共和国野生动物保护法》第四条提出的如下目标：“国家对野生动物实行保护优先、规范利用、严格监管的原则，鼓励开展野生动物科学研究，培育公民保护野生动物的意识，促进人与自然和谐发展”。[1]这样，“促进人与自然和谐发展”就成为对待野生动物的选择性行为规范。即，实现人与自然的和谐发展是野生动物保护的最终目的。

三、公众参与野生动物保护的权益保障

责权利是难以分割的整体。由于野生动物资源属于国家所有，野生动物保护事业属于社会公益事业，因此，在强调公民保护野生动物的责任和义务的同时，也应该在野生动物保护事务上赋权普通公民，保障其相关权益。习近平总书记指出，必须“把群众路线贯彻到治国理政的全部活动之中”[2]，坚持科学决策、民主决策、依法决策；必须切实保障人民当家做主的权

1 《中华人民共和国野生动物保护法》，中国人大网（http：//www.npc.gov.cn/npc/c12435/201811/f4d2b7a3024b41ee8ea0ce54ac117daa.shtml）。

2 习近平：《论中国共产党的历史》，北京：中央文献出版社，2021 年版，第 61 页。

利，切实“保障人民知情权、参与权、表达权、监督权”[1]。1972年，联合国《人类环境宣言》声明，“人类有权在一种能够过尊严和福利的生活的环境中，享有自由、平等和充足的生活条件的基本权利，并且负有保护和改善这一代和将来的世世代代的环境的庄严责任”。[2]因此，我们必须将“环境权”或“生态环境权益”的理念引入野生动物保护当中，在野生动物保护事务上切实保障公民的如下权益。

1. 知情权

全体公民有权了解政府关于野生动物及其栖息地保护的政务信息，有权了解从事野生动物科学研究、人工繁育的企事业单位的相关信息，有权了解人工驯养野生动物的保护、驯养及其产品的生产、销售和流通、消费等信息，上述责任者必须对信息的真实性负责。政府必须推动上述信息公开。尤其是当不当对待野生动物引发生态风险和公共卫生风险时，政府更应该坚持信息公开。这样，才能从源头上明确责任，避免造谣生事，保持社会稳定。

2. 建言献策权

对于共产党领导下的社会主义政权来说，应该将马克思主义群众观点和党的群众路线运用在野生动物保护事务上，推动

1 习近平：《决胜全面建成小康社会　夺取新时代中国特色社会主义伟大胜利——在中国共产党第十九次全国代表大会上的报告》，《人民日报》2017 年 10 月 28 日第 1 版。

2 《人类环境宣言》，《迈向 21 世纪——联合国环境与发展大会文献汇编》，中国环境报社编译，北京：中国环境科学出版社，1992 年版，第 157 页。

决策的民主化。因此，我们必须在法律上明文规定：在涉及国家和政府有关野生动物保护的决策问题上，全体公民有建言献策的权利，有全程参与决策的权利。政府，尤其是政府野生动物保护行政主管部门必须广开言路，虚心听取群众的不同意见，能够及时有效地将公民合理性建议转化为保护野生动物的实质性政策。

3. 参与权

在授权政府部门执法权的同时，美国的《濒危物种法》也授权私人执法。对于人民当家做主的社会主义政权来说，必须在法律上明文规定：全体公民有权参与野生动物保护事业，有权参与野生动物保护执法，政府必须保障公民的这种权利。尤其是当不当对待野生动物引发生态风险和公共卫生风险时，更应该赋权全体公民参与野生动物保护执法。

4. 表达权

全体公民具有评议国家野生动物保护政策和法律的权利，具有表达不同意见甚至是反对意见的权利。国家应该放宽公民表达的途径。尤其是当不当对待野生动物引发生态风险和公共卫生风险时，更应该赋权公民表达对国家相关政策和法律评议的权利。这样，才能在体制内消化和吸收潜在的不稳定因素，及时调节和完善相关政策和法律，化险为夷。

5. 监督权

人民群众是国家的主人，全体公民有监督国家行政部门野生动物保护执法的权利，尤其是监督相关部门在野生动物保护上不作为和乱作为的权利，有检举和控告违反野生动物保护法导致的生态风险和公共卫生风险事件和事故的权利。国家必须切实保障人民群众的监督权，国家行政部门的工作人员不能袒护违反野生动物法的责任者，更不能搞权钱交易。这样，才能有效避免市场经济条件下可能出现的政府失灵和市场失灵的问题。

因此，我们应该通过法律赋权的方式切实保障全体公民的上述权益，修订和完善野生动物保护法的相关内容。党的领导、人民当家做主、依法治国的统一，是社会主义政治文明的要求和特征。因此，全体公民必须在党的领导下、在社会主义法治的框架中张扬上述权益。

四、公众参与野生动物保护的社会选择

促进公众参与野生动物保护事业，需要调动全体公民的能动性、积极性和创造性。全社会都要支持公众参与野生动物保护。

1. 公民个体的行为选择

野生动物保护是一项普惠公平的公益事业，全体公民都有责任和义务参与野生动物保护事业。从自我向内的方面来看，全体公民都要严于律己，从我做起，将保护野生动物的要求贯

穿在衣、食、住、行、用的各个方面和各个环节。我们要努力做到保护野生动物，不破坏野生动物栖息地，不购买、不使用珍稀野生动物制品，拒食珍稀野生动物。在此基础上，应该将保护野生动物纳入绿色化生活方式当中。从社会向外的方面来看，全体公民都要勇于承担社会责任，积极参与野生动物保护活动和事业。按照《中华人民共和国野生动物保护法》第五条第二款和第六条第二款的规定，全体公民依法应该通过捐赠、资助、志愿服务等方式参与野生动物保护活动，支持野生动物保护公益事业，促进社会向善的方面发展。全体公民应该依法向有关部门和机关举报或者控告违反野生动物保护的行为，促进社会向弃恶的方向发展。这样，通过内外兼修，扬善去恶，全体公民就能够充分发挥自己在野生动物保护中的作用。

2. 党政机关的政策选择

党政机关尤其是宣传系统和教育系统，必须加强对公民野生动物保护的宣传教育。在内容上，必须加强习近平生态文明思想的学习、教育和宣传。从生态文明建设的内容来看，“绿水青山就是金山银山”的理念是习近平生态文明思想的突出成果和显著标志。习近平总书记指出：“绿水青山不仅是金山银山，也是人民群众健康的重要保障。”[1] 这就表明，包括野生动物保护在内的生态环境保护是人民群众生态健康的重要条件，

---

1 习近平：《论坚持人与自然和谐共生》，北京：中央文献出版社，2022 年版，第 148 页。

因此，保护野生动物就是保护我们的健康，维护生态安全就是维护我们的生命安全。

从生态文明建设的主体来看，“坚持建设美丽中国全民行动”是习近平生态文明思想的核心理念和基本要求之一。习近平总书记指出：“每个人都是生态环境的保护者、建设者、受益者，没有哪个人是旁观者、局外人、批评家，谁也不能只说不做、置身事外。”[1]同样，全体公民都应该成为野生动物保护的志愿者，都应该成为野生动物保护的倡导者、行动者、示范者。

在此基础上，按照《中华人民共和国野生动物保护法》第八条的规定，还应该加强野生动物保护知识教育、法律法规教育。此外，我们还应该加强生命伦理学和生态伦理学的教育，教育和引导青少年从小就学会敬畏自然、敬仰生命。

在方法上，我们应该有效利用现代传播手段和教育手段开展宣传教育，应该将家庭教育、学校教育、社会教育统一起来，应该将第一课堂教育和第二课堂教育统一起来，应该利用世界环境日、世界地球日、生物多样性日等节日集中开展宣传教育。最后，党政机关还应该注意发挥典型示范的引领作用，既要奖励对野生动物保护作出突出贡献的组织和个人，又要加强对违反野生动物保护伦理责任者的批评教育。

1 习近平：《论坚持人与自然和谐共生》，北京：中央文献出版社，2022 年版，第 12 页。

3. 社会团体的活动选择

在严格防范社会失灵的前提下，国家和政府应该促进野生动物保护团体的发展。野生动物保护团体可以从以下几个方面发挥作用：一是根据野生动物保护的具体形势，适时地向党和政府提出保护野生动物的政策和法律建议。二是针对违反《中华人民共和国野生动物保护法》的实际情况，开展相关的监督和举报工作。三是根据野生动物保护事业的需要，积极组织公众开展野生动物保护公益活动和志愿活动。四是针对违反《中华人民共和国野生动物保护法》产生的公益受损的情况，依法开展野生动物保护公益诉讼活动。就后一点来看，美国的法律形成了公民诉讼的规定。我国的环境保护法形成了环境公益诉讼的规定。因此，我国应该将野生动物保护公益诉讼的内容和要求写入《中华人民共和国野生动物保护法》当中，并且赋予野生动物保护社会团体的公益诉讼资格。此外，人民团体、中介组织在野生动物保护中都可以发挥自己的作用。新闻界和律师界可以在监督《中华人民共和国野生动物保护法》方面发挥建设性的作用。

总之，只有全社会都行动起来，才能在野生动物保护方面和执行《中华人民共和国野生动物保护法》方面形成强大的社会合力。这样，才能在有效保护野生动物的基础上，有效地维护生态安全，有效地保护我们的生命安全和身体健康。

第五节　我国爱国卫生运动守正创新的方向

爱国卫生运动是党和政府将党的群众路线运用于卫生防疫工作的伟大创举和成功实践，是相信群众、教育群众、发动群众、依靠群众、造福群众的群众性卫生防疫运动和环境保护运动，是具有中国特色的卫生防疫社会动员和环境保护社会动员，是建设“健康中国”和“美丽中国”的必然要求，具有社会文明和生态文明的双重意义和价值。2020 年 5 月 6 日，在习近平总书记的主持下，中共中央政治局常务委员会会议提出：“要坚持预防为主，创新爱国卫生运动的方式方法，推进城乡环境整治，完善公共卫生设施，大力开展健康知识普及，提倡文明健康、绿色环保的生活方式。”[1] 只有坚持守正创新的原则，发扬和光大党领导人民群众开展爱国卫生运动和疫情防控的宝贵经验，适应公共卫生发展的趋势，我们才能促进爱国卫生运动方式方法的创新（以下将爱国卫生运动简称为“爱卫运动”）。我国“爱卫运动”应该沿着以下方向发展。

一、爱国卫生运动发展的人民性方向

最初，我国的卫生防疫运动是在爱国主义的价值取向下通

1 《中共中央政治局常务委员会召开会议 听取疫情防控工作中央指导组工作汇报 研究完善常态化疫情防控体制机制》，《人民日报》2020 年 5 月 7 日第 1 版。

过群众性的环境整治来维护人民群众健康的社会运动。1952年，美帝国主义悍然在朝鲜半岛北部以及我国东北地区和华东地区投下细菌弹，严重威胁人民群众的生命健康。因此，毛泽东发出了“动员起来，讲究卫生，减少疾病，提高健康水平，粉碎敌人的细菌战争”[1]的号召。这样，一场以灭虫、消毒为重点的群众性卫生防疫运动轰轰烈烈地开展了起来。由于这场运动是在炽热的爱国主义思想指导下开展起来的，是保家卫国的一项重要政治任务，因此，我们将之命名为爱国卫生运动。这就是我国“爱卫运动”的由来。

在社会主义条件下，爱祖国和爱人民高度一致。对于马克思主义政党来说，全心全意为人民服务始终是自己的宗旨。这同样适用于卫生防疫工作。早在 1945 年，毛泽东就鲜明地指出：“应当积极地预防和医治人民的疾病，推广人民的医药卫生事业。”[2] 这样，就确立了社会主义卫生防疫事业的人民性价值取向。按照这一价值取向，中华人民共和国成立以来，尤其是改革开放以来，在党中央的领导下，我国“爱卫运动”取得了长足的进展，我国医疗卫生事业取得了巨大的进步，切实保障了人民群众的生命安全和身心健康。

“爱卫运动”是党的群众路线在卫生防疫领域的创造性实践，是以人民群众为主体的广泛社会动员。1953 年，毛泽东总

1 中共中央文献研究室编：《毛泽东著作专题摘编》(下)，北京：中央文献出版社，2003 年版，第 1655 页。

2 《毛泽东选集》第 3 卷，北京：人民出版社，1991 年版，第 1083 页。

结反对细菌战的胜利经验，提出“卫生工作与群众运动相结合”的方针，要求把以消灭“四害”（蚊子、苍蝇、老鼠和麻雀，后来用臭虫、蟑螂代替麻雀）为中心的“爱卫运动”纳入社会主义建设中。对于共产党人来说，群众观点、群众路线、群众运动、群众工作、群众作风高度统一，人民性是贯穿于其中的红线。

党的十八大以来，以习近平同志为核心的党中央创造性地提出了以人民为中心的发展思想，始终要求把党的群众路线贯彻到治国理政的全部活动当中。习近平总书记明确要求把人民群众生命安全和身体健康放在第一位。因此，在坚持爱国主义的前提下，必须将人民性确立为包括“爱卫运动”在内的整个卫生防疫工作的价值取向。在抗疫中，“生命至上”成为伟大抗疫精神的固有内涵。“在保护人民生命安全面前，我们必须不惜一切代价，我们也能够做到不惜一切代价，因为中国共产党的根本宗旨是全心全意为人民服务，我们的国家是人民当家作主的社会主义国家。”[1] “生命至上”是以人民为中心发展思想在公共卫生事业中的具体实践和科学发展。

今后，按照人民性的价值取向，我们要深入系统地推动“爱卫运动”的创新发展。

第一，按照一切为了人民群众的要求，必须将切实保障人

1 中共中央党史和文献研究院编：《习近平关于统筹疫情防控和经济社会发展重要论述选编》，北京：中央文献出版社，2020 年版，第 9 页。

民群众的生命安全和身心健康作为“爱卫运动”的出发点和落脚点，切实有效地防范和克服单纯的、片面的市场化对公共卫生领域的入侵。进而，必须将之作为卫生防疫事业的出发点和落脚点，切实有效地克服单纯的、片面的市场经济在卫生防疫领域的失灵。这样，才能确保我国医疗卫生运动和卫生防疫事业的社会主义性质和方向。

第二，按照一切依靠人民群众的要求，必须将人民群众作为“爱卫运动”的社会主体和依靠力量，充分发挥人民群众在公共卫生领域的能动性、积极性和创造性。在坚持党委领导的前提下，在发动群众的基础上，还要充分尊重专家的专业意见，充分发挥专家的专业主导作用。这样，才能确保我国“爱卫运动”和卫生防疫事业成为人民群众自我造福的运动和事业。

第三，按照从群众中来、到群众中去的要求，我们要充分听取人民群众关于卫生防疫，尤其是公共卫生的意见和建议，虚心接受人民群众的批评和监督，以此来完善卫生防疫，尤其是公共卫生政策和制度。

这样，才能在确保卫生防疫，尤其是公共卫生决策民主化的基础上确保人民群众享有公平可及、系统连续的健康服务，使医疗卫生事业，尤其是公共卫生事业成为造福人民群众的事业。

二、爱国卫生运动发展的系统化方向

在社会有机体中，公众卫生运动是卫生防疫事业的重要组成部分，卫生防疫事业是社会建设领域中的民生事业的重要组成部分，社会建设领域是社会进步事业的重要组成部分。因此，不能孤立地看待和推进公众卫生运动。

对于全面发展、全面进步的社会主义社会来说，更是如此。早在1951年9月9日，毛泽东就提醒：每年全国人民由于缺乏卫生知识和卫生工作引起疾病和死亡所遭受的各方面损失，可能超过每年全国人民所受各项自然灾荒造成的各项损失，因此，至少要将卫生工作和救灾防灾工作同等看待。因此，他要求按照统筹兼顾的方式推进“爱卫运动”和卫生防疫事业的发展。1960年，他在《把爱国卫生运动重新发动起来》中进一步提出：“把卫生工作看作孤立的一项工作是不对的。卫生工作之所以重要，是因为有利于生产，有利于工作，有利于学习，有利于改造我国人民低弱的体质，使身体康强，环境清洁，与生产大跃进，文化和技术大革命，相互结合起来。”[1] 即，卫生工作与经济工作、政治工作、文化工作、社会工作、环境保护工作具有内在的关系，必须将“爱卫运动”作为一项社会系统工程加以推进。

中国特色社会主义事业是全面发展和全面进步的事业。党的十一届三中全会以后，在坚持物质文明和精神文明两手抓的总体布局中，我们党将“讲卫生”和“环境美”作为精神文明建设的重要内容，推动“爱卫运动”进入新时期。在提出政治

1 《毛泽东文集》第8卷，北京：人民出版社，1999年版，第150页。

文明概念的基础上，总结我国抗击“非典”疫情的经验，我们党提出了构建社会主义和谐社会的战略构想，将卫生防疫事业作为社会建设的重要任务，要求开展爱国卫生运动，促进人民身心健康。这样，就形成了“四位一体”的总体布局。党的十八大将生态文明纳入了总体布局中，形成了“五位一体”的中国特色社会主义总体布局。2014 年 12 月 23 日，《国务院关于进一步加强新时期爱国卫生工作的意见》提出，爱国卫生运动是中国特色社会主义事业的重要组成部分。在“五位一体”的框架中，习近平总书记在党的十九大上提出，在实施健康中国战略的过程中，要“坚持预防为主，深入开展爱国卫生运动，倡导健康文明生活方式，预防控制重大疾病。”[1] 党的二十大报告进一步强调，要深入开展爱国卫生运动。这样，就推动“爱卫运动”进入了新时代。因此，我们必须立足于总体布局推动“爱卫运动”的创新发展。

按照总体布局，我们必须将“爱卫运动”融入和渗透到各项建设事业当中。

第一，围绕着保障人民群众的生命安全和身心健康的价值取向，我们要优化经济建设的目标和结构。我们要充分重视安全生产和安全发展，切实有效地防范职业病对劳动者的伤害和危害。我们要通过加强以人民健康为导向的经济建设来夯实卫生防疫，

1 习近平：《决胜全面建成小康社会　夺取新时代中国特色社会主义伟大胜利——在中国共产党第十九次全国代表大会上的报告》，《人民日报》2017 年 10 月 28 日第 15 版。

尤其是公共卫生的经济基础，为爱卫运动提供经济支撑。

第二，围绕着保障人民群众的生命安全和身心健康的价值取向，我们要优化政治建设的目标和结构。我们要承认和尊重人民群众的健康权益，维护卫生防疫尤其是公共卫生的正常的政治秩序。我们要通过以人民健康为导向的政治建设来强化卫生防疫，尤其是公共卫生的政治保证，为“爱卫运动”提供政治支撑。

第三，围绕保障人民群众的生命安全和身心健康的价值取向，我们要优化文化建设的目的和结构。我们要全面普及健康文化和健康教育，推进全民健身活动，全面提高人民群众的文明卫生意识，切实提高人民群众的文明卫生素质。进而，我们要通过以人民健康为导向的文化建设来优化卫生防疫，尤其是公共卫生的文化氛围，为“爱卫运动”提供文化支撑。

第四，围绕保障人民群众的生命安全和身心健康的价值取向，我们要优化社会建设的目标和结构。我们要充分发挥社会主义制度的优势，坚持人民卫生防疫工作的人民性，坚持公共卫生的公共性，科学划清卫生防疫领域中的公共性和市场化的边界。我们要通过以人民健康为导向的社会建设来强化卫生防疫，尤其是公共卫生的社会条件，为“爱卫运动”提供社会支撑。

第五，围绕保障人民群众的生命安全和身心健康的价值取向，我们要优化生态文明建设的目标和结构。我们要切实有效地阻断影响人民群众生命安全和身心健康的生态环境风险，统筹推进“健康中国”建设和“美丽中国”建设。我们要通过以人民健康为导向的生态文明建设来强化卫生防疫，尤其是公共卫生的自然条件，为“爱卫运动”提供生态支撑。

总之，“爱卫运动”是一项社会系统工程，我们要围绕总体布局系统推进“爱卫运动”的创新发展。

三、爱国卫生运动发展的生态化方向

人民群众的生命安全和身心健康与自然生态环境因素具有复杂的内在关联。

一方面，疾病的产生和流行存在着固有的生态规律。在反对美帝细菌战的斗争中，1952 年 4 月 15 日，周恩来指出，昆虫所带的菌毒有些还必须经过在动物间的传播或其他复杂过程才能传染到人，目前还不能断定已经没有暴发流行病的可能。因此，凡是敌机散布过昆虫的地方，我们就要发动人民群众杀灭敌人散布的昆虫，改善环境卫生，实行清洁大扫除。这也是我们将麻雀作为“除四害”对象的重要原因。1958 年，毛泽东将“开展以除四害为中心的爱国卫生运动”作为《工作方法六十条》中的第五十一条。

另一方面，良好的生态环境是人类生存与健康的重要基础。通过大扫除清洁环境卫生，通过环境保护优化生态环境，通过植树造林维护生态安全，都为保障人民群众的生命安全和身心健康提供了适宜的自然条件。例如，接到沈钧儒先生关于血吸虫病的报告之后，1953 年 9 月 27 日，毛泽东函复说："血吸虫病危害甚大，必须着重防治。大函及附件已交习仲勋同志负责处理。"[1]由此，我国展开了声势浩大的消灭血吸虫病的群众运动。人民群众通过农田水利建设、土壤改良、有机堆肥等具有生态建设意义的活动，消灭了钉螺生存的环境，创造出了"红雨随心翻作浪，青山着意化为桥"的人间美景，最终消灭了血吸虫病，换了人间。

在一般意义上，生物地球化学性疾病和地方病的防治，病媒生物的防治和有害生物的管理，生态环境变化与遗传变异交互作用的研究，人民群众生态环境健康的保障，是健康中国建设和美丽中国建设必须共同关注、协同攻关的课题，是"爱卫运动"必须承担的重要使命和重大任务。2014 年 12 月 23 日，《国务院关于进一步加强新时期爱国卫生工作的意见》提出，爱国卫生运动是改善环境、加强生态文明建设的重要内容，是建设健康中国、全面建成小康社会的必然要求。

习近平新时代中国特色社会主义思想深刻阐明了生态环境和人民健康的辩证关系。一方面，绿水青山不仅是金山银山，也是人民群众健康的重要保障。另一方面，生态环境破坏和污染对人民群众健康的影响已经成为一个突出的民生问题。2020 年 3 月 2 日，习近平总书记深刻地指出，必须"坚持开展

---

1 《毛泽东书信选集》，北京：中央文献出版社，2003 年版，第 426 页。

爱国卫生运动。这不是简单的清扫卫生，更多应该从人居环境改善、饮食习惯、社会心理健康、公共卫生设施等多个方面开展工作，特别是要坚决杜绝食用野生动物的陋习，提倡文明健康、绿色环保的生活方式”[1]。这就表明，“爱卫运动”是协同推进健康中国建设和美丽中国建设的抓手和途径。因此，我们必须按照生态化的原则推进“爱卫运动”的创新发展。

根据上述考虑，我们必须将维护人民群众生态环境健康的理念，融入卫生防疫工作和环境保护工作中。生态环境健康主要关注生态环境与人民健康的关系问题，确保人民群众免遭生态环境破坏带来的健康风险，确保人民群众能够在适宜的生态环境中健康地生活和生产。在此前提下，我们要做好以下工作：

第一，统筹推进“爱卫运动”和污染防治三大攻坚战。人民群众必须积极投身于蓝天保卫战、碧水保卫战、净土保卫战，将之作为“爱卫运动”的重要任务。这样，才能消除环境污染带来的健康风险。

第二，统筹推进“爱卫运动”和全民义务植树运动。人民群众必须积极投身于植树造林运动，坚持不懈地绿化和美化家园，将之作为“爱卫运动”的重要任务。这样，才能为保证自身身心健康提供可持续的生态条件。

第三，统筹推进“爱卫运动”和提升维护国家生物安全能

---

1 中共中央党史和文献研究院编：《习近平关于统筹疫情防控和经济社会发展重要论述选编》，北京：中央文献出版社，2020 年版，第 102-103 页。

力。习近平总书记指出："生物安全问题已经成为全世界、全人类面临的重大生存和发展威胁之一，必须从保护人民健康、保障国家安全、维护国家长治久安的高度，把生物安全纳入国家安全体系。"[1] 对于人民群众来说，要通过维护生物安全来防范和控制生物风险带来的健康风险。

此外，形成简约适度、绿色低碳的生活方式，也有益于人民群众的身心健康。这样，我们才能协调推进健康中国建设和美丽中国建设，为保证人民群众的生命安全和身心健康提供可持续的自然条件。

四、爱国卫生运动发展的科学化方向

切实切断细菌、病毒等病原体的传播，有效维护人民群众的生命安全和身心健康，最终要依靠科技进步，依靠医药卫生科技的创新发展。纵观人类文明史，科学技术是人类战胜疾病的有力武器，科技创新是人类战胜大灾大疫的重要法宝。

在这个过程中，始终存在着如何使公众与科技结合的问题。在新民主主义革命时期，毛泽东将卫生、科技作为文化事业的重要组成部分。新民主主义文化是民族的、科学的、大众的文化。因此，为工农大众服务的卫生就是"大众卫生"，为工农大众服务的科技就是"大众科技"。"大众卫生"和"大众

---

1 中共中央党史和文献研究院编：《习近平关于统筹疫情防控和经济社会发展重要论述选编》，北京：中央文献出版社，2020 年版，第 52 页。

科技”就是人民卫生和人民科技，代表着卫生和科技的发展方向。1955 年 11 月 17 日，针对血吸虫病的防治工作，毛泽东指出，要发挥科学家的作用，要研究更有效的防治药物和办法；要发动群众，不依靠群众是不行的；要使科学技术和群众运动结合起来。这样，就提出了“爱卫运动”的科学化发展的问题。

按照上述科技方针，中华人民共和国成立，尤其是改革开放以来，我国通过传染病重大科技专项研发部署，在传染病防治领域的科研水平、技术能力、平台建设、人才队伍等方面都取得了显著进步，为保障人民群众的生命安全和身心健康提供了有力的科技保障和支撑。

党的十八大以来，以习近平同志为核心的党中央创造性地提出了创新、协调、绿色、开放、共享等新发展理念，要求通过科技创新推动绿色发展，通过科技创新推动健康中国建设，为人民群众创造良好的生活和生产条件。同时，要求让科技创新走向人民群众，让人民群众共享科技创新的成果。在习近平总书记看来，科技创新、科学普及是实现创新发展的两翼，要把科学普及放在与科技创新同等重要的位置。

习近平总书记提出，一方面，必须科学论证病毒来源，尽快查明传染源和传播途径，密切跟踪病毒变异情况，及时研究防控策略和措施，必须加强科技创新，为打赢疫情防控阻击战提供强大的科技支撑。另一方面，必须让人民群众掌握相关的科技知识，这样，不仅可以有效战胜迷信和恐惧，而且有助于提升战胜疫情的信心。因此，他于 2020 年 2 月 3 日提出："要深入宣传党中央重大决策部署，充分报道各地区各部门联防联控的措施成效，生动讲述防疫抗疫一线的感人事迹，广泛普及科学防护知识，凝聚众志成城抗疫情的强大力量。"[1] 相信科学和依靠科学是中国故事的精彩内容。这样，就包括"爱卫运动"应该按照科学化实现创新发展的要求。

按照科学化原则和方式推动"爱卫运动"的创新发展，就是要将科学技术和群众运动有效结合起来，形成支撑维护人民群众的生命安全和身心健康的强大力量。通过总结党领导人民群众战胜血吸虫病的经验，1958 年 7 月 1 日，毛泽东在《七律二首·送瘟神》的后记中指出："党组织、科学家、人民群众，三者结合起来，瘟神就只好走路了。"[2] 在此基础上，中华人民共和国在其前 30 年的发展中形成了"赤脚医生"和"合作医疗"等制度成果。这就是群众性卫生防疫运动的科学化过程，就是医疗卫生和医学科技大众化的过程。

今后，我们要注意以下问题：第一，让包括医学科技创新在内的一切科技创新走向人民群众，让人民群众"理解"科学技术，实现专业工作的大众化。这样，人民群众才能知晓医疗卫生的功能作用的边界，既避免讳疾忌医又避免过度医疗，转向通过锻炼和预防来提升生命的质量。第二，让人民群众走向

---

1 中共中央党史和文献研究院编：《习近平关于统筹疫情防控和经济社会发展重要论述选编》，北京：中央文献出版社，2020 年版，第 43 页。

2 《毛泽东诗词集》，北京：中央文献出版社，1996 年版，第 235 页。

包括医学科技在内的科学技术，让人民群众掌握包括医学科技在内的科学技术，实现群众运动的科学化。这样，才能让人民群众拓展医疗卫生和医学科技的功能边界，才能让医疗卫生和医学科技成为造福人民群众的事业。

总之，将科学化和大众化结合起来的“大众科技”和“大众卫生”代表着“爱卫运动”的创新发展方向。当然，只有预防医学、临床医学、康复医学按照生态化和人道化方向实现创新发展的前提下，生态医学和环境医学获得长足发展，才能切实保证人民群众的生命安全和身心健康。

五、爱国卫生运动发展的法治化方向

在我国，尽管“爱卫运动”具有“战时”（“疫时”）动员的特征，但是，早在土地革命时期，中央苏区就从制度建设的高度推进群众性卫生防疫运动。1932 年 3 月，针对苏区较为严重的瘟疫问题，中华苏维埃共和国人民委员会发布了《强固阶级战争的力量实行防疫的卫生运动》的训令和《苏维埃区暂行防疫条例》。上述训令提出，“各级政府需领导工农群众来执行这一条例中各种办法，尤其是向广大群众作宣传，使工农群众热烈的举行防疫的卫生运动，使瘟疫不至发生，已发生的迅速消灭”[1]。1933 年 3 月，中央内务部制定了《卫生运动纲要》。

1 高恩显等编：《新中国预防医学历史资料选编》（一），北京：人民军医出版社，1986 年版，第 45 页。

该纲要号召全苏区各处地方政府，各地群众团体领导全体群众一齐行动，与污秽和疾病以及与此有关的顽固守旧邋遢的思想习惯进行顽强的坚决的斗争。由此，苏区普遍开展了以预防常见病、流行病为主要内容的群众性的卫生防疫运动。1934 年 3 月 10 日，苏区成立了中央防疫委员会。1941 年，陕甘宁边区成立了防疫委员会，开展了以灭蝇、灭鼠和防止鼠疫、防止霍乱为中心的军民卫生运动。显然，中国共产党人不仅善于“战时动员”而且善于“依法动员”。

从中华人民共和国成立到开始社会主义建设，我们都延续和光大了上述依规依法开展群众性卫生防疫运动的传统。改革开放以来，在推进社会主义民主制度化和法治化的过程中，党和国家更加注重从法治的高度推进“爱卫运动”。1989 年 2 月 21 日通过、2004 年 12 月 1 日实施、2013 年 6 月 29 日修订的《中华人民共和国传染病防治法》的总则第二条明确提出，“国家对传染病防治实行预防为主的方针，防治结合、分类管理、依靠科学、依靠群众”。该法第十三条提出：“各级人民政府组织开展群众性卫生活动，进行预防传染病的健康教育，倡导文明健康的生活方式，提高公众对传染病的防治意识和应对能力，加强环境卫生建设，消除鼠害和蚊、蝇等病媒生物的危害。”[1] 这样，就为动员群众参与卫生防疫工作提供了法律依据和法律支

1 《中华人民共和国传染病防治法》，中国人大网（http：//www.npc.gov.cn/npc/c238/202001/099a493d03774811b058f0f0ece38078.shtml）。

撑。2014 年 12 月 23 日，《国务院关于进一步加强新时期爱国卫生工作的意见》明确提出了“提高爱国卫生工作依法科学治理水平”的要求。

习近平总书记提出，为了全面提高依法防控依法治理能力、健全国家公共卫生应急管理体系，必须健全防治结合、联防联控、群防群治工作机制，搞好爱国卫生运动。今后，我们要进一步将“爱卫运动”纳入依法治国的轨道当中。

第一，加强爱国卫生运动立法。根据党领导人民开展群众性卫生防疫工作的经验，我们应该研究制定出台专门的“爱国卫生运动法”。在这一法律中，应该明确爱国卫生运动的宗旨、原则、方法、方式，应该明确爱国卫生运动委员会及其办公室的组织与职责，应该明确人民群众（公民）参与卫生防疫运动的责任、权利、义务，应该明确病媒生物防治、有害生物管理、生物风险和生态风险应对、公共卫生危险应对的社会动员机制，应该明确环境污染防治、环境卫生清理、垃圾减量和分类、有害废弃物和放射性废弃物防治等方面的社会动员机制，应该明确政府推进健康教育、保障健康权、发展公共卫生的责任、权利、义务。

第二，推动人民群众参与和监督卫生防疫相关法律的立法、执法、司法、守法等方面的工作。例如，在研究制定出台生物安全法、生态安全法、环境与健康法、生态与健康法等方面，我们要虚心听取人民群众的意见。在认真评估传染病防治法、《中华人民共和国野生动物保护法》、动物防疫法、突发公共卫生事件应急条例等法律法规的修改完善方面，我们要耐心听取人民群众的建议。在强化公共卫生法治保障、加大对危害疫情防控行为执法司法力度，以及其他相关法律的执法司法力度方面，我们要认真接受人民群众的批判和监督。这样，就可以为人民群众参与“爱卫运动”提供法律依据、法律支撑和法律保护。

总之，在长期的革命、建设、改革的过程中，中国共产党领导人民群众开展爱国卫生运动积累了丰富而宝贵的经验。为了确保人民群众的生命安全和身心健康，为了进一步激发人民群众在卫生防疫工作的能动性、积极性、创造性，我们必须按照守正创新的原则推进我国“爱卫运动”沿着人民性、系统化、生态化、科学化、法治化的方向发展，这样，才能协同推进“健康中国”建设和“美丽中国”建设。

爱国卫生运动是发动和组织人民群众参与生态文明建设、弘扬生态伦理的重要实践形式，是人民群众高尚的生态伦理意识的集中体现和创新实践，因此，关注、投入和献身爱国卫生运动是中国特色生态伦理学应该倡导和追求的“大善”。

第五章　生态伦理学的公平正义诉求

要坚持生态惠民、生态利民、生态为民，重点解决损害群众健康的突出环境问题，加快改善生态环境质量，提供更多优质生态产品，努力实现社会公平正义，不断满足人民日益增长的优美生态环境需要。

——习近平[1]

生态文明建设不仅涉及人与自然的关系，而且关涉与之相关的人与社会的关系。这样，就突出了公平正义的问题。在严格意义上，公平（fairness）、平等（Equality）、正义（justice）

1 习近平：《论坚持人与自然和谐共生》，北京：中央文献出版社，2022 年版，第 11 页。

的含义和要求明显不同，公正（justice）和正义（justice）的含义和要求大体相同。公平和平等都要以正义为归属，正义包括了公平和平等的要求，因此，可以用正义统领和统摄公平和平等。这不仅体现在人们在人与社会关系方面的利益实现和权益保障上，而且体现在人们在人与自然关系方面的利益实现和权益保障上。前者集中体现为社会公平正义（社会正义），后者体现为生态环境公平正义（环境正义，绿色正义）。二者存在着复杂的关联。

美国生态马克思主义代表人物奥康纳指出，“生态的或环境的正义。它也由两方面所构成：一方面是环境利益（如风景、有河流灌溉的农场土地）的平等分配，另一方面则是环境危害、风险与成本（如靠近有毒废弃物的倾倒场所；受到侵蚀的土壤）的平等分配”[1]。我们可将之视为对生态正义的定义和构成的论述。当然，环境正义（environmental justice）和生态正义（ecological justice）的含义和要求也不尽相同。前者主要将人置于环境中看待和处理生态环境事务上责任、权利、义务的公平配置问题，后者立足于人与自然的生命共同体来看待和处理生态环境事务上的责任、权利、义务的公平配置。因此，我们可以用生态正义统领和统摄环境正义。

资本主义建立在生产资料资本家所有的基础上，存在着雇

1 ［美］詹姆斯·奥康纳：《自然的理由——生态学马克思主义研究》，唐正东等译，南京：南京大学出版社，2003 年版，第 535 页。

佣劳动关系，资本家无偿占有工人创造的剩余价值。资本主义社会既不存在实质性的社会正义，也不存在实质性的生态正义。充其量，只存在着程序性的正义。“无产阶级平等要求的实际内容都是消灭阶级的要求。任何超出这个范围的平等要求，都必然要流于荒谬”[1]。这同样适用于生态正义。在“晚期资本主义”发展阶段，尽管通过“福利资本主义”和“生态资本主义”延缓了社会矛盾和生态矛盾，但并未改变资本主义的不公不义的实质。在生态正义上，“晚期资本主义”是生态不正义的“典范”。但是，以生态中心主义为导向的环境伦理学范式刻意遮蔽这一点。

由于受生态中心主义、罗尔斯的“正义论”、政治哲学研究等方面情况的影响，一些论者抽象地谈论生态正义，有可能会误导生态文明，因此，我们亟须回归到马克思主义的轨道上研究生态正义，亟须回归到社会主义的道路上来实现生态正义。这样，才能确保生态伦理学在研究生态正义问题上保证自己的科学性和有效性。

针对资本主义制度的不正义问题，以马克思提出的“各尽所能按需分配”为公平正义的理想，建设性后现代主义较为系统地提出了自己的生态正义主张，在生态正义问题上为穷人、工人、穷国、弱国代言，要求系统变革资本主义制度，具有鲜明的反资本主义和反帝国主义的性质。殖民主义、资本主义是

1 《马克思恩格斯文集》第 9 卷，北京：人民出版社，2009 年版，第 113 页。

造成生态不公不义的根本原因，生态中心主义和新自由主义却极力为之辩护。因此，殖民主义、资本主义以及新自由主义、生态中心主义才是我们斗争的对象。建设性后现代主义理应成为我们团结和统战的对象。当然，对这种生态正义主张的局限性，我们也必须有清醒的意识，保持适当的区隔和清醒的批判。

在人类中心主义和生态中心主义的争论当中，由于生态正义维度的缺失，致使二者都难以成为普遍的有效的生态伦理学范式。因此，我们必须将生态正义的维度引入生态中心主义和人类中心主义的讨论当中，在正义的基础上重构人类中心主义，使之成为生态的、永续的、系统的人文主义。这样，我们才能建构和实现全面的、系统的生态正义。

社会主义制度的建立为实现一切公平正义开启了大门。在将共同富裕确立为社会主义本质的基础上，中国共产党人创造性地提出了共享发展的科学理念，将自由、平等、公正、法治纳入了社会主义核心价值观当中。这样，就为实现生态正义提供了现实条件和制度保障。

党的十八大以来，习近平总书记反复强调，“良好生态环境是最公平的公共产品，是最普惠的民生福祉。”[1] 按照以人民为中心的发展思想，中国共产党人要求将绿色发展和共享发展统一起来，大力提供生态产品和生态服务，大力推动实施生态

1 习近平：《论坚持人与自然和谐共生》，北京：中央文献出版社，2022 年版，第 26 页。

补偿，协调推进城乡生态文明建设、区域生态文明建设、流域生态文明建设、国内国际生态文明建设，确保人民群众共享生态文明建设的成果。尤其是，中国在生态扶贫和生态脱贫方面取得的成绩，集中彰显出社会主义生态正义的底线原则和要求。包括人类卫生健康共同体在内的人类命运共同体的理念和行动，集中彰显着中国对国际生态正义的看法和态度，是中国对国际生态正义的突出贡献。这样，就确立了生态正义的中国方案。中国是国际生态正义事业的重要参与者、积极实践者、重大贡献者。

当然，由于我们仍然处于并将长期处于社会主义初级阶段，因此，我们不能以理想主义的方式看待当下生态正义的现实。我们的唯一的现实选择是通过生态文明领域的国家治理体系和治理能力的现代化来推进社会主义生态文明建设，在合作共赢中推进我们事业的发展。

只有在未来的共产主义社会中，随着自由人联合体的建立，我们才能科学地、人道地、合理地调节人与自然之间的物质变换，实现人道主义和自然主义的统一。那时，真正的生态正义才能成为现实。当然，共产主义只是必然王国的结束和自由王国的开始。

第一节 晚期资本主义的生态不正义性

“冷战”之后，尤其是2008年次贷危机以来，当代西方社会陷入了普遍的绿色焦虑和绿色担忧当中。一方面，由追求剩余价值引发的资本主义生态危机影响到了剩余价值自身的实现，因此，西方社会通过绿色变革和绿色创新，开始转向“绿色资本主义”[1]，这样，就降解了生态危机的社会影响和社会冲击。但是，另一方面，由于这种绿色变革和绿色创新只是一种单纯的绿色过程，既缺乏普遍的人文关怀又缺乏激进的社会革命意识，会进一步激化相关社会矛盾和社会冲突，因此，又诱发了“生态帝国主义”和“生态法西斯主义”。这种矛盾状况不仅是晚期资本主义的社会心理和社会心态的反应和写照，而且是晚期资本主义的社会矛盾和社会危机的表现和表征，集中体现了资本主义生态正义的反正义性。

一、当代西方社会的绿色转型

在资本主义社会中，人与自然的关系以对立和对抗为特征。处于“晚期资本主义”的当代西方社会，试图通过发展绿

1 1999年，三位美国人士提出了“自然资本主义”（Natural Capitalism）的概念（Paul Hawken，Amory Lovins，L. Hunter Lovins，*Natural Capitalism：Creating the Next Industrial Revolution*，New York，Back Bay Books，Earthscan，1999.）。同时，人们也用“绿色资本主义”（green capitalism）、“生态资本主义”（ecological capitalism）、“可持续资本主义”（sustainable capitalism）等概念来指认和指代“自然资本主义”。

色资本主义的方式来化解这一问题。晚期资本主义是由自由竞争资本主义发展而来的金融垄断资本主义在第二次世界大战以后的表现和表征。这样，“绿色资本主义”就成为当代西方社会的重要趋势和特征。

1．晚期资本主义的各国绿色调节

在战后资本主义的新的经济繁荣的时期，由于资本主义基本矛盾依然如故甚至变本加厉，进一步激化了人与自然的矛盾，从而使生态危机成为全球性问题。震惊世界的“八大公害事件”中的大部分事件就发生在这一期间。层出不穷的公害事件引发了社会的强烈不满和反弹。

从发生于 1968 年的“五月风暴”开始，环境运动在西方社会如火如荼地开展起来。从 1975 年到 1989 年，以环境和核能为议题的集体抗争事件，在德国、瑞士、法国、荷兰分别增加了 24%、18%、17%、13%。环境非政府组织（绿色 NGO）在 20 世纪 80 年代也迅速发展。在英国，从 1981 年到 1991 年，“地球之友”“绿色和平”“皇家保护野鸟协会”等绿色 NGO 的会员分别增加了 533%、1260%、93%。在美国，“绿色和平”“塞拉俱乐部”等绿色 NGO 的会员分别上升 194%、248%。[1] 在这个过程中，不仅纯粹的环境主义和生态主义成为环境运动的旗帜，而且一些生态学马克思主义、生态学社会主义的作品成

1 Donatella della Porta/ Mario Diani：《社会运动概论》，苗延威译，台北：巨流图书有限公司，2002 年版，第 30 页。

为环境运动的“圣经”。

这样，“通过强迫政治、经济精英评估政治和经济体系运转的长期后果，环保运动在社会主义抵制现代资本主义盲目发展的逻辑方面可以做出重大的贡献。”[1] 这样，就促进了晚期资本主义的绿色转型。当然，这一过程有多方面的动因机制。

从20世纪80年代开始，作为晚期资本主义对涌现的环境挑战的回应，生态现代化思想和模式在西方社会主要是在西欧和北欧出现。

生态现代化主要考虑从以下几个方面推动环境革新：第一，科学技术对环境问题的出现有所影响，但也对环境问题的治愈与预防具有实质与潜在的影响。第二，生产者、顾客、消费者、信用机构、保险公司等市场因素日益成为环境革新的重要力量，其重要性不断提高。第三，国家管治强调更为分权的、自由的、两愿的模式，同时给予非政府行为者承担传统行政的、规范的、管理的、合作的以及与政府相协调的功能的机会。第四，社会运动渐渐参与到了环境革新的公共和私人决策体制当中。第五，完全忽视环境、割裂经济和环境利益之间关系的话语实践和意识形态，不再被人们所接受。

这一理论和模式赞扬资本主义对“极限的扩展”的贡献，认为资本主义能够根据环境议题调整生产关系。因此，约瑟

1 ［德］克劳斯•奥菲：《福利国家的矛盾》，郭忠华等译，长春：吉林人民出版社，2006年版，第255页。

夫•胡贝尔首先在生态现代化理论的议程中提出了颇具争议的绿色资本主义的概念。德雷泽克视生态现代化为“资本主义的生态重建”。古尔德森和墨菲则视其为“资本主义适应环境挑战的一种手段”。[1]后来，这些绿色议题扩展到了世界各地。

2．晚期资本主义的国际绿色响应

随着生态环境问题日益成为全球性问题，生态环境议题成为全球治理的重要课题，可持续发展成为国际社会的共识。2008 年，次贷危机由西方迅猛地扩展到全球。为了应对气候变化、金融危机和化石能源价格飙升叠加形成的危机，国际社会推出了“绿色新政”（Green New Deal）。2008 年 10 月，联合国环境规划署启动了全球绿色新政及绿色经济计划。2008 年 12 月，联合国秘书长在联合国气候变化大会上正式发出了实施绿色新政的倡议。2009 年 3 月，联合国环境规划署发表了《全球绿色新政政策纲要》。

全球绿色新政包括三大目标：第一，重振世界经济、创造就业机会和保护弱势群体；第二，降低碳依赖、生态系统退化和淡水稀缺性；第三，实现到 2025 年前结束世界极端贫困的千年发展目标。这里，“新政”一词借用了美国在 20 世纪 30 年代应对大萧条而实施的“罗斯福新政”。罗斯福新政通过大量公共支出刺激就业和基础设施建设，成功促进了美国经济复

1 *The Emergence of Ecological Modernisation: Integrating the Environment and the Economy?* Edited by Stephen C.Young，London：Routledge，2000，pp.27-28.

苏。罗斯福新政包括通过公共投资推动环境保护和劳动就业结合的考量，例如，由政府直接运作的“平民保护团”（Civilian Conservation Corps）就是招募失业男青年专门从事环境保护工作的组织。

在这样的背景下，绿色经济成为全球可持续发展领域的新趋势和新潮流。

为了有效应对危机、重振经济，绿色新政成为西方社会的普遍选择。

第一，美国的选择。2009 年 2 月 15 日，美国总统签署《美国复苏与再投资法案》，将新能源作为绿色新政的主要领域之一。2019 年 2 月，一些美国人士力图将绿色新政的构想正式列入国会议程。2019 年 11 月，他们又提出了《公共住房的绿色新政法案》。

第二，欧盟的选择。2008 年 11 月，欧盟推出了一揽子发展可再生能源和低碳经济的政策。2019 年 12 月 11 日，欧盟委员会提出了《欧洲绿色新政》，将绿色新政作为欧洲新的增长战略，以期实现经济增长与资源利用脱钩，保存、保护和增强欧盟的自然资本，保护公民的健康和福祉免受与环境相关的风险和影响。[1] 德国将能源效率、环境友好型能源生产、存储及分配、可持续交通、资源和原材料利用效率、可持续经济和循

---

1 *European Commission Launch European Green Deal*，CIEEM（https：//cieem.net/european-commission-launch-european-green-deal/）.

环经济作为绿色技术和生态产业的重点。法国绿色经济政策重点是发展核能和可再生能源。

第三，英国的选择。2008 年以来，英国相继出台了《气候变化法案》《低碳转换计划》《可再生能源战略》《能源法案》。近年来，英国工党发出了在英国开展"绿色工业革命"的呼吁。[1] 这样，就促进了西方社会的绿色转型。

总之，当代西方社会通过发展"绿色资本主义"降解了人与自然的矛盾，而绿色资本主义的发展又形塑着当代西方社会。这是晚期资本主义的重要趋势和特征。

二、西方气候资本主义的困局

面对全球气候变暖这一人类面临的全球性问题，节能减排成为人类的必然选择。围绕着这一问题，在西方社会内部出现了"气候资本主义"。在国际关系领域中，气候治理成为全球生态治理的重要议题。随着美国退出《巴黎协定》，既暴露了气候资本主义的弊端，又暴露了全球气候治理的困境。

1. 气候资本主义的资本主义实质

像所有生产一样，资本主义生产建立在能源的流动与转换的基础之上。根据热力学第二定律，这个过程必然导致碳排放，导致和加剧气候暖化。通过征收碳税、排放权交易等经济手段

---

1 *Labour's Green New Deal*，Posted on 1st December 2019，Socialist Resistance（http：//socialistresistance.org/labours-green-new-deal/18702）.

实现节能减排的目标，发展节能减排的产业，可以减缓和延缓全球暖化的过程。聪明的资本从测量和管理碳足迹与碳排放计划中嗅到了商机，这样，就出现了“气候资本主义”（climate capitalism）[1]。

气候资本主义的主要原理是：第一，通过尽可能有效地利用所有资源来争取时间。这是一种成本效益最好的方式，是解决人类面临的许多最糟糕问题的最佳方式，同时为投资带来了高额回报。第二，宏观经济系统和微观经济企业的设计应模仿健康、本土生态系统的多样性、适应性、弹性和地方自力更生。这就是要发展仿生经济、循环经济等。第三，实现真正可持续的经济必须加强制度管理。这样，不仅可以保持效率和创新，而且可以恢复和加强人力资本和自然资本。例如，经济体系和会计体系应该计算生态系统服务的价值，否则，不可能带来持久财富和幸福的资本主义。[2]

显然，气候资本主义试图在资本主义体系框架中将应对全球气候变暖和发展资本主义统一起来，是自然资本主义的新表现和新表征。或者说，气候资本主义是绿色资本主义的一种形态。

---

1 L. Hunter Lovins，Boyd Cohen，*Climate Capitalism：Capitalism in the Age of Climate Change*，New York：Hill and Wang，2011.

2 L. Hunter Lovins，*Principles of Climate Capitalism*，GreenBiz（https：//www.greenbiz.com/node/42327）.

2. 关于全球气候治理《巴黎协定》的达成

围绕着气候议题，按照共同但有区别责任的原则，国际社会进行了艰苦卓绝的努力。1992 年，联合国通过了《联合国气候变化框架公约》，明确了“将大气温室气体浓度维持在一个稳定的水平”的目标。1997 年，国际社会通过了关于《联合国气候变化框架公约》的《京都议定书》，明确了“将大气中的温室气体含量稳定在一个适当的水平”。由于《京都议定书》将在 2020 年到期，因此，国际社会亟须制定一份新的协定。这就是制定《巴黎协定》的背景。2015 年 12 月 12 日，经过艰辛努力，联合国通过了《巴黎协定》，并于 2016 年 11 月 4 日正式生效。世界上 195 个国家签署了这份具有法律约束力的全球条约。

《巴黎协定》的主要目标是：将 21 世纪全球平均气温上升幅度控制在 2 摄氏度以内，并将全球气温上升控制在前工业化时期水平之上 1.5 摄氏度以内。在 2016 年 20 国集团杭州峰会前，中国和美国各自批准了《巴黎协定》，并在杭州向联合国交存了两国关于《巴黎协定》批准文书。2018 年 12 月 15 日，联合国气候变化卡托维兹大会完成了《巴黎协定》实施细则谈判，通过了一揽子全面、平衡、有力度的成果，全面落实了《巴黎协定》各项条款的要求，为实施协定奠定了制度和规则基础。

3. 美国退出《巴黎协定》的自私行动

长期以来，无论是从排放总量还是从人均水平来看，美国都是世界上二氧化碳排放大国，理应发挥“表率”的作用。但是，1992 年以来，美国在这个问题上的表现就出尔反尔，一波三折。从生态学马克思主义的角度来看，《京都议定书》实质上是一份绿色资本主义的文件。“实际上有两条线把《京都议定书》的过程与资本积累联系起来。第一，排废限额交易中，污染排放会略有减少，还可能会产生附加值。第二，清洁发展机制给北方企业颁布执照，允许它们在南方国家创立碳隔离项目，例如桉树农场。这一做法使它们可以随心所欲地继续污染并使它们荒谬地以为它们的碳将会在未来被循环使用。”[1]

即使如此，美国仍然以科学上缺乏充分的理由为借口，坚决退出了《京都议定书》。联合国绿色新政提出之后，奥巴马政府推出了美国“历史上最大的能源法案”，并提供 900 亿美元推动能源转型。但在中期选举之后，这一法案无疾而终。在《巴黎协定》谈判期间，美国以建设性的态度加入了全球气候治理议程当中，并承诺向联合国提供 30 亿美元的基金以帮助发展中国家对抗气候变化。但是，随着特朗普当选为美国总统，美国开启了退出《巴黎协定》的程序。在特朗普看来，这一协定可笑且代价极为高昂，将使美国国内生产总值减少 3 万亿美元，并使工作岗位减少 650 万个，不仅对美国形成了不公平的经济负担，而且将导致美国贫困。因此，出于“美国优先”的

1 ［美］乔尔•科威尔：《自然的敌人——资本主义的终结还是世界的毁灭？》，杨燕飞等译，北京：中国人民大学出版社，2015 年版，第 143 页。

考量，2017年6月，特朗普首次宣布，美国将退出这一协定。2017年8月，美国国务院向联合国正式提交了退出意向书。2019年11月4日，美国正式通知联合国，美国将正式启动退出这一协定的进程，并于2020年11月4日完成整个程序。这样，美国就成为世界上至今唯一一个退出《巴黎协定》的国家。

从表面上来看，美国退出《巴黎协定》的行动有助于“铁锈带”工人的就业（再就业）和生存，但是，随着“让美国再次伟大”目标的实现，这些举动其实维护的是“铁锈带”资本家的利益。从实质上来看，所谓的“美国优先”，其实就是垄断资产阶级的利益优先。更为严重的是，美国为其他国家的效仿提供了道义和政治上的借口和掩护。

4. 美国退出《巴黎协定》批评者的两面性

面对特朗普政府这一不负责任的行为，美国国内和国际社会展开了激烈的批评和抗争。例如，2017年4月29日，正值特朗普执政满一百天之际，华盛顿爆发上万人规模的游行活动，抗议特朗普的气候政策和能源政策。2018年9月，在全球气候行动旧金山峰会期间，倡导环境保护的美国前副总统阿尔·戈尔指出，越来越多的人同意有必要对抗气候变化。2019年11月，戈尔在个人推特上发表声明宣称：“没有任何个人或党派能够阻止我们解决气候危机的努力。但是，那些企图为自己的贪婪而牺牲地球的人，将因他们的自满、共谋和虚伪而被世人铭记。”

但是，戈尔被社会批评为环境保护的“伪君子”。这在于，由于存在着用电加热家庭游泳池等行为，“狡兔三窟”的戈尔住宅的耗电量惊人。根据美国田纳西州政策研究中心给出的报告，戈尔位于田纳西州的住宅，从 2006 年 2 月 3 日到 2007 年 1 月 5 日，一共用掉了 19.1 万度电。该地区家庭每年平均用电只有 1.56 万度，全美国家庭平均一年用电 1.07 万度。这样算来，戈尔住宅的用电量是一般人的 10 多倍。根据美国国家政策研究中心收集的资料，2017 年，戈尔住宅的用电量不减反增，已经涨到了普通家庭的 21 倍，甚至有人称之为 34 倍。这充分表明，戈尔的生活方式具有典型的“言行不一”“只许州官放火，不许百姓点灯”的特征（“do as I say not as I do”）。[1]

推而广之，从美欧打压中国光伏产业的态度和政策也可以看出西方社会在这个问题上的矛盾心理。为了实现节能减排的目标，发展光伏产业是一项可供选择的举措。尽管光伏产品的使用具有清洁和高效的特征，但是，光伏产品的生产具有高消耗（稀有资源）和高污染的特征。即使如此，由于中国光伏产品具有一定的竞争力，因此，长期以来，美国和欧美坚持对中国光伏产业进行“反倾销”和“反补贴”调查，打压中国光伏产业在美欧发展和中国光伏产品在美欧的销售。

---

1 Drew Johnson，*Gore's home devours 34 times more electricity than average U.S. household*，CFACT（https：//www.cfact.org/2017/08/02/gores-home-devours-34-times-more-electricity-than-average-u-s-household/）.

可见，作为绿色资本主义的一种形式和形态的气候资本主义，有助于西方社会的绿色转型，但是，由于气候治理会影响西方发达国家统治阶级的利益，因此，美国悍然退出了关于全球气候变化的《巴黎协定》。尽管批判美国退出《巴黎协定》的言行具有正义性，但是，由于这些批评者自身生活方式的反持续性的问题，使这种批评言不由衷。这表明，气候资本主义难以应对气候变暖。在生态学马克思主义看来，“如果不推翻资本主义统治阶级，不废除凌驾于气候议定书之上的权力，所采取的减少大气中碳含量的举措都是不切实际的”[1]。这一看法至今仍然具有意义。由于资本主义主导着国际秩序，因此，实现气候正义困难重重。

三、西方生态帝国主义的肆虐

资本逻辑的发展必然会遇到自然极限和地理空间等方面的限制，因此，对外扩张成为资本主义的本性。现在，尽管“冷战”早已结束，但是，西方国家仍然通过帝国主义的方式维持其在全球的统治地位。帝国主义不仅存在着人与社会之间的维度，表现为北方国家支配南方国家的社会经济发展；而且存在着人与自然之间的矛盾，表现为北方国家支配南方国家资源环境生态。后者即“生态帝国主义”（Ecological

1 Joel Kovel，Ecosocialism，Global Justice，and Climate Change，*Capitalism Nature Socialism*，Vol.19，No.2，2008，pp.4-14.

Imperialism）[1]。当然，前者决定着后者，后者对前者具有影响。生态帝国主义是绿色资本主义的反证。

1．西方社会的资源掠夺

尽管倡导勤俭节约的新教伦理是资本主义兴起的精神动力，但是，高消费和高浪费是晚期资本主义的重要趋势和特征。西方社会消耗的自然资源远远超过世界平均水平。据美国绿色NGO塞拉俱乐部2012年9月的估计，美国人口不到世界人口的5%，却使用了世界上1/3的纸张、1/4的石油、23%的煤炭、27%的铝和19%的铜。[2]这种消耗和浪费遇到国内的极限和限制之后，西方社会必然对外进行资源扩张，大肆掠夺世界资源，尤其是南方国家的资源。早在自由竞争时期，工业化和城市化的发展就导致了城乡之间物质变换的断裂。工厂和城市的废弃物和排泄物回归不了土地，在农村导致了土壤肥力的下降，在城市导致了生态环境的污染。为此，西方社会通过大肆掠夺太平洋岛国的鸟粪来维持自身土壤的肥力。可以将这种情况称为“榨取主义”（extractivism）。这是指大量采集未加工自然资源的活动，其目的是出口。这种行为并不局限于矿产资源和石油资源，而且存在于农业、林业、渔业中。[3]在南北问题成为全球性

---

1 ［美］阿尔弗雷德·克罗斯比：《生态帝国主义：欧洲的生物扩张，900—1900》，张谡过译，北京：商务印书馆，2017年版。

2 *Use It and Lose It：The Outsize Effect of U.S. Consumption on the Environment*，Scientific American（https：//www.scientificamerican.com/article/american- consumption-habits/）.

3 ［德］米里亚姆·兰、［玻］杜尼娅·莫克拉尼主编：《超越发展：拉丁美洲的替代性视角》，郇庆治、孙巍等编译，北京：中国环境出版集团，2018年版，第54页。

问题的背景下，为了维持其高消费生活方式，西方社会通过降低从南方国家进口资源产品的价格和抬高向南方国家出口工业产品的价格的方式，对南方国家进行双向的掠夺。这是加剧南北鸿沟的重要原因。

2. 西方社会的污染输出

由于污染治理会增加经济成本，影响剩余价值的实现，因此，在加强国内环境规治的同时，西方社会普遍采用了公害输出的方式，向世界各地，尤其是向南方国家大肆转移污染。

在经济全球化迅速发展的今天，北方国家不仅向南方国家大量转移高消耗高污染的产能，而且向南方国家大肆“出口”废物和垃圾。例如，在北方国家被禁止生产的杀虫剂和一些有毒废弃物被转移到南方国家。这是造成南方国家环境污染的重要原因。长期以来，西方社会一直将中国作为垃圾出口地。2017年，中国国务院办公厅印发《禁止洋垃圾入境推进固体废物进口管理制度改革实施方案》之后，堵住了洋垃圾走私的渠道。截至2019年年底，中国固体废物实际进口量已经从2017年的4230万吨下降到1348万吨。这一政策出台以后，由于自身处理能力严重不足，原来依靠向中国出口垃圾的美国、英国、日本、韩国等国不堪一击，瞬间变成了垃圾场。在核废料的处理上，西方社会同样束手无策，只能向南方国家出口或装在船上在公海上游荡。显然，西方社会存在着严重的“邻避”问题。

不仅如此。1991年12月12日，世界银行首席经济学家劳伦斯·萨默斯在一次谈话中认为，南方国家处理污染的成本低于北方国家，世界银行应当鼓励将污染企业和有毒废料转移到第三世界。其部分内容用“让他们吃下污染”的标题，于 1992 年 2 月 8 日刊载于英国的《经济学家》杂志上。这里所说的“他们”即广大穷人，特别是发展中国家的穷人。[1] 这充分暴露了代表新自由主义的世界银行的本来面目。

3. 西方社会的生态破坏

保护全球生物多样性是维护全球生态安全的重要课题。西方社会枉顾全球生态安全，成为破坏全球生物多样性的急先锋。

例如，19 世纪以来，无节制捕杀深海鱼和海洋生态环境恶化导致鲸鱼数量锐减。1946 年，国际捕鲸委员会（IWC）成立。1986 年，IWC 通过《全球禁止捕鲸公约》。1951 年，日本加入 IWC。1988 年，日本停止商业捕鲸。但是，该公约在禁止捕鲸和商业利用之间平衡的问题上存在着漏洞。“如果所有的捕鲸国继续无限制地捕鲸，那么几乎可以确定鲸类将不复存在。那么捕鲸业的进一步的商业开发也是不可能的。另一方面，如果有限的几个国家继续捕鲸，那么鲸类的数量可以维持在一个安全的水平上，相关的国家也就可以继续对其捕鲸业的商业开发。每一个希望属于该集团的国家都有兴趣尽可能地表现得不

---

1 Lawrence Summers，Let them eat pollution，*The Economist*，Vol.322，No.7745，1992，P.66.

合作，以便鼓励其他国家更快地停止捕鲸。”[1] 日本就是坚持不合作的“模范生”，一直以科研名义公开捕杀鲸鱼，辩称有权观察鲸鱼“对日本渔业的影响”。作为“科研捕鲸”的副产品，鲸肉一直在日本国内销售和消费。到 2018 年为止，日本共捕获了 1.7 万头以上的鲸类，远远超出了“科研”的需要。

日本的上述行径遭到了海洋守护者协会的激烈反对。由于与一艘日本捕鲸船相撞，该团体的一艘舰船曾经沉没。反捕鲸活动引发了日本社会的不满。以擅自登上捕鲸船只为借口，日本法庭判处海洋守护者协会的一位环保人士两年监禁，缓期执行。美国对日本的这种行径三缄其口。即使如此，2019 年 6 月 30 日，日本正式退出 IWC，并于 7 月 1 日重新开始商业捕鲸。另外，在非法获取他国生物多样性资源方面，西方国家同样不择手段。

4．西方社会的生态战争

帝国主义战争是垄断资本主义对外扩张的最终形态，具有严重的生态破坏性。“冷战”结束之后，尽管战争的可能性和危险性大为降低，求和平成为西方民众的普遍心理，但是，美国以“文明的冲突”为借口，到处挑起战争。

就战争的起源来看，争夺和控制世界资源，尤其是能源资源是美国挑起战争的重要原因。美国的化石燃料消耗量是英国

1 ［荷］汉斯•范登•德尔等：《民主与福利经济学》，陈刚等译，北京：中国社会科学出版社，1999 年版，第 87 页。

居民的 2 倍，是日本居民的 2.5 倍。只有控制国际能源市场，美国才能保证国内的能源需求并同时保存国内的能源可持续存储。当然，从更为深层次的原因来看："一个世界强国就单凭一个预感而发动战争，不是因为自己的资源不足……，而是因为世界资源不足以维持政权的增长。换句话说，入侵伊拉克，尽管美其名曰是由恐怖行为煽动的，却是第一场主要由全球生态危机引起的战争。"[1]

从战争的手段来看，西方国家不惜采用为害生物和生态，甚至是灭绝生物和生态的武器。例如，贫铀具有重金属和放射毒性双重毒性，贫铀弹会引起严重的健康损害、破坏当地的生态环境。但是，美国在 1991 年的海湾战争中使用了 290 吨贫铀弹，在 1995 年的波黑战争中使用了 3 吨，在 1999 年的科索沃战争中使用了 9 吨。在 2000 年的阿富汗战争和 2003 年的伊拉克战争中，也大量使用过贫铀弹。但是，美国对此秘而不宣。受此影响，在海湾战争结束后的伊拉克，严重先天性畸形儿的出生率高达 3%。[2] 另外，在海湾战争中，美军大肆焚烧油田以阻止伊拉克军队，结果造成了严重的环境污染。

1 ［美］乔尔•科威尔：《自然的敌人——资本主义的终结还是世界的毁灭？》，杨燕飞等译，北京：中国人民大学出版社，2015 年版，第 16 页。

2 日本环境会议《亚洲环境情况报告》编辑委员会编著：《亚洲环境情况报告》第 3 卷，周北海等译，北京：中国环境出版社，2015 年版，第 44-45 页。

可见，围绕着控制世界能源而展开的帝国主义战争，开启了“能源帝国主义”（energy imperialism）的危险新时代[1]。能源帝国主义已开始导致战争扩大，这种战争具有极大的生态破坏性，甚至会导致生态灭绝。

5. 西方社会的仇恨绿化

在当代西方社会，一些种族主义者将移民难民问题与生态环境问题勾连起来，导致了种族主义和生态主义的荒诞结合。

这种荒诞结合可以追溯到法西斯主义。这就是“生态法西斯主义”（Ecofascism）[2]的问题。“血与土”（Blood and Soil）是法西斯主义的一项重要原则。它是指一个种族与一块领土具有天然的、受自然规律支配的排他性联系。作为“入侵者”的外来的移民难民扰乱了这种联系，因此，清除“入侵者”如同生态环境保护一样，有助于强化这种有机联系。在纳粹统治时期，帝国自然保护署负责人沃尔特・肖尼琴将法西斯主义与环境有机主义和整体主义联系起来。[3]

近年来，大量的移民难民不断涌入欧美国家，“扰乱”了既存生活秩序。在特朗普当选总统后，美国开始推行一系列逆全球化、反全球化的措施。这样，不仅助长了种族主义尤其是

---

1 ［美］约•贝•福斯特：《生态革命——与地球和平相处》，刘仁胜等译，北京：人民出版社，2015 年版，第 70-89 页。

2 Janet Biehl，Peter Staudenmaier，*Ecofascism：Lessons from the German Experience*，Oakland，AK Press，1995.

3 William Gillis，*Review：Ecofascism：Lessons from the German Experience*，Center for a Stateless Society（https：//c4ss.org/content/50888）

白人至上主义，而且助长了生态法西斯主义。在德国，自由德国工人党要求遣返外国人，支持动物福利，呼吁将人类重新整合到“地球生命结构”中去。在美国，2017 年 8 月 11 日晚，在弗吉尼亚大学的“火炬游行”中，数百名白人至上主义者高呼“你们不会替换我们”“犹太人不会替换我们”“血与土”等口号。在新西兰，2019 年 3 月 15 日，在基督城清真寺发生了导致 51 人死亡的枪击案。凶手自称为“生态法西斯主义者”。在凶手发布于枪击案前的宣言中，专门设有“绿色民族主义是仅有的真正的民族主义”一节。在他们看来，环境破坏的终极原因在于不受控制的移民；为了拯救环境，杀死移民是正当的；即使他们的碳足迹和资源消耗事实上远低于富国中的白人。因此，有人将之称为“仇恨的绿化”（the greening of hate）。[1]这样，就将社会焦虑和生态焦虑“完美”地结合了起来，展现出了晚期资本主义的腐朽性和反动性。

总之，“冷战”之后尤其 2008 年次贷危机以来，西方社会在将发展绿色资本主义成本外化的过程中，大肆推行生态帝国主义，加剧了全球生态危机和全球社会危机。在这个过程中，也展现出了西方社会“城门失火殃及池鱼”“隔岸观火”等自私心态。上述种种问题充分暴露了“晚期资本主义”的反生态

---

1 Marc Morano，*Wapo：'The greening of hate'–Two mass murders a world apart share a common theme*：'Ecofascism'，Climate Depot（https：//www.climatedepot.com/2019/08/18/wapo-the-greening-of-hate-two-mass-murders-a-world-apart-share-a-common-theme-ecofascism/）.

正义性。

四、晚期资本主义的绿色终结

绿色资本主义增强了资本主义的合法性、合理性和持续性，但是，资本主义基本矛盾决定了晚期资本主义同样难以持续。生态帝国主义进一步加剧了全球性生态危机。生态法西斯主义进一步加剧了全球性社会危机。这种矛盾景象就存在于现实的西方社会中，困扰着西方社会，宣告了晚期资本主义的终结。

1. 占有私有化和生产社会化的矛盾

现在，西方社会之所以陷入绿色焦虑和绿色矛盾当中，从根本原因来看，生产资料的私有化和生产的社会化依然是晚期资本主义的基本矛盾，并且表现出了新的趋势和特征。随着新科技革命的发展，生产的社会化程度大为提高，但是，为了维护生产资料的资本主义所有制，西方社会仍然固守新自由主义的立场。撒切尔政府、奥巴马政府对绿色资本主义还持有包容的态度，生态凯恩斯主义也有一定的市场，但是，占据主导地位的新自由主义尽力维护生产资料的资本主义私有制，对绿色议题通常持有敌视和反对的态度。“新自由主义总是辩称，资本会自动投向需求缺口最大的地方，实则从来不是。资本总是投向能最大限度赚取利润的地方。而且为了把钱统统赚进口袋，它生产的服务和产品从来都不是为了满足最贫困人口的迫切需求，而是为了刺激最富余阶层的购买欲望。”[1] 同时，新自由主义通常把生态环境问题当作一个恐怖故事而不予理睬。他们崇尚个人自由、小政府，将环境保护和环境监管视为对个人自由的侵犯。其实，在自由放任的市场经济条件下，生态环境问题是典型的外部不经济性问题。

由于新自由主义主导了世界经济的发展，导致了全球性的次贷危机。次贷危机不仅是金融危机——经济危机，而且是生态危机——自然危机。不放弃新自由主义，西方社会就可能实现彻底的绿色转型。2018 年，代表垄断资产阶级利益的特朗普政府给富人的减税高达 2 万亿美元，成为新自由主义在经济领域的典型的“成功”实践，充分暴露了垄断资产阶级的本性和本质。这样，对贪得无厌的诸多欲望的自私自利的追求，必然会超越自然界的可持续极限，加剧晚期资本主义的反自然和反生态的本性，加强反生态正义性。

2. 资源私有化和污染公共化的矛盾

与资本主义基本矛盾相适应，在西方社会，作为“上帝”馈赠给所有人类共同财富的自然资源完全私有化了，成为资本家的私有财富，工人和穷人被完全剥夺了资源的所有权和享有权。但是，资本主义私有企业制造出的环境污染完全公共化了，污染的成本和代价完全成为全社会的共同负担，尤其是工人和

1 ［法］安德列•高兹：《资本主义，社会主义，生态——迷失与方向》，彭姝祎译，北京：商务印书馆，2018 年版，第 18 页。

穷人要为之买单。在世界资本主义条件下，西方社会甚至将这种成本和代价转嫁给了南方国家。

以此来看，“自然界是资本的出发点，但往往并不是其归宿之点。自然界对经济来说既是一个水龙头，又是一个污水池，不过，这个水龙头里的水是有可能被放干的，这个污水池也是有可能被塞满的。自然界作为一个水龙头已经或多或少地被资本化了；而作为污水池的自然界则或多或少地被非资本化了。水龙头成了私人财产；污水池则成了公共之物。”[1] 这样，在西方社会，资本主义在加剧人与社会之间矛盾的同时，加剧了人与自然之间的矛盾；资产阶级在剥夺工人和穷人的劳动成果的同时，剥夺了工人和穷人对生态产品和生态服务的享用。

特朗普的“让美国再次伟大”的策略，实质上就是要恢复钢铁、汽车等为主的传统产业结构。从表面上来看，这种复活“铁锈带”的策略可能有助于产业工人的就业和再就业，但是，会进一步加快资源的消费和加重环境的污染。事实上，这是对“黑色资本主义”的复辟，加剧了生态不正义。

3. 消费无限化与资源有限性的矛盾

作为生产关系环节的消费既受生产影响，又影响着生产。“工业化生产过程不仅会对直接卷入其中的个体，也会对所有

---

1 ［美］詹姆斯·奥康纳：《自然的理由——生态学马克思主义研究》，唐正东等译，南京：南京大学出版社，2003 年版，第 295-296 页。

参与这个生产过程的其他人产生（消极的）消费性后果。这些消极影响的例子包括空气和水的污染、伴随生产过程的噪声问题，或者生态环境的恶化和美感的丧失等。”[1] 在有限的环境中实现无限消费本身就是一个矛盾。

在自由竞争阶段，尤其是资本的原始积累阶段，异化消费主要表现为“低消费”，剥夺了工人和穷人的满足基本需要的资料。在垄断资本主义阶段，尤其是在晚期资本主义，异化消费主要表现为“高消费”。在西方社会，晚期资本主义通过广告文化创造了一个“高消费社会”，使奢靡性的生活方式成为占主导地位的生活方式。资本主义用消费上的量的平等，遮蔽和维持着消费上的质的严重的不平等。这样，晚期资本主义事实上成为“消费资本主义”。如同“福利资本主义”一样，晚期资本主义通过消费资本主义降解和瓦解了工人阶级的阶级意识和阶级斗争，维持和推动着资产阶级奢靡性的生活方式。这样，势必加大了对自然的索取。

但是，在特定的时空条件下，自然不可能无限制地满足人们的高消费需要，尤其是支撑资产阶级的奢靡性生活方式。这样，消费资本主义对外推动着生态帝国主义的扩张，对内滋生着生态法西斯主义。在这个过程中，进一步加剧了资本主义异化。“无论表面上看来似乎何等自相矛盾，事实上，高消费生

1 ［德］克劳斯·奥菲：《福利国家的矛盾》，郭忠华译，长春：吉林人民出版社，2006 年版，第 198 页。

活方式的一个突出效果是，随着消费者在整体消费活动中消耗的时间与资源日益增加，他们对自己的每一个特定欲望的漠视也与日俱增。”[1] 这样，进一步加剧了生态不正义性，使人们陷入了更深的忧虑、担忧甚至绝望中。

4．经济全球化与利益阶级化的矛盾

在资本主义开辟的世界历史的基础上，随着金融资本在全球取得了支配地位，导致了全球化。尽管全球化有助于普遍交往，有助于南方国家通过技术移植实现跨越式发展，但是，正如不会自动实现国际关系的民主化一样，全球化并不会自动实现全球生态环境正义。

随着生态帝国主义的扩展，会进一步加剧全球生态环境领域的不公不义。例如，作为新自由主义全球化产物的世界银行、国际货币基金组织、世界贸易组织，都是维护北方国家利益的代表。例如，“偿还债务产生的生态后果通常是很严重的。亚马逊热带雨林正被迅速地烧毁并被转变成牧场和农田，其生产能力在 3 年或 4 年后就会被耗尽。但那为巴西提供了 3 年或 4 年的出口来满足偿还债务的需要。对收入分配的影响也是负面的，因为进行这些‘投资’（如果生态资本的消费可以被称为一种投资，哪怕是带引号的投资）的大企业得到了大量税收补贴，从而刺激他们从事如果没有补贴将不可能有利可图的

1 ［加］威廉・莱斯：《满足的限度》，李永学译，北京：商务印书馆，2016 年版，第 17 页。

活动。”[1] 特朗普当选美国总统之后，种族主义把新自由主义的失败归咎于“文明的冲突”和移民难民问题，把金融资本的寄生性积累导致的社会问题归罪于他国盗窃本国机会，把资本逻辑的反自然和反生态本性造成的生态环境问题归结为外来人口因素。正是出于这样的考虑，西方社会才推行了一系列逆全球化、反全球化的措施。这样，才导致把“美国优先”正式写入《美国国家安全战略》中，才导致特朗普政权退出《巴黎协定》，才导致生态帝国主义和生态法西斯主义沉渣泛起。

其实，这里存在的不是全球利益和民族利益的矛盾，而是经济全球化和利益阶级化的矛盾。毕竟，特朗普是垄断资产阶级利益的代表，美国是垄断资本主义国家。只要世界资本主义体系存在，生态帝国主义和生态法西斯主义就会延续下去。

总之，在当代西方社会，资本逻辑、非资本逻辑、反资本逻辑并存，生态逻辑、非生态逻辑、反生态逻辑并存，但从实质上来看，“可持续资本主义只是生态否定的一种形式，因为它忽视了当前不可持续发展体系——资本主义——的固有的破坏性”[2]。因此，不消灭资本逻辑，即使绿色资本主义再发达，生态帝国主义和生态法西斯主义都会变本加厉，西方社会的绿色焦虑和绿色担忧都会进一步加剧。这就是晚期资本主义生态

---

1 ［美］赫尔曼·E.达利、小约翰·B.柯布：《21世纪生态经济学》，王俊等译，北京：中央编译出版社，2015年版，第238页。

2 John Bellamy Foster, Brett Clark and Richard York, *The Ecological Rift: Capitalism's War on the Earth*, New York, Monthly Review Press, 2010, P.436.

希望破灭的辩证法。在这个意义上，生态资本主义是对抗公平正义的“样板”。

第二节 建设性后现代主义的生态正义主张

在生态主义思潮谱系中，建设性后现代主义是以高扬生态正义（Ecological Justice，或 Eco-justice）的姿态出场的。在有机哲学基础上，建设性后现代主义从资本批判和权力变革的角度介入生态正义议题，构筑了一种具有红色色彩的生态正义的可能范式。这一范式理应成为社会主义生态文明建设的参考资源。当然，对其存在的局限，我们应该有清醒的意识。

一、生态正义缺失的制度根源

尽管全球性问题突出了全人类利益的价值，但是，在世界资本主义体系中，无论是自然资源的配置还是污染代价的承受，都具有不平等的特征。例如，面对生态灾难，富国（富人）比穷国（穷人）更容易免除影响，而且能够及时采取减缓策略以确保其生存甚至是奢侈生活。这一特征事实上是资本主义不公不义的制度之表现和表征。但是，单纯的生态主义都将之作为“无知之幕”（the veil of ignorance）遮蔽掉了，所谓的“深层生态学”（Deep Ecology）其实是“浅层生态学”。对此，与生态马克思主义一样，建设性后现代主义认为，作为一种社会经济体制，资本主义造成了大量不公和全球环境灾难。

1. 资本主义经济制度的生态不正义性

尽管资本主义标榜自己为正义的制度，但是，这种正义建立在资本支配和市场自由基础之上，因此，资本主义正义不可能是正义的，实际上是不正义的。就资本支配造成的生态危机来看，马克思早已指出，“任何一个公正的观察者都能看到，生产资料越是大量集中，工人就相应地越要聚集在同一个空间，因此，资本主义的积累越迅速，工人的居住状况就越悲惨”[1]。这样，在资本逻辑的支配下，空间集聚和空间节约变成了空间异化或空间危机，在造成人与自然之间物质变换断裂的同时，进一步恶化了工人的生存状况，加剧了资本主义生态危机。

在后一个方面，建设性后现代主义指出，资本主义正义的核心信条是“各尽所愿，按市场分配”。即，正义意味着，每个人自由决定其投入市场的时间和金钱，以及工作的努力程度，然后由市场决定之能否得到回报及回报多少。但是，市场经济在外部性、公共产品和社会公正等问题上存在着严重失灵。资本主义和市场经济的联姻，不仅不能避免市场失灵，而且会使之变本加厉。无证据表明，资本家能够以一种合理方式来“监管”自己。事实上，男人比女人，白人比有色人种，富人比穷人，发达国家比发展中国家，城市居民比农民，更有优势。这就是资本主义正义的实质。

1 《马克思恩格斯文集》第 5 卷，北京：人民出版社，2009 年版，第 757 页。

在社会经济问题上如此，在生态环境问题上同样如此。其实，环境污染问题属于典型的外部不经济性问题，其代价最终要由无产阶级和劳动人民承受。美国的环境正义运动就是由此兴起的。不仅如此，随着资本对外扩张，这种市场正义还造成了全球性的生态不义。随着新自由主义主导下的全球化的发展，导致了全球愈演愈烈的环境破坏。发展中国家的贫困、饥饿和污染，正是发达国家的富人和政府单纯追求自身利益的结果。其实，公害转移是资本主义国家环境质量得以改善的重要原因。显然，资本主义经济制度的不正义是造成生态不正义的深层根源。

2．资本主义其他制度的生态不正义性

不仅其经济制度是不正义的，资本主义政治制度和文化制度也同样如此。

在政治上，资本主义标榜其民主制度具有普世价值。但是，在生产资料属于资本家占有的前提下，这种民主只是形式和程序上的民主，不可能具有普世价值。实际上，富人往往通过贿选来炮制对其有利的政策，这样，就日益加剧了贫富之间的不平等，使中产阶级变得愈加脆弱。资本主义国家的环境政策同样是为垄断资产阶级利益服务的。为此，他们不惜发动战争。例如，为了维护石油巨头和军工巨头的利益，美国“民主政府”悍然发动了海湾战争和伊拉克战争。战争造成的环境污染和生态破坏远远超过工业发展。因此，格里芬对美国的军事政策及其生态破坏性进行了尖锐批评，呼吁实现全球民主。在这一点上，生态马克思主义代表人物福斯特提出了“生态帝国主义”（Ecological Imperialism）的批评框架。这样，建设性后现代主义和生态马克思主义就共同揭开了国际生态不义的资本主义特征和实质。

在文化上，资本主义奉行个人主义和消费主义的价值观。在其主宰下，人们往往无限放大其不当的个体物质利益，片面追求物质消费和奢华生活。在现实中，资本主义各种制度造成的社会不正义性和生态破坏性往往叠加和缠绕在一起，复合成为一种具有巨大破坏性的力量。一旦资本家能够攫取到高额利润并能够随心所欲支配其新获得的财富，他们便会选择奢靡的个人消费和奢华的生活方式。其实，地球存在着生态阈值，已无法再承受资本主义制度供给世界上1%的最富有者的索取，也不能再承受他们用财富换来的奢靡浪费的生活方式。可见，资本主义政治制度和文化制度同样是造成生态不义的制度原因。

显然，生态不义是资本主义内生的本质和特征。但是，“在标准观点之中，没有人从根本上挑战私有财产和利益最大化的基本权利。对环境正义的关注（如果它们真的存在）严格地服从于对经济效益、持续增长和资本积累的关注。资本积累（经济增长）对人类发展来说是根本的，这个观点绝对不会受到挑战。”[1]因此，建设性后现代主义严正声明，由于资本主义正义既造成了对工人的不义也造成了对生态的不义，因此，必须批判资本主义的正义观。这样，建设性后现代主义就进一步将生态正义推到了绿色话语和绿色实践的前台。

二、生态正义理论的进步视野

实现生态正义必须诉诸“武器的批判”，但是，没有“批判的武器”的支撑，生态正义只能成为一种具有红色色彩的绿色乌托邦。因此，建设性后现代主义在追求生态正义的过程中，反思了一般正义理论的立场和方法，要求站在马克思主义的高度来看待生态正义议题。

1. 正义理论的批判性审视

面对正义问题，哲学家的立场形成一个清晰的连续体。建设性后现代主义提出，必须对之进行批判性审视。可将之划分为四种立场或范式。

其一，右翼立场。这种立场坚持正义的“应得”理论，即“得其所应得”。大卫·休谟和亚当·斯密是其代表。这种立场认为，资本主义创造了一个公平竞争的环境，那些努力奋斗的人理应获得财富，因此，用其财富来帮助穷人就是不公平的。建设性后现代主义认为，这是一种彻头彻尾的个人主义方式，

1 ［美］戴维•哈维：《正义、自然和差异地理学》，胡大平译，上海：上海人民出版社，2010 年版，第 431-432 页。

属于古典自由主义，其实质是维护资本主义现存制度。

其二，中间立场。这种立场认为，资源应在所有人中间进行平等的分配。约翰·罗尔斯的“正义论”是其典型。此范式坚持“平等主义”的立场。尽管有些人认为这种立场更适合建设性后现代主义的论域，但是，建设性后现代主义对此不以为然。在我们看来，尽管罗尔斯的“正义论”基于社会结构来看待“作为公平的正义”，但是，它将决定正义的社会制度问题作为“无知之幕”悬置了起来，并声称不能将之运用于生态议题。[1]

其三，左翼立场。这种立场主张某些社会价值的最大化，例如，社会的整体福利、教育机会、生活质量、成功机会等。这样，分配原则的设定就是基于整个社会层面，而不是个体层面。可以将民主社会主义或福利资本主义归为这种类型。建设性后现代主义认为，只要这些国家的基本经济结构保持不变，社会政策便仍然是脆弱的。因此，这不是长远的生态可持续和以长期和平与合作为导向的全球共同体所需要的制度基础。生态现代化理论基本上也可归入此列。

其四，红色立场。这种立场主张：各尽所能，按需分配。

---

1 罗尔斯坦言：“显然，如果对作为公平的正义的探讨进行得合理而成功，下一步就是研究‘作为公平的正当’一词所暗示的较普遍的观点。但即使这一更宽广的理论也不能包括所有的道德关系，因为它看来只包括我们与其他人的关系，而不考虑我们在对待动物和自然界的其他事物方面的行为方式。”（[美] 约翰·罗尔斯：《正义论》，何怀宏等译，北京：中国社会科学出版社，1988 年版，第 17 页。）因此，将罗尔斯的“正义论”援引至生态正义分析中有欠妥当。

显然，与“应得”理论遥相呼应的是马克思主义的立场。建设性后现代主义将马克思在《哥达纲领批判》中提出的作为未来共产主义分配原则的“各尽所能，按需分配”确立为正义理想和最终目标，认为有必要建立以马克思主义的“按需分配”原则为基础的政策。

这样，建设性后现代主义就廓清了正义理论的哲学地平线。

2．马克思主义方法的生态正义理论价值

将马克思主义确立为正义理论的哲学立场，关键是在一般正义问题和生态正义问题上必须坚持马克思主义的立场、观点和方法。

其一，辩证分析。在分析社会经济现象时，马克思主义坚持社会存在决定社会意识的立场，要求从客观的经济事实出发，同时，也不否认社会意识和上层建筑的反作用。建设性后现代主义认为，马克思主义的社会与经济分析在反映社会的贫富差距和社会阶层间的不公正方面，发挥着重要作用。因此，必须发挥正义理论在实现正义中的批判性和建设性作用。

其二，阶级分析。在私有制基础上产生的阶级社会中，不可能存在正义。因此，无产阶级的平等的要求都是消灭阶级的要求。建设性后现代主义认为，马克思主义的阶级分析方法仍然有效。在这一点上，建设性后现代主义和生态马克思主义的立场是一致的。福斯特认为，无阶级倾向的环保主义具有严重的局限性。

其三，具体分析。矛盾的共性和个性的关系问题是矛盾问题的精髓，因此，必须坚持具体问题具体分析，坚持理论和实践的具体的历史的统一。建设性后现代主义对“错置具体性的谬误”(the fallacy of misplaced concreteness)持严格的批判立场。“错置具体”也就是“一刀切”的形而上学。同样，生态文明并不是一种抽象的哲学或者仅仅是一套理论原则。在建设性后现代主义看来，马克思主义思想一直致力于超越抽象辩论，并把保持社会变革作为其关注的重点，它主张每个国家、每个民族、每个人都可以以不同的方式存在、生活在这个世界上。这种世界观——就是我们所说的建设性后现代主义——是令人信服的。不同国家和文化背景的读者会意识到什么时候的政策是公正而又有活力的，而什么时候又不是这个样子的。这就是我们现在所努力追求的建设性后现代主义的实践。显然，在具体的环境中实现生态正义是生态文明建设的重要任务。

其四，整体分析。世界是一个自组织系统。恩格斯的自然系统概念、马克思的社会有机体的概念开启了系统分析的先河。分析和实现生态正义，既不能离开人与自然的关系，更不能离开人与社会的关系。就此而论，建设性后现代主义不仅是一种经济和政治哲学，它还是对人们相互之间以及和自然之间能够建立共同体的这样一种渴望的回应。当然，财富、权力和不公正等问题不会消失，必须解决这些问题。然而，人类和环境再次和谐地融合在一起的想法也不是一个浪漫的梦想，这是源于我们人类本性的一个基本渴望。我们想要努力参与到充满活力的有机共同体中，这是因为人类是社会动物。建设性后现代主义渴望的共同体事实上就是一个有机的整体。

这样，建设性后现代主义就将马克思主义确立为正义理论和生态正义理论的科学指南。

在基础上，建设性后现代主义提出，只有从整体的视角出发，才能实现正义。

三、生态正义议题的进步诉求

以人的关系为依据，可将生态正义区分为关涉自然他者的生态正义和关涉社会他者的生态正义两个方面。建设性后现代主义也关切前者，但将重点放在后者上，由此展开了对资本主义和帝国主义的生态正义批判。

1. 反资本主义的生态正义诉求

由于建设性后现代主义认为资本主义正义并非正义，因此，在国内生态正义层面上，他们将阶层生态正义和阶级生态正义作为了关注的中心。

（1）实现阶层生态正义

贫富两极分化是客观存在着的社会经济事实，因此，衡量社会正义的一个有效办法就是比较最富有的 1/5 人口和最穷的 1/5 人口的平均收入。在生态上，在贫穷和环境之间存在着一种恶性循环。此外，气候变化首先是由富人的消费方式造成的，但是，如果不加干预，那么，它将会给世界上最贫穷的人带来难以名状的大浩劫。对此，历史地理唯物主义提出：“环境正义运动因此把人的生存问题，特别是穷人和边缘人的生存问题置于其关注的中心。”[1]同样，建设性后现代主义认为：“一个真正的生态文明社会，是在自身所需的供给过程中，将对穷人的伤害降到最低。”[2] 但是，这远远不够。

为此，建设性后现代主义进一步提出，必须关注穷人的物质利益，满足其物质需求，要通过改变分配方式的途径来改善其物质生活；必须承认穷人的内在价值，要看到他们是具有极大的创造性和创业精神的力量，会成为引领发展的创造性引擎；必须赋权于穷人，关键是不能让私营经济和金融机构控制国家，而是让国家控制他们为穷人服务。

总之，在建设性后现代主义看来，根据共同福祉的要求，国家必须关注全民福利，尤其是穷人福利，这样，才能有效避免马太效应。

要之，实现阶层生态正义的核心是关注和保障穷人等弱势群体和边缘群体的环境权益。

（2）实现阶级生态正义

阶级支配不仅造成了社会不义，而且造成了生态不义。例

---

1 ［美］戴维·哈维：《正义、自然和差异地理学》，胡大平译，上海：上海人民出版社，2010年版，第444页。

2 ［美］约翰·柯布：《论建设生态文明的必要性》，吴兰丽译，《武汉理工大学学报（社会科学版）》，2010年第5期。

如，在资本主义发展中，他们首先保障的是资产者的物质和生态权益，而这往往是以牺牲无产者的物质和生态权益为代价实现的。马克思以讥讽的口吻谈道："让我们来赞美资本主义的公正吧！土地所有者、房主、实业家，在他们的财产由于进行'改良'，如修铁路、修新街道等而被征用时，不仅可以得到充分的赔偿，而且按照上帝旨意和人间法律，他们还应得到一大笔利润，作为对他们迫不得已实行'禁欲'的安慰。而工人及其妻子儿女连同全部家当却被抛到大街上来，如果他们过于大量地拥到那些市政当局要维持市容的市区，他们还要遭到卫生警察的起诉！"[1] 此外，工人阶级还是环境污染的最大受害者。

因此，建设性后现代主义要求"关注阶级不平等问题"，将生态正义引向阶级正义。在他们看来，作为独立的个人，富人有好有坏。甚至有些富人还会拿一部分财产捐给环保事业。但是作为一个阶级，富人却想使这种破碎的且具破坏性的经济体系长久存在。尽管工人阶级和劳动人民为改善其生存环境不断呐喊，但是，资产阶级国家充耳不闻。因此，必须变革权力关系。

总之，实现阶级生态正义的核心是关注和保障工人的环境权益。

可见，建设性后现代主义的生态正义诉求具有鲜明的反资本主义性质。

---

1 《马克思恩格斯文集》第 5 卷，北京：人民出版社，2009 年版，第 761 页。

2. 反帝国主义的生态正义诉求

在世界资本主义体系中，南北问题、和平问题、环境问题是缠绕在一起的。美国生态马克思主义代表人物福斯特指出："生态帝国主义——通过外围国家的更加彻底的生态退化，该体系中的中心国家以不可持续的速度增长——现在正在产生一系列全球范围内的生态矛盾，危害到了整个生物圈。只有一种革命性的社会解决方案，既解决全球范围内诸多生态关系的断裂，也解决这些生态关系与全球性的帝国主义和不平等的诸多结构之间关系的断裂，才可能提供一种克服这些矛盾的真正希望。"[1] 在此条件下，追求国际生态正义是重要的选项。

（1）实现全球气候正义

气候变暖是影响全球生态安全的重大问题。以美国为首的帝国主义国家不仅拖延和阻挠全球气候谈判的议程，而且要求第三世界承担同样的减排责任。对此，澳大利亚学者阿伦·盖尔曾经指出："当美国（在过去的温室气体排放中负有最大责任的国家）仍然平均每人产生五倍于中国的温室气体而且仍在增加其排放总量，并将其最具污染性的制造工业转移到像中国这样的半边缘国家时，期望中国采取单方面行动减少温室气体排放也是不切题的。"[2]

---

1 ［美］约·贝·福斯特：《生态革命》，刘仁胜等译，北京：人民出版社，2015 年版，第 226 页。

2 Arran Gare，Marxism and the Problem of Creating an Environmentally Sustainable Civilization in China，*Capitalism Nature Socialism*，Vol.19，No.1，2008，pp.5-26.

同样，建设性后现代主义认为，必须将第三世界的“生存性排放”和发达国家的“奢侈性排放”区别开来。按照“共同但有区别”责任的公平原则，发达国家必须承担更多的减排义务，并向第三世界提供资金和技术援助。格里芬认为，只有发达国家能够为这种变化支付成本；发达国家现在的多数财富都来源于他们从其曾经殖民的国家中压榨来的自然财富；现行的全球经济体制形成了一种“新殖民主义”体制，财富继续体制化地从第三世界流向发达国家。发达国家的财富得益于二百年前就开始的工业化。它们一直剥削世界人民，既使用其资源又利用他们其吸收污染的能力。这一看法反映了第三世界的共同愿望，与生态马克思主义的观点是一致的。

在我们看来，实现全球气候正义，不仅要有总量排放和人均排放这样的数量正义要求，更要有排放历史（发达国家的排放历史远远早于第三世界的排放历史）和排放收益（第三世界的排放主要是在生产惠及发达国家的出口产品的过程中产生的）等质量正义的要求。

（2）重塑世界经济体系

由于全球化是由金融资本主导的全球化，其理论支柱是新自由主义，因此，造成了一系列的不平等问题。例如，第三世界除了在固定的市场上具有交换价值以外，被视为一无是处；世界贸易组织控制着对于环境法的制订以便促进对发达国家有利的世界贸易。据此，建设性后现代主义倡导，在不闭关锁国的前提下，各国，尤其是第三世界应该大力发展民族经济，大力发展自给自足的经济，繁荣地方共同体。只有鼓励人民积极参与，让人民自己掌握经济的命脉，自我决定所在共同体的繁荣发展，那么，就能充分发挥其创造力，使之拥有真实的幸福感。这样，才能实现更为可持续的发展。显然，建设性后现代主义的这一看法与依附论具有类似性。

（3）反对帝国主义战争

尽管“冷战”时代已经结束，但是，帝国主义战争时有发生。帝国主义战争带来了严重的生态灾难。例如，海湾战争和伊拉克战争燃烧的油田造成了严重的大气污染，美军投下的大量贫铀弹等非常规武器将长期危害当地人民的身心健康和生态环境。

对此，柯布提出：一是在美国国内政策方面，应实现经济转变，重新部署国家资源，认真考虑经济的去军事化，使国防工业转变为一些领域的进口替代生产。同时，要认真解决由此造成的失业问题。二是在国际政策方面，应建立国家之间的利益共同体，共同处理全球性事务。当然，“后现代的国际主义没有贬低国家边境的重要性，而是关注于国家之间的利益共同体，在这个共同体里各个国家一起做单个国家做不到的事情。今天，许多全球性问题都只能在全球层面上才能得到解决。”[1]

1 ［美］赫尔曼·E. 达利，小约翰·B. 柯布：《21 世纪生态经济学》，王俊等译，北京：中央编译出版社，2015 年版，第 369 页。

“9·11”事件后，格里芬撰写了多部著作，深刻揭露了美国图谋已久的建立全球帝国的目的，严厉批判了美国所表现出来的新型帝国主义的倾向。在他看来，美国帝国主义政治在本质上是一种富豪政治，其国家政策是为这些富豪服务的。这不仅威胁到了全世界，而且威胁到了美国和美国人民；不仅威胁着人类的进步事业，而且威胁着全球生态安全。因此，世界人民必须联合起来反对美帝国主义。

可见，实现国际生态正义的核心是要保障第三世界的发展权和环境权，反对和抵制帝国主义的生态霸权。

总之，建设性后现代主义的生态正义诉求具有明显的反资本主义和反帝国主义的性质，超越了深层生态学、生态女性主义、社会生态学等激进生态学，成为生态马克思主义、历史地理唯物主义的同路人。

四、实现生态正义的制度选择

由于认识到生态正义是一个社会制度形塑的问题，因此，建设性后现代主义将权力变革作为了实现生态正义的关键选择。围绕这一点，他们提出了一系列可供选择的政策。

1. 实现生态正义的经济选择

由于正义问题首先涉及的是财产和分配问题，因此，建设性后现代主义将变革生产资料所有制和分配方式作为实现生态正义的经济选择。

其一，建立公私混合的所有制度。整个社会乃至整个人类文明所依赖的自然资源构成了个人和社会幸福安康的基础。基于“公地悲剧”的假设，不少论者将实现私有化作为解决生态环境问题的法宝。在他们看来，拥有土地的农民会运用各种技术手段保持土地的肥力。建设性后现代主义则认为，“对于生态文明而言，仅仅是私人所有制并不足够。还存在着许多诸如水资源管理和野生动物保护这样无法由个人解决的共同性问题，而这些问题的解决需要在地方和国家两个层面上建立集体性制度”[1]。由于土地和其他自然资源既不是纯粹的私人利益问题，也不是纯粹的社会问题，因此，需要在地方、国家和国际等层面上为市场力量发挥有限作用提供空间。建设性后现代主义认为，力求为所有公民提供公正的社会经济环境的政府，没必要消除竞争和私人所有制。

其二，实行各尽所能、按需分配。在建设性后现代主义看来，分配正义是最迫切的正义问题。通过对各种正义理论的批判性审视，他们认为，马克思阐述的正义理想仍然一如既往地具有吸引力，因此，必须把马克思的观点作为正在揭示的正义理想的终极目标：“各尽所能，按需分配”。这一分配原则才能真正体现正义原则。

其实，在过渡到未来社会的过程中，首先应该考虑的是这

1 ［美］克利福德·科布：《迈向生态文明的实践步骤》，王韬洋译，《马克思主义与现实》2007 年第 6 期。

样的问题：什么产品应该得到补助，甚至是不用收费的分配。问题是，只有在未来公有制的基础上，才可能实行“各尽所能、按需分配”的原则。建设性后现代主义试图在公私混合经济的基础上实行这一原则，那么，必然产生矛盾。这样，就需要我们创造性地探索实现生态正义的经济保障制度，要将自然资源的产权公有、共有与共同富裕、共享发展统一起来。

2．实现生态正义的政治选择

生态正义不能忽略大多数人的环境权益，因此，必须大力发展社会主义民主政治。

其一，变革权力必须实行人民统治。尽管市场力量曾给一些国家和国际社会带来了利益和好处，但是，无节制的市场也造成了地方和国际社会都不应承担的不公正。因此，建设性后现代主义质疑“民主和社会主义内在地相互拒斥”的说法，认为社会主义是与民主最为一致和相符的制度形式。在他们看来，只要权力不是真正与人民共享，就不会存在真正的民主。只有在真正民主的条件下，才能实现生态正义。

其二，转向可持续管理。建设性后现代主义指出，资本主义生产的标准方法是将经济学（盈亏计算）定位于短期效应，而过滤掉了经济运行的长期、下游资本，根本不考虑工人的生活质量和环境质量。同样，不可持续的管理建立在资源是无限的假设的基础上，而不考虑其经营对环境的影响。上述两种类型的管理都是简单的事情。为此，必须转变衡量经济发展和国民财富的方法，采用绿色 GDP 指标。在世界上，柯布等人是最早倡导和提出绿色 GDP 指标的学者之一。在当代中国，推行绿色 GDP 也是实现科学发展和生态正义的科学选择。

3．实现生态正义的文化选择

为了实现生态正义，必须平衡市场力量与社会原则、人类需要与环境需要的关系，这样，就突出了文化辩证法的重要性。

其一，转向共同的公民价值观。实现生态正义不仅是政府的责任，而且是公民的义务。建设性后现代主义认为，只有在共同的公民价值观背景下，追求和获得财富才与共同福祉和生态正义的目标相一致。从过程哲学的角度来看，这种价值观的核心是“私人利益和公共利益之间的平衡”。因此，要使大家认识到，不仅事件而且所有人都是由自身与他者之间的关系构成的。人类也由影响环境和被环境影响的方式构成。一旦人们达成这样的认识，关于所有权和私有财产的激烈争论就会有所不同。整个社会也将会从一个健康的私人领域和合理的私人所有制中受益。

其二，大力推广有机教育。教育是影响人们的价值观念和行为方式的重要因素。建设性后现代主义认为，教育的本义就是教人实现社会化，学会关心他人、社会、自然。但是，主要围绕经济利益展开的现行的教育培养出的却是自私的和自恋的人。他们不会关心他人和社会，更不会关心自然。因此，建设性后现代主义呼吁这样一种教育体系——包括高等教育和中小学教育——即教育的功能在于教给学生与所有生命共生共荣及公正分配资源和机会的知识和价值观。即，要将包括生态正义观在内的共同的公民价值观融入人格养成中。这样，才可能创造基于共享、互爱、互相关心的共同体。其实，价值选择和教育变革也不可能脱离社会经济条件。在当下，更不可能超越阶级利益。

4．实现生态正义的社会选择

由于人总是生活在共同体中的人，因此，实现生态正义还需要调整社会关系。

其一，倡导绿色权利。依据他人的说法，建设性后现代主义把人权划分为蓝色权利（公民权利和政治权利）、红色权利（经济和社会权利）、绿色权利（集体人权，主要包括和平权、后代人的生存权、发展权、环境权等）等三种类型。在他们看来，生态文明将健康权、环境权与和平权等核心有机价值观融入经济和社会权利中。显然，绿色权利是集体权利而非个人权利。当人们以绿色权利框架去思考问题时，就超越了现代个人主义，走向了以共同体为基础的建设性后现代主义思维。绿色权利不仅超越了个人私利，而且达到了人与自然和谐的境界，是实现生态正义的重要选择。

其二，转向共同体主义。为扭转个人主义、自由主义的弊端，建设性后现代主义呼吁人们要转向共同体主义，尤其是要大力发展小型农业社区共同体。在这个共同体中，以家庭为中心的生产和地方市场高度地结合并相互协作，这样，才能实现整个共同体的利益。“共同体之间的社会关系强调这样一些方面，即一个共同体获益促进所有共同体的福利。例如，如果一个共同体控制了大气污染，所有共同体都受益；如果一个共同体没控制住，那么所有共同体都受损。”[1] 随着生态危机越来越严重，共同体也将发挥越来越重要的作用。于是，生态正义就越可能实现。显然，建设性后现代主义的上述主张具有浪漫主义色彩，仍然是建设性后现代主义的主张。

在总体上，建设性后现代主义坚持创立一个更加公正和平等的社会的社会主义理想，但是，他们将市场社会主义或者杰弗逊式的社会主义作为最佳的制度选择。其实，“只要市场社会主义的确能够成为一种有能力提供人类福利所必需的商品、大大减少异化和剥削的倾向的经济体系，它就有望改进人类的福利。正是这一点，使得它对生态主义具有吸引力，但在生态正义领域，它是否能够表现出卓越的成就，无疑值得怀疑。”[2] 社会主义市场经济和市场社会主义存在着原则区别。

尽管如此，建设性后现代主义毕竟在绿色正义中注入了红色色彩，彰显了马克思主义在实现生态正义中的科学价值。因此，建设性后现代主义的生态正义诉求能够成为我们建设社会

---

1 ［美］赫尔曼·E. 达利，小约翰·B. 柯布：《21 世纪生态经济学》，王俊等译，北京：中央编译出版社，2015 年版，第 195 页。

2 ［英］布赖恩·巴克斯特：《生态主义导论》，曾建平译，重庆：重庆出版社，2007 年版，第 206 页。

主义生态文明的有益参考资源。当然，我们对之要坚持一分为二。我们要在坚持科学社会主义的基础上追求和实现生态正义，要与资本主义的不公不义进行毫不妥协的斗争。

第三节 人类中心主义的正义重构和价值

人处在一定的“关系网”中，可以把之分解为人和自然之间的生态关系、人和人之间的社会关系这样两种类型；人的活动既受社会尺度的制约也受自然尺度的制约；社会和自然处在辩证的关联当中。社会存在着时间（代际公正）和空间（代内公正）两个坐标。因此，只有按照这两个尺度和两个坐标重构起来的人类中心主义才是彻底的。按照这样的方式重构起来的人类中心主义，是生态的人类中心主义、永续的人类中心主义和整体的人类中心主义的集合体，成为新人文主义。这样的人类中心主义才能成为生态价值和生态道德获得合法性的价值根据。

一、重构人类中心主义的坐标

20 世纪以来，随着全球性生态环境状况的进一步恶化，人与自然矛盾的进一步加剧，在学术界形成了对人和自然之间的价值关系（生态价值）和道德关系（生态道德）的哲学反思。这种反思集中表现在人类中心主义和生态中心主义的争论上。

人类中心主义和生态中心主义的争论主要表现在，到底是应该以人为中心还是以自然为价值的中心。生态中心主义首先对人类中心主义发起了责难。他们认为，当前的全球性生态环境危机是人类中心主义造成的直接恶果，因此，只有走出人类中心主义，确立生态价值和生态道德，甚至是自然的“内在价值”，才可能从根本上解决人类所面临的生态环境危机。人类中心主义认为，人类中心主义所讲的“中心”实际上是指人们思考和行为的出发点和归宿；要解决生态环境问题，还必须立足于人类的长远的整体的利益，走进人类中心主义。但是，二者的争论都没有抓住问题的要害。尽管生态中心主义在一定程度上成为伦理学中的“哥白尼革命”的先导，但是，他们没有看到，生态关系总是在一定的程度上受社会关系的制约和影响的。因此，我们还必须走进人类中心主义。现代人类中心主义在捍卫人类中心主义的基本价值的时候，将人类的长远的和整体的利益作为了价值的基点。但是，他们没有进一步指出，究竟什么是人类的长远的和整体的利益，到底应该如何实现这种利益。因此，我们还必须对现代的人类中心主义做出进一步的修正，或者是仍然需要进一步重构人类中心主义。

我们应该立足于人的“关系网”来重构人类中心主义。人总是处在生态关系和社会关系这两种关系之中，总是在自然尺度和社会尺度双重的规范下进行自己的活动；同时，社会关系（社会尺度）又存在着时间（代际正义）和空间（代内正义）

这样两个维度。人的主体性就是在两个尺度和两个维度的框架内得以确立的。现实的生态环境问题是由于人忽略了这两个尺度和两个维度对人的活动的制约和影响造成的。因此，我们应该从系统集成的视野出发，按照这两个尺度和两个维度来重构人类中心主义。具体来看：

第一，人是处在人和自然的关系（生态关系）与人和人的关系（社会关系）的双重关系中的，人的活动总是受着自然尺度（生态尺度）和社会尺度（人的尺度）的双重支配，而社会和自然存在着相互影响和相互制约的关系。人作为一个感性存在物，只有在与自然发生物质变换的过程中，才能维持自己的生存，求得社会的发展。因此，人和自然之间的关系也是一种典型的生态关系。只有凭借这种生态关系，人才能确立自己的主体地位。这样，人的活动就必须遵循自然尺度。但是，人和自然之间的物质变换是通过劳动实现的，劳动是人的自由而自觉的活动。这样，社会关系就成为实现人的生态关系的重要的中介，这是人的生态关系区别于一般有机体和环境关系的本质的方面。可见，社会性是人的生态关系的本质特征。因此，人的活动还必须遵循社会尺度。这样，人的生态关系和社会关系，人的活动的自然尺度和社会尺度，就处于辩证的关联之中。

显然，我们重构人类中心主义就必须在两个尺度上进行。一是要看到生态关系或自然尺度对于确立人的主体性的制约，要看到传统人类中心主义的虚妄性，要承认生态中心主义对传统人类中心主义批评和责难的合理性，要走出传统的人类中心主义，要在生态关系方面重构人类中心主义，要确立人对自然的责任和义务，科学地确立生态价值和生态道德。二是要看到人总是处在复杂的社会关系当中的，要看到复杂的社会关系或社会尺度对于人的生态关系的制约和影响。只是那些只顾眼前利益而忽视长远利益、只顾局部利益而忽视整体利益的传统的人类中心主义才是造成生态环境问题的根源。因此，我们还必须走进人类中心主义，要在社会关系的尺度上重构人类中心主义。

第二，人所处的社会关系或人的活动的社会尺度总是存在着时间维度和空间维度，而这两个维度是人和自然发生关系的重要系数（中介）。社会是一个复杂的有机体。人类利益的实现就存在着眼前利益和长远利益的矛盾、局部利益和整体利益的矛盾。只有代际正义和代内正义同时得到实现，社会有效健康的发展才是可能的。因此，我们必须在时间和空间两个坐标上重构人类中心主义。

一是在时间坐标上，我们必须要看到传统人类中心主义只是立足于当代人的利益的，而没有考虑到未来人的利益；生态中心主义在责难人类中心主义的时候，也忽视了这一点。现实中的很多问题是由于急功近利的做法造成的。因此，我们必须在时间坐标上重构人类中心主义，确立当代人对待后代人的责任和义务，实现代际正义。

二是在空间坐标上，我们必须要看到传统人类中心主义只是立足于某些人的利益的，而没有顾及作为整体的人类利益的具体性和历史性。生态中心主义没有看到现实中的绝大多数生态环境问题是由于不公正的社会原因造成的，因此，走出人类中心主义的主张也存在着致命的缺陷。事实上，正是不公正的社会秩序导致了对资源的掠夺和对环境的污染。连人道主义都不讲的人是根本难以确立起“兽道主义”的价值观。因此，我们必须走进人类中心主义，在空间坐标上重构人类中心主义，确立对待人类社会的责任和义务，实现代内正义。

总之，我们必须在重新审视人和自然的生态关系和人和人的社会关系的基础上，从人类的长远的、整体的利益出发，把人类中心主义置于合理的基础上，使人类中心主义得以新生。

二、走向生态的人文主义

在自然尺度上来重构人类中心主义，就是要确立起人对自然的责任和义务。

在对待自然的态度上，传统人类中心主义过多地强调人对自然的征服和利用，片面强调人的利益和需要，从而导致对自然环境的巨大破坏。传统的人类中心主义产生于资本主义工业文明时期。资本主义工业文明的出现使人与自然的关系发生了根本性的变化，也使人对待自然的态度发生了根本性的改变。自然在人的眼里不再具有以往的神秘和威力，而成为人征服和统治的对象。这样，“人的意愿事先就把一切（虽尚不能遍览一切）逼入它的领域之内。一切都自始而且在无可遏止地要变成这种意愿的自身贯彻的置造的材料。地球及其大气都变成原料。人变成被用于高级目标的人的材料。把世界有意地置造出来的这样一种无条件自身贯彻的活动，被无条件地设置到人的命令的状态中去，这是从技术的隐蔽本质中出现的过程。这种情形只是到了现代才开始作为存在者整体之真理的命运展现出来，虽然存在者整体之真理的零星现象与尝试，一向始终散见于文化与文明的广泛领域之内”[1] 可见，这种人类中心主义忽视了自然尺度对人的存在和活动的制约，使人和自然之间的亲和关系简化为一种征服与被征服、改造与被改造的关系。

在这个问题上，生态中心主义是对人类中心主义的反动，为确立生态价值和生态道德的地位做出了自己独特的贡献。但是，他们提出的“内在价值”的概念是一种矫枉过正的做法。一些人类中心主义论者对“内在价值”的质疑有一定的合理性；但是，他们对生态价值和生态道德的独立地位的否定难以成立，是对传统人类中心主义的一种复辟。

事实上，人和自然之间存在着系统关联，而这种关联建立在物质变换的基础上，具有自己的特殊性。

一是自然是人的“无机的身体”。只有在人和自然之间建

---

1 《海德格尔文集·林中路》，孙周兴译，北京：商务印书馆，2015 年版，第 326-327 页。

立起物质变换，人才能维持自己的生存和发展，这样，人和自然就通过物质变换构成了一个生态系统，而这种生态系统具有类似于一般的有机物与环境关系的性质和特征。由于人和自然之间具有一荣俱荣、一损俱损的关系，因此，对自然生态系统的破坏其实就是毁坏人类自己的生存和发展的条件，而对自然生态系统的保护其实就是保护人类自己的生存和发展的条件。

二是人在自然面前具有主体性。凭借自己的劳动等创造性的活动，人类不仅实现了人和自然之间的物质变换，而且改变了这种物质变换的内容和形式，从而使这种物质变换成为一种社会性的活动。可见，尽管自然是优先于人而独立存在的（这是一个事实问题），但是，“被抽象地理解的、自为的，被确定为与人分隔开来的自然界，对人来说也是无”[1]。（这是一个价值问题）。在这个意义上，离开保护人类自己的生存和发展的对自然生态系统的保护没有丝毫意义（大自然在创生的同时也在进行着残酷的毁坏，尽管这种毁坏是残忍的，但是，这是自然演化的一个重要的组成部分）。同样，与人分离的“内在价值”对于人没有任何意义；建立在“内在价值”基础上的生态中心主义，难以确立自己的合法性。因此，我们必须承认，人类保护自然生态系统其实只是保护人类自身而已。

三是人的存在和活动受自然尺度和社会尺度的支配。尽管人在自然面前确立起了自己的主体性，但是，自然规律在人的

---

1 《马克思恩格斯文集》第1卷，北京：人民出版社，2009年版，第220页。

社会活动中是始终存在和发挥作用的。人类的实践活动只能改变物质的形态，而不能改变物质本身，况且这种改变形态的活动还要经常依靠自然的帮助。因此，人类必须将自然规律作为自己社会活动的尺度，必须将保护自然生态系统的要求作为自己社会活动的内在规定。

四是在人和自然之间存在着价值关系。通过劳动实现的人和自然之间的物质变换所构成的人和自然之间的生态系统，事实上是一种需要和需要的满足、利益和利益的实现的关系，这是一种建立在实践基础上的价值关系，因此，在人和自然之间存在着价值关系（生态价值），也存在着道德关系（生态道德）。在这个意义上，拒斥生态价值和生态道德的绝对人类中心主义，难以在人类保护自然生态系统的全新事业中发挥自己的作用，也不可能成为生态（环境）伦理学的价值观基础，自己的合法性也值得怀疑。因此，我们必须承认，生态价值和生态道德具有自己独立存在的意义和价值，必须将这些要求纳入人类的价值观中。

对生态价值和生态道德只能也只能从人和自然的系统性、人类活动的实践本性的意义上去理解，而不是单纯地从自然本身去规定；同时，不能简单地在生态价值、生态道德和内在价值之间画等号。这样，我们就在自然尺度的基础上重构起了人类中心主义。

可见，经过重构的人类中心主义在承认人的主体性的同时，认为人的主体性是受自然尺度制约和影响的。人类应该按照生态价值和生态道德的要求来规范自己的行动，这样，人的主体性的弘扬才是真正可能的。因此，我们可以把这种人类中心主义称为“生态的人类中心主义”（eco-anthropocentrism）。其实，这是“生态的人文主义”（eco-humanism）。

三、走向永续的人文主义

在社会尺度上重构人类中心主义，首先应该在时间坐标上确立起关系到人和自然关系领域中的代际正义原则，建立起生态环境问题上的当代人对待后代人的责任和义务。

在对待后代的态度上，传统人类中心主义只是强调一味满足当代人的需要，无视后代的需要和利益以及整个人类的长远利益，把代际正义原则排斥在其视野之外。这种传统人类中心主义的形成有其复杂的原因。主要的代表观点有三种：一是“出于无知”型，即我们对后代人几乎一点也不了解。这样，因为我们知之甚少，就几乎无法具体化我们应尽的责任和义务。二是“受益人失踪”型，即认为我们不仅没有把后代生出来的权利，而且谈论对未来后代的责任和义务是毫无意义的。三是“时间坐标”型，即对后代负责任的观点集中在未来后代人的时间坐标上，认为我们现在不应对那许多年也不会出现的人负责任。[1]

这些观点，置整个人类生态系统的平衡和全人类的延续于不顾，为了满足当代人自身的欲望寻找各种理由。在这种人类中心主义观点的指导下，当代人肆无忌惮地消费地球上有限的资源并将地球看作一个巨大的垃圾场，不仅严重威胁着当代人的生存，而且破坏了未来人生存和发展的条件。因此，必须摒弃这种狭隘的人类中心主义，在社会尺度的时间坐标上重构人类中心主义。

可持续发展理论的出现，为确立代际正义原则提供了理论基础。无论是人类中心主义还是生态中心主义，只有把可持续发展理论纳入自己的体系中，考虑到人的活动的时间坐标（代际正义），才可能获得自己的合法性。

正确处理人的眼前利益和长远利益的关系、确立代际正义的原则，对于实现人和自然的健康、协调发展至关重要。

一是必须要充分认识到人类的发展面临着自然资源的有限性和人类需求的无限性之间的矛盾。由于自然资源存在着可更新和不可更新的区分，因此，人类对可更新的自然资源的利用必须维持在其可更新的范围内。对不可更新的资源必须维持在技术替代的周期范围内。这样，我们才能满足人类的需要，才能实现可持续发展。因此，毫无节制地利用资源和浪费资源

1［美］戴斯·贾丁斯：《环境伦理学》，林官明等译，北京：北京大学出版社，2002年版，第80-84页。

（尤其是在现有技术可以有效保存这些资源的情况下），就是否定后代人可以获取和我们相同生活方式的公平机会。

二是必须要充分考虑到人类行为的长远后果和生态系统的滞后性的一致性。由于地球是一个巨生态系统，人类作用于地球的后果存在着一定的滞后性，因此，“我们不要过分陶醉于我们人类对自然界的胜利。对于每一次这样的胜利，自然界都对我们进行报复。每一次胜利，起初确实取得了我们预期的结果，但是往后和再往后却发生完全不同的、出乎预料的影响，常常把最初的结果又消除了”[1]。这样，我们就必须考虑自己的行为可能对后代造成的影响，尤其是负面影响。

三是必须要考虑到自然资源和环境的公共产品性质与人类行为的自利性的矛盾。人类的行为总是趋向于自利，力求自己行为效用的最大化；但是，自然资源和环境具有公共产品的性质，后代人与我们当代人应该具有相同的选择机会。这样，当代人就必须限制自己的行为，为后代人留下自己的选择的空间。

于是，我们就建立起了当代人对后代人的责任和义务，就确立起了代际公正的原则。这里，“有四个标准适用于这些原则：不要求当代人为后代人作出巨大牺牲，也不允许当代人的消费给后代人造成高昂代价；由于我们无法预测后代人的喜好，应提供健康的环境以使他们满足自己的喜好；这些原则在

1 《马克思恩格斯全集》第 26 卷，北京：人民出版社，2014 年版，第 769 页。

运用时是相当明确的；与世界各国的文化传统一致。”[1] 这样，我们就在社会尺度的时间坐标上重构起了人类中心主义。

可见，重构的人类中心主义立足于人类的长远利益和行为后果，确立了当代人对后代人所负有的责任和义务。因此，我们可以把这种人类中心主义称为“永续的人类中心主义”（sustainable anthropocentrism）。其实，这是“永续的人文主义”（sustainable humanism）。

四、走向系统的人文主义

在社会尺度上重构人类中心主义，当务之急是在空间坐标上确立起关系到人和自然关系领域的代内正义原则，建立起生态环境问题上的人们对待社会的责任和义务。

在对待社会的态度上，尽管传统人类中心主义突出强调了人类的利益和价值的独立性和唯一性，但是，他们所讲的“人”（Man）只是肯定了在整个人类社会中占极少数比例的有产的白人男性的利益和价值的独立性、唯一性和尊贵性。在这个意义上，我们必须彻底走出人类中心主义。现在，由于西方资本主义工业文明造成的生态异化限制了有产的白人的男性按照最大化的方式实现自己的利益和价值，因此，“生态中心主义”是用“后现代主义”方式维持和保护这些人的既得利益和价值

1 ［美］埃迪斯·布朗·韦斯：《环境公平与国际法》，联合国环境规划署编：《环境法与可持续发展》，王之佳等译，北京：中国环境科学出版社，1996 年版，第 12 页。

的一种诉求和努力。

在这方面，“社会生态学”可能比生态中心主义更有价值和意义。布克钦倡导的“社会生态学”有助于我们思考生态环境问题的社会根源和对策，“确实，把生态问题同社会问题分割开来，或者说是欲淡化或敷衍一下这种具有决定性意义的联系，是会严重曲解日益增长的环境危机的根源的。人们处理自己与作为社会性存在物的其他事物相互之间的关系的方式对于解决生态危机是至关重要的。除非人们能非常清楚地辨别这一点，否则，我们肯定看不到等级观念和阶级关系是如此彻底地遍布于整个社会，以至于最终产生了统治自然世界这个馊主意。”[1] 同时，社会生态学也为我们重构人类中心主义确立了一个可资借鉴的坐标系，这就是他所倡导的哲学自然主义（A Philosophical Naturalism）。当然，社会生态学具有的无政府主义倾向是值得注意的。

在这个问题上，“生态女性主义”也具有同样的意义和价值。

因此，我们还必须义无返顾地走进人类中心主义，要充分估计社会中绝大多数人的根本利益以及各种特殊群体和弱势群体的利益，在解决社会正义的基础上实现生态正义。

第一，在国际关系领域中重构人类中心主义，就是要确立

---

1 Murry Bookchin. What is Social Ecology？ *Environmental Philosophy：From Animal Rights to Radical Ecology*，edited by Michael E. Zimmerman，New Jersey，Prentice Hall，1993，pp.354-355.

起关系到人和自然关系领域中的国际正义原则，按照“共同但有区别”的原则确立国家之间的生态责任和生态义务。

传统人类中心主义是在强权政治和霸权主义的背景下形成的，这种人类中心主义只考虑到了西方发达国家一部分人的局部利益，而忽视了世界上绝大多数人的整体利益，突出表现为发达国家和发展中国家之间的差别和矛盾。从历史上看，发达国家在其几百年的发展过程中，为自己创造了巨大的财富，也向地球排放了大量的废弃物，现在的很多生态环境问题都是由此累积而成的。从现实角度来看，全球化不仅没有扭转这种局面，而且有使之愈演愈烈的趋势。一方面，发达国家是世界资源的主要消费者。另一方面，发达国家也是世界废弃物的主要排放者。同时，由于经济不平等的发展，广大发展中国家为了经济利益有时不得不以牺牲环境为代价，从而进一步加剧了当前的生态环境危机。因此，这种人类中心主义是万万要不得的。毋庸讳言，一些生态中心主义者在这个问题上文过饰非。

在国际环境正义方面，必须关注不发达问题，将建立国际政治经济新秩序作为解决全球性生态环境问题的努力方向。而建立国际政治经济新秩序必须贯彻“共同但有区别”的责任的原则。这是实现生态协调的重要途径。一是地球生态环境具有整体性和系统性。现在，生态环境问题已经上升为全球性问题，任何局部的生态环境问题都会给整个地球造成影响和灾难。大家成为处于危难中的一条船上的乘客，具有共同的命运。但是，由于发展不足，发展中国家所承受的代价最大。二是任何个人的生存和发展都同群体的生存和发展紧密地联系在一起，而任何群体的生存和发展又同整个人类的生存和发展紧密地联系在一起。生态环境问题的发生不以某个人或某个地区和国家的重要性为转移。由全球生态平衡所决定的人类的这种整体利益，不是各个群体利益和个体利益的简单相加，而是实现全球社会总体发展的客观要求。而发展中国家存在的问题最终也会影响到发达国家，因此，发达国家对于发展中国家存在的问题不能坐而视之。三是国家之间的责任和义务必须与资源享有与分配对等。从某种程度上说，发达国家的现代化是建立在对世界自然资源的掠夺和对世界环境的污染基础上，因此，他们应该在解决全球性问题的过程中承担主要的责任，向发展中国家提供技术、信息和人才方面的帮助。在这个过程中，国家主权尤其是发展中国家的主权不能轻易让渡。

总之，从广大的发展中国家人民的利益出发，将之确立为价值的关注的中心之一，不仅应该成为环境保护的出发点，而且应该成为人类中心主义重构的基本支点之一。现在，“人类命运共同体”和“全人类共同价值”的科学理念，集中表达了我们对国际生态正义的看法。

第二，在国家范围中重构人类中心主义，就是要在人和自然关系领域中关注绝大多数人的根本利益以及特殊群体和弱势群体的需要和利益，实现完全的社会正义。

传统的人类中心主义是在资本主义工业文明高度发展的背景下形成的，只考虑到了富裕的白人男性有产者的需要和利益，而忽视了无产者、贫困人口、有色人种和女性的需要和利益，因此，这种人类中心主义极端狭隘。而生态中心主义在解构传统人类中心主义的过程中，也忽视了这些问题。在存在着严重的阶级对立、贫富差距、人种歧视和性别差异的情况下，不从这些问题入手解决生态环境问题的生态中心主义，显然是缘木求鱼。因此，我们必须将自己的视野转向社会中的绝大多数人以及特殊群体和弱势群体，妥善处理局部利益和整体利益的关系。只有在彻底实现社会公正的前提下，才可能真正实现生态公正。

一是必须关注无产者的需要和利益，将人类解放作为社会发展的最高理想。传统的人类中心主义确立的是有产者的中心地位，而不包括无产者在内的广大劳动人民。现在人类面临的生态异化其实是资本主义社会的劳动异化造成的。尽管现代资本主义的发展在一定的程度上改善了生态环境，甚至一度引领着目前世界生态环境保护的潮流，但是，问题的实质并没有改变。现在，在研究和解决全球性生态环境问题的过程中，尽管存在着“全人类的共同利益”，但是，阶级利益的差异也是客观存在的事实。因此，要协调人和自然的关系，确立人对自然的责任和义务，还必须将正义的原则制度化。而这就需要我们对社会结构进行彻底的变革，实现从资本主义向社会主义的过渡；同时，在社会全面进步的基础上，还必须加大社会主义政治文明的建设力度。阶级分析法是我们重构人类中心主义必须坚持的基本的原则。

二是必须关注贫穷者的需要和利益，将共同富裕作为社会发展的重要价值取向。传统的人类中心主义是在社会两极分化的环境中形成的，确立的是在社会中占少数的富裕者的中心地位，根本没有考虑到贫困人口的需要和利益。事实上，贫困问题和生态环境问题之间存在着复杂的关系。贫困人口往往是生态环境问题的最大受害者，“发展中国家和工业化国家中的贫穷人口常常分担过多的环境负担，这一点已越来越得到承认。很明显，城市里贫穷的街区可能成为有毒废物的倾倒地，遭受过多的空气污染，过分地暴露在工业危险物之中，或是缺少卫生或可饮用的水”，“乡村的穷人可能由于贫穷被迫以不可持续的方式开采森林、利用土地和其他资源”[1]。因此，实现社会正义的关键问题是消灭贫困，将共同富裕作为社会发展的重要价值。只有这样，才能扭转贫困与生态环境恶化之间的恶性循环。因此，在改革开放和社会主义现代化建设的过程中，我们始终按照共同富裕的原则加大反贫困的力度。在这个问题上，“社会主义的目的就是要全国人民共同富裕，不是两极分化。如果我们的政策导致两极分化，我们就失败了；如果产生了什么新

1 ［美］埃迪斯·布朗·韦斯：《环境公平与国际法》，联合国环境规划署编：《环境法与可持续发展》，王之佳等译，北京：中国环境科学出版社，1996 年版，第 9 页。

的资产阶级，那我们就真是走了邪路了。”[1] 这些对于广大的发展中国家也具有普遍的意义和价值。在这个意义上，我们必须将贫困人口的需要和利益作为价值关注的中心之一。

三是必须关注女性以及其他特殊和弱势群体的需要和利益，实现包括男女平等在内的完全的社会平等。传统的人类中心主义确立的是白人男性的中心地位，女性和有色人种是不包括在内的，存在着严重的性别歧视和种族歧视。正如生态女性主义指出的那样，在西方传统中，在统治自然和统治女性之间、在统治自然和统治有色人种之间，存在着内在的关联；性别歧视和人种歧视强化、加剧了生态环境恶化的趋势；而妇女和有色人种成为生态环境恶化的最大牺牲品。这就“要求我们用平等主义的眼光来看待历史，重新审视的目光不只是妇女的，而且也是社会和种族群体的，是来自自然环境的，这些从前都被作为下层的资源所忽视，但西方文化和它的进步却都建立在它们之上”[2]。这样，我们就必须通过制度化的安排，扩大和充分保障妇女和有色人种（少数民族）对社会生活的全面参与。因此，我们必须把这些群体的需要和利益作为价值关注的中心之一。

总之，从无产者、贫困人口、女性、有色人种的利益出发，将之确立为价值的关注的中心，不仅是环境保护的基本出发

---

1 《邓小平文选》第 3 卷，北京：人民出版社，1993 年版，第 110-111 页。

2 ［美］卡洛琳·麦茜特：《自然之死——妇女、生态和科学革命》，吴国盛等译，长春：吉林人民出版社，1999 年版，《导论：妇女与生态》第 2 页。

点，而且是重构人类中心主义的主要支点。这是实现生态正义的基本要求。

这样，我们就从国际和国内两个方面对人类中心主义进行了重构。可见，在对待社会的责任上，重构的人类中心主义认识到了具有具体的、历史的、特殊的作为整体的人类利益的重要性，要求人类的行为不能损害社会中绝大多数人的根本利益以及特殊群体和弱势群体的利益。因此，我们可以把这种人类中心主义称为"系统的人类中心主义"(systemism anthropocentrism)。其实，这是"系统的人文主义"(systemism humanism)。

由上可见，在生态的、永续的和系统的方向上重构的人类中心主义其实已经彻底解构了传统人类中心主义，因此，我们可以把具有生态的、永续的和整体的、特征的人类中心主义称为"新人文主义"。这种新人文主义"作为完成了的自然主义，等于人道主义，而作为完成了的人道主义，等于自然主义，它是人和自然界之间、人和人之间的矛盾的真正解决，是存在和本质、对象化和自我确证、自由和必然、个体和类之间的斗争的真正解决"。[1]只有在这种新人文主义的基础上，我们才可能真正确立起生态价值和生态道德，这样，人和自然的协调发展也才是真正可能的。在此基础上，我们才能实现全面的、系统的生态正义。

---

1 《马克思恩格斯文集》第 1 卷，北京：人民出版社，2009 年版，第 185 页。

第四节　生态扶贫和生态脱贫的正义价值

公平正义是社会主义的基本价值取向。我国仍然处于并将长期处于社会主义初级阶段，贫困问题在我国难以避免并一度长期存在。贫穷落后问题和生态环境问题存在着复杂关联。因此，为了夺取脱贫攻坚战的全面胜利，党的十八大以来，我国坚持将生态环境保护和扶贫开发统一起来，坚持将绿色发展和共享发展统一起来，坚持将生态文明建设和实现共同富裕统一起来，统筹推进防范化解重大风险、精准脱贫、污染防治风险防控三大攻坚战，大力推进“生态扶贫”和“生态脱贫”，最终助力脱贫攻坚战取得全面胜利，形成了一系列宝贵经验，集中彰显着社会主义的生态正义追求。

一、生态扶贫和生态脱贫的现实课题

除了社会经济等方面的原因之外，贫困状况的发生和贫困程度的大小往往与生态环境状况存在着极为密切的关联。国际社会将之命名为“贫困和环境的恶性循环”。可以将这种现象和问题简称为“生态贫困”或“生态贫穷”。例如，1993 年世界环境日的主题为“贫穷与环境——打破恶性循环”（Poverty and the Environment—Breaking the Vicious Circle）。长期以来，生态贫困或生态贫穷是影响我国贫困地区和贫困人口脱贫以

及实现共享发展和共同富裕的短板。中国共产党高度正视这一问题。

1. 人力资本的开发程度低

人口因素是影响可持续发展的基本自然变量。人口增长过快和人口素质的普遍低下是影响贫困人口脱贫的基本障碍。在过去两次生育高峰期间，我国西部大部分省区的生育峰值都很高，且持续时间较长，有的省区的生育高峰甚至持续长达 20 年之久。同时，由于社会事业落后，贫困地区人口素质的提高面临沉重压力。从文化程度来看，2014 年[1]贫困地区劳动力中，不识字或识字不多所占比重为 8.7%，小学文化程度占 35%，初中占 45.7%，高中及以上文化程度占 10.5%。从卫生健康情况来看，2014 年，贫困地区农村居民身体状况为健康的人数占 89.7%，体弱多病占 6.3%，长期慢性病占 3.4，患有大病占 0.6%。[2] 这样，贫困地区人口数量的迅速增长以及人口数量和人口素质的逆向发展，加剧了生态环境压力，形成了脱贫的突出障碍。这也是影响我国可持续发展的突出问题。

2. 自然生态的天然禀赋低

尽管我国"地大物博"，但普遍存在着土地资源、水资源和生活能源的短缺问题。从总体上来看，我国人均耕地面积不

---

1 2015 年 10 月，党的十八届五中全会提出"生态保护扶贫"的政策理念（见后），标志着我国开始正式地、大规模地推进生态扶贫和生态脱贫。因此，我们主要选择 2014 年的数据来说明问题。

2 国家统计局住户调查办公室：《中国农村贫困监测报告（2015）》，北京：中国统计出版社，2015 年版，第 31-32 页。

到世界平均水平的50%，人均水资源不到世界平均水平的30%。具体到贫困地区来看，2014 年，82.3%的农户不存在饮水困难，7.4%的农户当年连续缺水时间超过 15 天；57.8%的农户使用柴草为主要炊用燃料[1]。从地理空间上看，我国贫困地区大部分分布在中西部地区的深山区、石山区、高寒山区、沙漠荒漠地区、喀斯特石漠化地区、黄土高原区、大江大河等生态脆弱区。“其共同特征为：地处偏远、交通不便、生态失调、自然条件差、生产手段落后、粮食产量低、生活能源短缺、收入来源单一、就业机会少、信息闭塞、农民文化素质不高等。”[2] 从空间布局看，这些地区贫困问题与生态恶化高度重叠。20 多年前，我国生态脆弱区中有 76%的县是贫困县，占全国贫困县的 73%。这是造成和加剧贫困的客观因素，是影响可持续发展的重要障碍。

3. 生态环境退化程度较高

我国贫困地区大多地处生态敏感地带，即介于两种或两种以上具有明显差异生态环境的过渡带和交错带。随着人类活动强度的增大，进一步加剧了自然生态环境的退化，导致了土地沙漠化和荒漠化。沙漠化、荒漠化与贫困问题同样存在着恶性循环。我国是世界上荒漠化面积最大、受风沙危害严重的国家。全国有荒漠化土地 261.16 万平方公里，占国土面积的 27.2%；

---

1 国家统计局住户调查办公室：《中国农村贫困监测报告（2015）》，北京：中国统计出版社，2015 年版，第 30 页。

2 《中国 21 世纪议程——中国 21 世纪人口、环境与发展白皮书》，北京：中国环境科学出版社，1994 年版，第 47 页。

沙化土地 172.12 万平方公里，占国土面积的 17.9%。我国近 35%的贫困县、近 30%的贫困人口分布在西北沙区。[1] 长期以来，强度樵采、过度耕种和超载放牧造成的沙漠化和荒漠化，动摇和摧毁了贫困地区人民生存与发展的自然物质基础。现在，我国荒漠植被盖度小于 20%的沙化土地有近 89 万平方公里，占全部沙化土地的一半以上。[2] 可见，沙漠化和荒漠化地区、生态脆弱区、深度贫困地区高度重叠，既是脱贫攻坚的重点难点地区，也是可持续发展的主战场。

4. 灾害频繁而且损失较高

我国是世界上自然灾害最为严重的国家之一。我国自然灾害的多发性和严重性是由其特有的自然地理环境决定的，并与社会经济发展状况密切相关。此外，近代大规模的开发活动，加重了各种自然灾害的严重性和风险性。[3] 具体到贫困地区的情况来看，其气候类型复杂、经济落后、水利设施较差，往往成为自然灾害多发地区。2014 年，贫困地区 67.4%的村经历了自然灾害，主要以旱灾、水灾、植物病虫害为主，分别占 35%、15.2%和 6.2%。[4] 同时，灾害使农村返贫现象严重。据有关方

1 张建龙：《防治土地荒漠化 助力脱贫攻坚战——纪念第二十四个世界防治荒漠化和干旱日》，《人民日报》2018 年 6 月 11 日第 14 版。

2 寇江泽：《我国荒漠化和沙化土地面积连续三个监测期保持“双减少”》，《人民日报》2020 年 6 月 17 日第 14 版。

3 《中国 21 世纪议程——中国 21 世纪人口、环境与发展白皮书》，北京：中国环境科学出版社，1994 年版，第 152 页。

4 国家统计局住户调查办公室：《中国农村贫困监测报告（2015）》，北京：中国统计出版社，2015 年版，第 36 页。

面统计，过去，我国农村每年因自然灾害返贫或因灾致贫的人口超过 1000 万。从自然地理因素对健康的影响来看，2014 年，贫困地区农村中 84.5%的村不存在地方病，1%的村存在大骨节病，0.9%的村存在地方氟中毒，0.7%的村存在布氏杆菌病，0.7%的村存在血吸虫病。[1] 可见，灾害地区和贫困地区也存在着重叠的问题，要求从巩固可持续发展能力的方面推进扶贫攻坚战。

显然，我国的贫困属于典型的自然生态环境约束型贫困。我国贫困人口的分布具有典型的地域性的特征。这种情况构成了我国贫困形成和加剧的自然生态环境方面的原因，而贫困的形成和加剧反过来对自然生态环境又造成了沉重的压力，这样，就陷入了复杂的贫困与环境的恶性循环当中。因此，在坚持社会主义的前提下，如何科学有效地破解贫困和环境之间的恶性循环，使贫困地区和贫困人口迅速高效地走上生产发展、生活富裕、生态良好的文明发展道路，成为我国扶贫攻坚战的重要任务和重要目标。

二、生态扶贫和生态脱贫的科学探索

自 1921 年成立以来，在谋求人民解放和人民幸福的过程中，中国共产党就十分重视打破贫困和生态、贫困和环境之间

---

1 国家统计局住户调查办公室：《中国农村贫困监测报告（2015）》，北京：中国统计出版社，2015 年版，第 36 页。

的恶性循环，注重从生态环境保护方面来改变我国贫穷落后的面貌，改善我国人民贫穷困顿的生活，最终创造性地提出了“生态扶贫”和“生态脱贫”的战略理念和战略举措，加快了我国反贫困的历史步伐，推动创造了世界反贫困的历史奇迹。

1. 新民主主义革命时期减贫的生态探索

早在新民主主义革命时期，从“关心群众生活”的高度，我们党就提出了通过生态环境措施来改变中国贫穷落后面貌的设想。在土地革命战争中，1932 年，毛泽东签署颁布的《中华苏维埃共和国临时中央政府人民委员会对于植树运动的决议》提出：“为了保障田地生产，不受水旱灾祸之摧残以减低农村生产影响群众生活起见，最便利而有力的方法，只有广植树木来保障河坝，防止水灾旱灾之发生，并且这一办法还能保护道路，有益卫生。”[1] 这一决议看到了通过植树造林改善生态环境进而改善贫穷落后面貌的价值，并要求通过群众运动开展植树造林。在抗日战争时期，1946 年 4 月，在共产党领导下的延安，《陕甘宁边区宪法原则》旗帜鲜明地指出，“人民有免于经济上偏枯与贫困的权利，保证方法为减租减息与交租交息，改善工人生活与提高劳动效率，大量发展经济建设，救济灾荒，扶养老弱贫困”[2]。在此之前，边区政府提出，“普及植树，兴

1 《毛泽东论林业（新编本）》，北京：中央文献出版社，2003 年版，第 11 页。
2 中国社会科学院近代史研究所《近代史资料》编译室主编：《陕甘宁边区参议会文献汇辑》，北京：知识产权出版社，2013 年版，第 316 页。

修水利，以利灌溉而防水旱灾”[1]。可见，我们党当时就明确将免于经济不公平和免于贫困看作是人民的固有权利，将生态环境措施看作是落实这种权利的重要保障。在总体上，我们党已经科学地认识到植树造林、兴修水利、环境卫生、防灾减灾等生态环境建设活动对于改变贫穷落后的价值，并在局部地区创造性地开展了一些实际工作。但是，在残酷的战争环境中，这些美好设想很难完全成为现实。

2．社会主义革命和建设时期减贫的生态探索

中华人民共和国成立以后，面对旧中国留下的“一穷二白”和“山河破碎”的烂摊子[2]，在进行社会主义改造和社会主义建设的过程中，我们党十分重视通过生态环境建设来改变人民群众的贫困生活、改变我国贫穷落后的面貌。1952 年 10 月 29 日，毛泽东在徐州考察时指出：“发动群众，依靠群众，穷山可以变成富山，恶水可以变成好水。要发动群众，上山栽树，一定要改变徐州荒山的面貌！”[3] 这里，明确将群众性的绿化运动看作是改变贫穷落后的重要方法。进而，他要求通过发展社会主义的方式来摆脱贫困。“全国大多数农民，为了摆脱贫困，改

---

1 中国社会科学院近代史研究所《近代史资料》编译室主编：《陕甘宁边区参议会文献汇辑》，北京：知识产权出版社，2013 年版，第 217 页。

2 例如，1938 年 6 月 9 日，蒋介石国民党军队炸开黄河花园口大堤企图阻止侵华日军南下，结果不但没有阻挡住日军，反倒造成了跨越豫、皖、苏三省 44 个县的黄泛区。由此造成的生态灾难，进一步加剧了黄泛区的贫穷落后，致使民不聊生。

3 《毛泽东年谱（一九四九——一九七六）》第 1 卷，北京：中央文献出版社，2013 年版，第 621 页。

善生活，为了抵御灾荒，只有联合起来，向社会主义大道前进，才能达到目的”[1]。尽管在此期间发生过一些曲折和反复，但由于我们党坚持在社会主义的前提下通过生态环境建设来摆脱贫困，大力推动植树造林、大江大河治理、水土流失治理、爱国卫生运动等群众性生态环境建设活动，最终迅速促进我国“换了人间”。

3. 改革开放和社会主义现代化建设新时期减贫的生态探索

党的十一届三中全会之后，邓小平明确提出，贫穷不是社会主义，社会主义必须避免西方社会先污染后治理的弊端。

1992 年，我国将可持续发展确立为解决环境和发展问题的重大举措。1994 年，《国家八七扶贫攻坚计划（一九九四—二○○○年）》提出：“林业部门要支持贫困地区发展速生丰产用材林、名特优经济林以及各种林副产品，协同有关部门，形成以林果种植为主的区域性支柱产业；加快植被建设、防风治沙，降低森林消耗，改善生态环境”[2]。这样，就明确了林业部门通过林业建设扶贫的政治责任和具体措施。1997 年，江泽民在党的十五大上提出，在我国社会主义现代化建设中必须坚持可持续发展战略。1999 年，《中共中央、国务院关于进一步加强扶贫开发工作的决定》提出：“中央各有关部门、各级地方政府在安排交通、通信、能源、水利等基础设施建设以及生态

1 《毛泽东文集》第 6 卷，北京：人民出版社，1999 年版，第 429 页。

2 《十四大以来重要文献选编》上，北京：人民出版社，1996 年版，第 783 页。

建设、农业综合开发、商品粮等农产品基地建设项目时，要积极向贫困地区倾斜，与扶贫开发紧密结合起来，改善贫困地区基本生产条件，加快解决贫困群众温饱和脱贫致富的步伐。”[1]这样，就提出了生态环境建设与扶贫开发相结合的要求。2001 年，《中国农村扶贫开发纲要（二〇〇一—二〇一〇年）》提出：“扶贫开发必须与资源保护、生态建设相结合，与计划生育相结合，控制贫困地区人口的过快增长，实现资源、人口和环境的良性循环，提高贫困地区可持续发展的能力。”[2] 这样，就提出了扶贫开发与人口资源环境工作相结合的要求。人口资源环境工作是可持续发展的基础工作。

在此基础上，2007 年，胡锦涛在党的十七大报告中将建设生态文明确立为全面建设小康社会奋斗目标的新要求，将之作为基本消除绝对贫困现象的重要举措。2012 年，胡锦涛在党的十八大报告中将生态文明纳入了总体布局中，形成了“五位一体”中国特色社会主义的总体布局。他提出，建设生态文明，关系人民福祉、关乎民族未来。这样，就提出了通过建设生态文明来摆脱贫困的政策思路。

4．中国特色社会主义新时代减贫的生态探索

到党的十八大召开的前后，随着全面建成小康社会取得突破性进展和成就，我国反贫困的成就更令世人瞩目。“全国现

---

1 《十五大以来重要文献选编》中，北京：人民出版社，2001 年版，第 893 页。
2 《十五大以来重要文献选编》下，北京：人民出版社，2003 年版，第 1878 页。

行标准下的农村贫困人口由2012年底的9899万人减少到2017年底的3046万人，5年累计减贫6853万人，减贫幅度达到70%左右。贫困发生率由2012年底的10.2%下降到2017年底的3.1%，下降7.1个百分点。年均脱贫人数1370万人，是1994年至2000年‘八七扶贫攻坚计划’实施期间年均脱贫人数639万的2.14倍，是2001年至2010年第一个十年扶贫纲要实施期间年均脱贫人数673万的2.04倍，也打破了以往新标准实施后脱贫人数逐年递减的格局。”[1] 但由于一系列因素的影响，我国贫困问题在党的十八大前后仍然存在着一些“硬骨头”，成为全面建成小康社会的“拦路虎”。

为了打赢脱贫攻坚战，2012年年底，党的十八大召开后不久，习近平总书记就突出强调，小康不小康，关键看老乡。关键在贫困地区的老乡能不能摆脱贫困。党中央以对人民高度负责的政治使命感承诺，决不能让一个贫困地区、一个贫困群众掉队。这样，就拉开了新时代脱贫攻坚的序幕。2015年10月29日，党的十八届五中全会提出，“对‘一方水土养不起一方人’的实施扶贫搬迁，对生态特别重要和脆弱的实行生态保护扶贫”[2]。除了“生态移民”外，这里明确提出了“生态保护扶贫”的理念和政策。2015年11月29日，党中央和国务院明确提出，必须“坚持保护生态，实现绿色发展。牢固树立绿水青

1 习近平：《在打好精准脱贫攻坚战座谈会上的讲话》，《求是》2020年第9期。
2 《中共中央关于制定国民经济和社会发展第十三个五年规划的建议》，《人民日报》2015年11月4日第1版。

山就是金山银山的理念，把生态保护放在优先位置，扶贫开发不能以牺牲生态为代价，探索生态脱贫新路子，让贫困人口从生态建设与修复中得到更多实惠”[1]。这里，明确提出了“生态脱贫”理念和政策。2016 年 11 月 23 日，《“十三五”脱贫攻坚规划》要求探索生态脱贫的有效途径。2017 年 10 月，党的十九大提出，必须坚持精准扶贫和精准脱贫，坚决打赢脱贫攻坚战。为了贯彻落实党的十九大精神，2018 年 1 月 24 日，按照国务院扶贫开发领导小组统一部署，国家发展改革委、国家林业局、财政部、水利部、农业部、国务院扶贫办共同制定的《生态扶贫工作方案》提出：“协调好扶贫开发与生态保护的关系，把尊重自然、顺应自然、保护自然融入生态扶贫工作全过程。进一步处理好短期扶贫与长期发展的关系，着眼长远，立足当前，综合考虑自然资源禀赋、承载能力、地方特色、区域经济社会发展水平等因素，合理确定生态扶贫工作思路，统筹推进脱贫攻坚与绿色发展。”[2] 这里，进一步明确了“生态扶贫”的理念和政策。

从其含义和要求来看，生态扶贫就是通过绿色发展的方式来帮扶贫困地区和贫困人口摆脱贫困，统筹推进生态文明建设和扶贫攻坚战。生态脱贫就是要通过绿色发展的方式使贫困地

---

1 《中共中央、国务院关于打赢脱贫攻坚战的决定》，《人民日报》2015 年 12 月 8 日第 1 版。

2 国家发展改革委等：《生态扶贫工作方案》，中国政府网（http：//www.gov.cn/xinwen/ 2018-01/24/content_5260157.htm）

区和贫困人口摆脱贫困，统筹推进生态文明建设和脱贫攻坚战。简言之，生态扶贫是指党和国家以及全社会通过生态文明建设来扶贫，生态脱贫是指贫困地区和贫困人口通过生态文明建设来脱贫。

到 2021 年年初，我国脱贫攻坚战已经取得了全面胜利，现行标准下 9899 万农村贫困人口全部脱贫，832 个贫困县全部摘帽，12.8 万个贫困村全部出列，区域性整体贫困得到解决，完成了消除绝对贫困的艰巨任务。[1]其中，生态扶贫和生态脱贫，功不可没。

三、生态扶贫和生态脱贫的创新举措

党的十八大以来，按照以人民为中心的发展思想，按照“绿水青山就是金山银山”的科学理念，我们“通过生态扶贫、易地扶贫搬迁、退耕还林等，贫困地区生态环境明显改善，实现了生态保护和扶贫脱贫一个战场、两场战役的双赢。”[2] 最终，生态扶贫和生态脱贫成为消除绝对贫困的重大战略创新和举措。

1. 加强对贫困地区的人力资本投入

由于科学地认识到人力资源是第一资源，因此，我们坚持提高贫困人口的科学教育文化水平和身体素质，坚持教育扶贫

1 习近平：《在全国脱贫攻坚总结表彰大会上的讲话》，《人民日报》2021 年 2 月 26 日第 2 版。

2 习近平：《在打好精准脱贫攻坚战座谈会上的讲话》，《求是》2020 年第 9 期。

和健康扶贫，以增强我国的人力资本实力。党的十八大以来，“我们紧紧扭住教育这个脱贫致富的根本之策，强调再穷不能穷教育、再穷不能穷孩子，不让孩子输在起跑线上，努力让每个孩子都有人生出彩的机会，尽力阻断贫困代际传递。”[1] 随着国民经济的发展，各级政府逐年加大对贫困地区的教育投入。经过努力，义务教育阶段建档立卡贫困家庭辍学学生实现动态清零。千百万贫困家庭的孩子享受到更公平的教育机会，通过住宿舍、吃食堂告别了天天跋山涉水上学的困难局面。同时，我们坚持加强对贫困地区卫生保健事业和体育事业的投入，大力发展贫困地区的公共卫生事业和体育事业，切实做好地方病、传染病、流行病的防治工作。其中，“2000 多万贫困患者得到分类救治，曾经被病魔困扰的家庭挺起了生活的脊梁。近 2000 万贫困群众享受低保和特困救助供养，2400 多万困难和重度残疾人拿到了生活和护理补贴。”[2] 这样，就增强了贫困地区的人力资本实力，有效增强了贫困地区发展的内生动力，降低了人口因素造成的生态环境压力。

2. 加强对贫困地区的自然资本投入

我们坚持持续加大对贫困地区的自然资本投入，通过推动生态环境建设来夯实扶贫攻坚战的可持续基础。对于绿水青山

---

1 习近平：《在全国脱贫攻坚总结表彰大会上的讲话》，《人民日报》2021 年 2 月 26 日第 2 版。

2 习近平：《在全国脱贫攻坚总结表彰大会上的讲话》，《人民日报》2021 年 2 月 26 日第 2 版。

的地方，我们坚持探索将绿水青山转化为金山银山的科学路径，通过生态产业化的方式推动扶贫脱贫。例如，通过大力发展生态旅游和森林康养等绿色产业，促进这些地区贫困人口迅速脱贫。对于穷山恶水的地方，我们坚持通过生态保护和生态修复优化贫困地区的生存条件和生存环境，为摆脱贫困创造适宜的自然条件。在这方面，我们采取的主要举措有：

第一，坚持加大贫困地区生态保护修复力度。例如，针对地处毛乌素沙漠的天然风口地带造成的贫困，山西省右玉县坚持植树造林 70 余年不动摇，最终通过改善生态环境告别了贫困，由此形成了“右玉精神”。

第二，坚持加大贫困地区新一轮退耕还林还草力度。对贫困地区二十五度以上的基本农田，我们将其纳入退耕还林范围，并合理调整基本农田保有指标。

第三，改革中央财政用于国家重点生态功能区的生态补偿资金的使用。比如，结合建立国家公园体制，我们让有劳动能力的贫困人口就地转成护林员等生态保护人员，从生态补偿和生态保护工程资金中支取他们保护生态的劳动报酬。党的十八大以来，“110 多万贫困群众当上护林员，守护绿水青山，换来了金山银山。”[1]

第四，坚持让自然资源开发收益造福全体人民尤其是贫困

1 习近平：《在全国脱贫攻坚总结表彰大会上的讲话》，《人民日报》2021 年 2 月 26 日第 2 版。

人口。例如，对在贫困地区开发水电、矿产资源占用集体土地者，我们试行给原住居民集体股权方式进行补偿。同时，我们力求完善资源开发收益分享机制，使贫困地区更多分享开发收益。[1]

第五，坚持增强贫困地区的增强防灾减灾能力，努力促进经济社会发展与人口资源环境相协调。

这样，我们就确保实现了“依靠生态保护脱贫一批”和“依靠生态补偿脱贫一批”的精准脱贫和精准扶贫的政策目标。

3. 大力有序推进生态移民

由于在极端生态恶劣的地区生存已经不易，如果人类活动强度降不下来的话，只能使贫困进一步加剧，陷入深度的贫困和环境的恶性循环中。因此，我国提出，在“十三五”时期，“对‘一方水土养不起一方人’的实施扶贫搬迁，对生态特别重要和脆弱的实行生态保护扶贫”[2]。按照这一政策安排，我们大力推动生态移民工程，实行“易地搬迁”脱贫一批。这就是国家鼓励和支持生存条件极其恶劣地区的贫困人口通过移民搬迁、异地开发的方式，开辟解决温饱、走向小康的新途径。在实践中，我们选择一些与贫困地区毗邻的山水资源较好、生态环境有潜力的地区进行开发，建设一些生态经济区和产业项

---

1 《中华人民共和国国民经济和社会发展第十三个五年规划纲要》，《人民日报》2016 年 3 月 17 日第 1 版。

2 《中共中央关于制定国民经济和社会发展第十三个五年规划的建议》，《人民日报》2015 年 11 月 4 日第 1 版。

目，创造就业机会，在此基础上，迁移一部分贫困人口，并帮助他们掌握一些实用的致富技术。

早在福建省工作期间，习近平同志就负责福建省对口支援宁夏回族自治区的脱贫工作，在永宁县闽宁镇实施移民搬迁工程。2016 年 7 月 19 日，他在视察该镇原隆村时指出："移民搬迁走出了一条发展经济和生态文明建设的路子，如果都集中在不能生存、不能生产的地方，也会破坏当地的生态条件，形成恶性循环。把一方水土养活不了一方人的地方的群众搬出来，到有利于发展的地方发展，让原来的地方宽松一点，生态也能得到改善修复，这是一条可持续的道路。"[1] 电视连续剧《山海情》用艺术的方式生动地再现了这一生态移民工程波澜壮阔的画卷。

显然，实施生态移民工程是生态扶贫、脱贫的创新之举。

4．加强对贫困地区基础设施建设的投入

党的十八大以来，国家坚持将大力发展贫困地区的供电、交通、电信等基础设施事业作为投入的重点，将大力发展贫困地区的环境基础设施建设作为投入的重点，将发展贫困地区的新型基础设施建设作为投入的重点，逐步实现了基本公共服务的均等化和一体化。同时，各级政府坚持帮助贫困地区建设一批适当的水利设施工程，努力解决好人畜饮水和农田必要用水

1 中共中央文献研究室编：《习近平关于社会主义生态文明建设论述摘编》，北京：中央文献出版社，2017 年版，第 72 页。

的问题。

党的十八大以来，贫困人口告别苦咸水、喝上了清洁水，实现了饮水安全。具备条件的乡镇和建制村全部通硬化路、通客车、通邮路。从交通来看，许多乡亲告别溜索桥、天堑变成了通途。新改建农村公路 110 万公里，新增铁路里程 3.5 万公里。这样，就实现了出行安全。从供电来看，贫困地区农网供电可靠率达到 99%，大电网覆盖范围内贫困村通动力电比例达到 100%。这样，就保证了贫困地区的用电需求。从通信来看，贫困村通光纤和 4G 比例均超过 98%。这样，就保证了贫困人口的交往需求。从住房来看，全国 790 万户、2568 万贫困群众的危房得到改造，累计建成集中安置区 3.5 万个、安置住房 266 万套，960 多万人搬入了新家园。这样，就实现了住房安全。[1] 总之，在改善贫困人口的生存条件和生活条件的同时，我们夯实了贫困地区的可持续发展基础上，促进了脱贫致富。

通过上述努力，我们有效地改变了贫困地区的生态环境状况，夯实了贫困地区摆脱贫困的可持续发展基础，进一步提升了贫困地区的可持续发展能力，从而助推提前 10 年实现《联合国 2030 年可持续发展议程》的反贫困目标。

1 习近平：《在全国脱贫攻坚总结表彰大会上的讲话》，《人民日报》2021 年 2 月 26 日第 2 版。

四、生态扶贫和生态脱贫的基本经验

在科学把握环境和贫困的恶性循环规律、人与自然和谐共生规律的基础上，我们党创造性地提出了生态扶贫和生态脱贫的理念和政策。生态扶贫和生态脱贫是精准扶贫和精准脱贫的内在要求和重要举措，是消除绝对贫困的条件和路径。在这方面，我们形成了宝贵的经验。

1．坚持满足人民美好生活需要

人民性是马克思主义的鲜明政治立场和基本价值取向。马克思恩格斯极为关注处于贫困状态中的工人和穷人的生态需要和生态权益。

按照古代马尔克公社传统，穷人有到林地捡拾柴火的权利。但随着土地和林地的私有化，这种天赋权利被视为“盗窃”。针对这种不公不义的野蛮行为，马克思大力维护穷人享有自然资源的天然权利。同样，针对资本主义工业污染对工人和穷人造成的健康危害，恩格斯严正地指出：“在低矮的房子里劳动，吸进的煤烟和灰尘多于氧气，而且大部分人从 6 岁起就在这样的环境下生活，这就剥夺了他们的全部精力和生活乐趣。”[1] 显然，只有在私有制条件下，贫穷和环境的恶性循环才会成为一个严重的社会问题。因此，恩格斯在《自然辩证法》中提出，尽管资本主义工业化“已经降服了自然力”，但造成了以下恶

1 《马克思恩格斯全集》第 2 卷，北京：人民出版社，2005 年版，第 44 页。

果："过度劳动日益增加，群众日益贫困，每十年发生一次大崩溃。"这样，"只有一种有计划地生产和分配的自觉的社会生产组织，才能在社会方面把人从其余的动物中提升出来，正像一般生产曾经在物种方面把人从其余的动物中提升出来一样。"[1] "两个提升"既是穷人摆脱贫困的根本出路，更是工人实现解放的根本选择。

可见，在马克思恩格斯那里，"一开始就隐含着一个所谓的环境无产阶级概念"[2]。因此，我们必须始终站在无产阶级和劳动人民的立场上来打破贫困和环境的恶性循环。

按照人民群众是历史创造者的历史唯物主义基本原理和党的全心全意为人民服务的根本宗旨，党的十八届五中全会创造性地提出了以人民为中心的发展思想。

其实，我们党始终坚持把群众满意度作为衡量脱贫成效的重要尺度，集中力量解决贫困群众的基本民生需求。习近平总书记指出："做好扶贫开发工作，支持困难群众脱贫致富，帮助他们排忧解难，使发展成果更多更公平惠及人民，是我们党坚持全心全意为人民服务根本宗旨的重要体现，也是党和政府的重大职责。"[3] 为此，我们持续加大了相关投入。在此基础上，顺应我国社会主要矛盾的变化，党的十九大提出："我们要建

---

1 《马克思恩格斯全集》第 26 卷，北京：人民出版社，2014 年版，第 479-480 页。

2 John Bellamy Foster，Engels's *Dialectics of Nature* in the Anthropocene，*Monthly Review*，Vol. 72，No. 6，2020，pp.1-17.

3 习近平：《在河北省阜平县考察扶贫开发工作时的讲话》，《求是》2021 年第 4 期。

设的现代化是人与自然和谐共生的现代化，既要创造更多物质财富和精神财富以满足人民日益增长的美好生活需要，也要提供更多优质生态产品以满足人民日益增长的优美生态环境需要。”[1] 通过生态扶贫和生态脱贫，可以有效改善和优化贫困地区的生态环境条件，从而能够有效增强自然界生产和供给生态产品甚至是物质产品的能力。这样，不仅可以有效满足贫困人口的生态环境需要和物质文化需要，而且可以有效发挥其溢出效应以满足全体人民的美好生活需要。例如，在“十三五”期间，我国旅游扶贫的目标是：每年 200 万贫困人口通过旅游业发展实现脱贫；到 2020 年，通过乡村旅游带动 1000 万贫困人口脱贫。据国家乡村旅游监测中心统计，我国通过乡村旅游脱贫人数已占脱贫总人数约三成。[2]

可见，我们党始终坚持按照人民性的政治立场和价值取向推动生态扶贫和生态脱贫。生态扶贫和生态脱贫，不仅是满足人民群众的优美生态环境需要的重要举措，而且是满足其物质文化需要的重要途径。此外，我们也十分重视共建共治在生态扶贫和脱贫中的作用。总之，坚持以满足人民群众，尤其是贫困群众的包括优美生态环境需要在内的美好生活需要为

---

1 习近平：《决胜全面建成小康社会　夺取新时代中国特色社会主义伟大胜利——在中国共产党第十九次全国代表大会上的报告》，《人民日报》2017 年 10 月 28 日第 1 版。

2 中华人民共和国外交部、国务院扶贫开发领导小组办公室：《消除绝对贫困：中国的实践》，中华人民共和国外交部网站（https：//www.fmprc.gov.cn/web/ziliao_674904/zt_674979/dnzt_674981/qtzt/2030kcxfzyc_686343/P020200927719440083744.pdf）。

出发点和落脚点，是我们取得生态扶贫和生态脱贫成就的重要经验。

2. 坚持实现生态共有生态共享

能否正视和有效解决生态贫困和生态贫穷是社会主义和资本主义的本质区别所在。资本主义工业污染是造成和加剧工人和穷人不幸和贫困的深层原因。当今，即使在“晚期资本主义”出现“绿色资本主义”转向的情况下，穷人，尤其是南方国家穷人的生态贫困的形成和加剧，往往是资本主义扩张性发展产生的恶果。例如，他们往往是发达国家“公害输出”的牺牲品。但新自由主义竟然明目张胆地要求南方国家吃下由北方国家造成的污染。理由就在于，贫穷的南方国家吃下环境污染的经济成本要低于富裕的北方国家。[1] 在发达国家内部，即使在“福利资本主义”高度发达的情况下，大都市中的贫民窟和少数族裔聚居区往往成为藏污纳垢的场所，工人和穷人不时成为环境污染的牺牲品。例如，美国的环境正义运动就是由于将垃圾填埋场建立在贫穷的有色人种社区的野蛮行为引发的。

在总体上，与追求剩余价值的目的相一致，制造“恶物”的富人是生态环境“善物”的所有者和享有者，生产“善物”的穷人是生态环境“恶物”的受害者和牺牲者。这集中体现着资本主义在生态上的不公不义。这样，“结束由生态贫困造成

---

1 Lawrence Summers，Let Them Eat Pollution，*The Economist*，Vol.322，No.7745，1992，p.66.

的饥饿”成为生态学社会主义的基本主张[1]。显然，能否彻底而有效地摆脱生态贫困或生态贫穷，直接关系到社会主义能否彻底战胜资本主义。

大力推动生态扶贫和生态脱贫，既是社会主义本质的内在要求，又是实现社会主义本质的重要途径。

长期以来，尤其是党的十八大以来，我们党反复强调，共同富裕是社会主义优越性的集中体现。“消除贫困、改善民生、实现共同富裕，是社会主义的本质要求。”[2] 因此，我们坚持上升到社会主义本质的高度来打好和打赢脱贫攻坚战。实现共同富裕是一个历史过程。共享发展体现的是逐步实现共同富裕的要求。

在创造性地提出共享发展这一新发展理念的过程中，我们党提出了生态共享的科学理念。“共享是全面共享。这是就共享的内容而言的。共享发展就要共享国家经济、政治、文化、社会、生态各方面建设成果，全面保障人民在各方面的合法权益”[3]。生态共享就是要确保全体人民共享生态文明建设的成果，切实保障全体人民的生态环境权益。共享发展的重点是贫困地区和贫困人口。如果不能让贫困地区和贫困人口共享改革发展的成果，不能共享生态文明建设的成果，那么，就不能完全实

1 ［美］詹姆斯·奥康纳：《自然的理由——生态学马克思主义研究》，唐正东等译，南京：南京大学出版社，2003 年版，第 534 页。

2 习近平：《在河北省阜平县考察扶贫开发工作时的讲话》，《求是》2021 年第 4 期。

3 习近平：《论把握新发展阶段、贯彻新发展理念、构建新发展格局》，北京：中央文献出版社，2021 年版，第 96 页。

现共同富裕，社会主义本质也就无从谈起。显然，贫穷不是社会主义，污染也不是社会主义，“贫穷+污染”当然更不是社会主义，因此，生态扶贫和生态脱贫，不仅有助于推进绿色发展和共享发展的统一，而且是社会主义本质的具体体现和创新实践。

当然，生态共享要以生态共有为前提。“社会主义是人民群众做主人，良好生态环境是全面建成小康社会的重要体现，是人民群众的共有财富。”[1] 我们坚持资源国有、物权法定的原则，切实保障人民群众尤其贫困群众的生态环境权益。在依法推动农地和林地的所有权、承包权、经营权“三权分置”的过程中，我们始终坚持集体所有的性质，从而为生态共享提供了制度保障。总之，坚持生态共有和生态共享，是我们取得生态扶贫和生态脱贫成果的重要经验。

3. 坚持完善绿色发展举国体制

在长期治国理政的实践中，我们党带领人民形成了举国体制的优势。在社会主义市场经济条件下，又将之发展成为新型举国体制。这就是坚持全国一盘棋，调动各方面积极性，集中力量办大事的显著制度优势。我国充分发挥新型举国体制在生态扶贫和生态脱贫中的重要作用。

第一，加强生态投入。我们坚持建立和完善经济要素向贫

---

1 习近平：《论坚持人与自然和谐共生》，北京：中央文献出版社，2022 年版，第 248 页。

困地区倾斜投入的政策体系，加大向贫困地区财政投入的力度。“8 年来，中央、省、市县财政专项扶贫资金累计投入近 1.6 万亿元，其中中央财政累计投入 6601 亿元。”[1] 同时，政府加大对贫困地区人力和物力的投入，坚持“输血”与“造血”相统一，坚持扶贫与扶智、扶贫与扶志相结合。

第二，加大生态补偿。“十三五”时期，我国全面建立和完善生态补偿制度，加大纵向生态补偿机制，完善财政转移支付制度，对重点生态功能区、农产品主产区、困难地区提供有效转移支付。除了财政投入之外，打响脱贫攻坚战以来，扶贫小额信贷累计发放 7100 多亿元，扶贫再贷款累计发放 6688 亿元，金融精准扶贫贷款发放 9.2 万亿元。[2] 此外，各地积极探索建立多元化生态保护补偿机制，通过科技、文化、卫生“三下乡”活动，积极推动提高贫困人口人力资本实力，加快改变贫困地区贫穷落后的面貌。这样，就实现了“生态补偿”脱贫一批的目标。

第三，设立生态管护公益岗位。近年来，我国大量设立生态管护公益性岗位，让从事看山、护林、保水等生态管护工作的贫困群众获得稳定收入，实现了生态补偿方式的创新。“2016 年至 2019 年末，国家累计安排中央资金 140 亿元，省级财政

1 习近平：《在全国脱贫攻坚总结表彰大会上的讲话》，《人民日报》2021 年 2 月 26 日第 2 版。

2 习近平：《在全国脱贫攻坚总结表彰大会上的讲话》，《人民日报》2021 年 2 月 26 日第 2 版。

资金 27 亿元，支持生态护林员选聘，在贫困地区选聘 100 万建档立卡贫困人口担任生态护林员。”[1] 生态公益岗位成为很多贫困群众就业的重要方式，也成为其家庭收入的重要来源。

在发挥新型举国体制作用的同时，我们还在推进生态扶贫和生态脱贫中积极创新这一体制。

第一，推动生态环境专项扶贫。国家人口、资源、环境部门，根据工作职能和工作分工，积极推进生态环境专项扶贫。例如，“十三五”以来，生态环境部已累计安排中央农村生态环境综合整治资金 258 亿元，支持加强农村生活污水治理，完成了 13.6 万个建制村的农村环境综合整治，其中，覆盖了 284 个国家级贫困县的 2.46 万个建制村。[2] 再如，林业部门积极统筹扶贫与生态保护“共赢”，2016 年安排贫困地区中央林业资金 417.7 亿元，比“十二五”年均增长 27%，带动 108 万贫困人口稳定脱贫。[3]

第二，建立健全横向生态补偿机制。我国积极创新横向生态补偿的方式和方法，健全区际、流域生态利益补偿机制。打响脱贫攻坚战以来，我国土地增减挂指标跨省域调剂和省域内

---

1 中华人民共和国外交部、国务院扶贫开发领导小组办公室：《消除绝对贫困：中国的实践》，中华人民共和国外交部网站（https：//www.fmprc.gov.cn/web/ziliao_674904/zt_674979/dnzt_674981/qtzt/2030kcxfzyc_686343/P02020092771944008374 4.pdf）。

2 余璐：《中国特色绿色脱贫之路：生态环保扶贫助力乡村振兴》，人民网（http：//env.people.com.cn/big5/n1/2020/1016/c1010-31894610.html）。

3 侯雪静、胡璐：《让生态建设与精准脱贫实现共赢——林业发展推进精准脱贫成就综述》，新华网（http：//www.xinhuanet.com/politics/2017-04/01/c_ 1120741688.htm）。

流转资金 4400 多亿元，东部 9 省市共向扶贫协作地区投入财政援助和社会帮扶资金 1005 亿多元，东部地区企业赴扶贫协作地区累计投资 1 万多亿元。[1]

第三，创新生态投入融资方式。为了解决经费不足的问题，我们坚持创新投融资体制机制，引入和实施政府和社会资本合作模式（PPP 模式）。在具体操作上，政府通过采用购买公共服务的方式，允许和支持各种社会力量参与生态扶贫脱贫。此外，我们坚持通过以工代赈的方式、运用集体经济的力量动员和组织贫困人口积极参与贫困地区的生态建设、基础设施建设。

这样，在大幅度提高贫困人口的收入水平、有效提高贫困人口的社会参与能力的过程中，我国就形成和完善了绿色发展举国体制。绿色发展举国体制主要是生态文明建设领域中的举国体制。坚持发挥举国体制在生态文明建设方面的优势，是我们取得生态扶贫和生态脱贫成果的重要经验。

4. 坚持绿水青山就是金山银山

除了社会制度原因之外，贫困主要是由于生产力发展不足造成的。因此，在社会主义条件下，只有大力发展生产力，才能夯实消灭贫困的经济基础。“生产力的这种发展……之所以是绝对必需的实际前提，还因为如果没有这种发展，那就只会有贫穷、极端贫困的普遍化；而在极端贫困的情况下，必须重

1 习近平：《在全国脱贫攻坚总结表彰大会上的讲话》，《人民日报》2021 年 2 月 26 日第 2 版。

新开始争取必需品的斗争，全部陈腐污浊的东西又要死灰复燃”[1]。这样，就根本难以实现公平正义。因此，我们党始终要求坚持开发扶贫和开发脱贫。但是，只有在保持生产力可持续发展的前提下，才能使生产力的发展成果成为消灭贫困的经济基础。这样，就要求发展必须是绿色发展。

对于贫困地区来说，尤其是要平衡好环境和发展的关系。例如，“有人说，贵州生态环境基础脆弱，发展不可避免会破坏生态环境，因此发展要宁慢勿快，否则得不偿失；也有人说，贵州为了摆脱贫困必须加快发展，付出一些生态环境代价也是难免的、必须的。这两种观点都把生态环境保护和发展对立起来了，都是不全面的。强调发展不能破坏生态环境是对的，但为了保护生态环境而不敢迈出发展步伐就有点绝对化了。实际上，只要指导思想搞对了，只要把两者关系把握好、处理好了，既可以加快发展，又能够守护好生态。贵州这几年的发展也说明了这一点。”[2] 因此，我们坚持按照“绿水青山就是金山银山”的理念，努力促进贫困地区走上生态优先、绿色发展为导向的高质量发展路子。

党的十八大以来，我们坚持大力推动贫困地区的绿色发展。

第一，大力加强生态环境建设。我们强调必须将加强贫困地区生态环境建设作为生态扶贫和生态脱贫的基础工程，在贫

---

1 《马克思恩格斯文集》第 1 卷，北京：人民出版社，2009 年版，第 538 页。

2 习近平：《论坚持人与自然和谐共生》，北京：中央文献出版社，2022 年版，第 62-63 页。

困地区坚持大力开展水土保持、山地灾害防治、植树造林、荒漠化防治、小流域综合治理、农田基本建设、改善交通条件等工作，并将之与发展现代高效生态农业统一起来。

第二，大力推动绿色产业扶贫。我们充分重视绿色产业在扶贫中的作用。例如，光伏发电具有清洁环保、技术可靠、收益稳定等特性，既符合精准扶贫和精准脱贫战略要求，又符合国家清洁低碳能源发展战略要求，因此，我们将之作为扶贫的重要选择。“截至 2019 年底，全国共有 27 个省（区、市）、1400 多个县开展了光伏扶贫项目建设，累计建成村级光伏扶贫电站规模约 1500 万千瓦，覆盖约 6 万个贫困村，预计年发电收益约 130 亿元。”[1] 这一绿色产业在实现扶贫脱贫、发挥贫困地区可持续优势方面发挥了重要作用。

第三，大力发展特色产业脱贫。贫困地区在生态环境方面具有自己的特殊优势，可以将之转化为经济社会优势。“现在，许多贫困地区一说穷，就说穷在了山高沟深偏远。其实，不妨换个角度看，这些地方要想富，恰恰要在山水上做文章。要通过改革创新，让贫困地区的土地、劳动力、资产、自然风光等要素活起来，让资源变资产、资金变股金、农民变股东，让绿水青山变金山银山，带动贫困人口增收。我国现有一千三百九

1 中华人民共和国外交部、国务院扶贫开发领导小组办公室：《消除绝对贫困：中国的实践》，中华人民共和国外交部网站（https：//www.fmprc.gov.cn/web/ziliao_674904/zt_674979/dnzt_674981/qtzt/2030kcxfzyc_686343/P020200927719440083744.pdf）。

十二个5A和4A级旅游风景名胜区，百分之六十以上分布在中西部地区，百分之七十以上的景区周边集中分布着大量贫困村。不少地方通过发展旅游扶贫、搞绿色种养，找到一条建设生态文明和发展经济相得益彰的脱贫致富路子，正所谓思路一变天地宽。”[1] 这样，贫困地区发展特色产业就可以将穷山恶水转化为绿水青山，就可以将绿水青山转化为金山银山。

可见，生态扶贫和生态脱贫是践行“绿水青山就是金山银山”理念的重大措施。坚持绿色发展，是我们取得生态扶贫和生态脱贫成果的重要经验。

目前，由于我国确定的贫困线低于国际标准，因此，在如期完成全面建成小康社会任务、开启全面建设社会主义现代化国家的新征程中，我们必须戒骄戒躁，在巩固生态扶贫和生态脱贫成果上作出新的努力和新的贡献，一体化推进现代化建设和乡村全面振兴。

总之，由于生态贫困或生态贫穷是影响社会正义和生态正义的突出问题，“因此，停止剥削穷人，让所有人都拥有获得健康与福祉的手段，是必不可少的。社会正义这一价值观给环保运动的启迪在于让人理解到，环境的确就是环绕于我们身边的境遇。”[2] 在这个意义上，不将生态正义扩展到贫困地区和贫

---

1 中共中央文献研究室编：《习近平关于社会主义生态文明建设论述摘编》，北京：中央文献出版社，2017年版，第30页。

2 ［美］丹尼尔·A. 科尔曼：《生态政治——建设一个绿色社会》，梅俊杰译，上海：上海译文出版社，2002年版，第129页。

困人口的生态正义，根本就不是生态正义。不关心贫困地区和贫困人口的生态伦理学（环境伦理学），根本不可能成为“深层”的、“普世”的生态伦理学（环境伦理学）。这恰好是生态中心主义的“死穴”。就此而论，生态中心主义同样是一种绿色资本主义理论。

相比之下，生态脱贫和生态扶贫是中国特色减贫道路的组成内容，是中国特色反贫困理论的重大贡献，是减贫治理中国样本的底色，是全球减贫事业中国贡献的特色。生态脱贫和生态扶贫的本质就在于坚持绿色发展、共享发展与扶贫开发的有机融合，以扶贫攻坚和脱贫攻坚促进绿色发展，以绿色发展推动扶贫攻坚和脱贫攻坚，最终实现贫困地区人口资源环境的协调发展，在共同富裕和共享发展中走向人与自然和谐共生，在生态良好的基础上实现共同富裕和共享发展。这是生态文明建设事业和反贫困事业的高度融合和创造运用。显然，生态扶贫和生态脱贫构成了社会主义生态正义的底线原则和要求，既夯实了代际正义的可持续基础，又集中彰显着代内正义。

第五节 国际生态正义的红色诉求和建构

尽管全球化是不可阻挡的历史潮流，但是，面对愈演愈烈的全球性问题，在不平衡的世界资本主义体系中，不可能形成和彰显国际生态正义。在这个问题上，习近平主席创造性地提出了人类命运共同体的科学理念，将共谋全球生态文明建设作为中国推进生态文明建设必须坚持的基本原则。这样，就集中表达了国际生态正义的基本原则。在国际社会中，一些左翼人士提出的主张，印证了人类命运共同体理念的国际生态正义价值和贡献。

一、人类命运共同体的生态正义价值

中共十八大创造性地提出了人类命运共同体的科学理念。中共十八大以来，中国积极推动人类命运共同体的构建，并将之创造性地运用到全球生态文明建设中，形成了当代中国对国际生态正义的重要追求。

1. 构建人类命运共同体的生态依据

在茫茫的宇宙中，只有地球是人类唯一的家园。人类只有一个地球。随着全球化和信息化的迅猛发展，人类家园日益成为宇宙中的一个小小村落。在地球村中，全人类具有唇亡齿寒的关系，日益成为一个不可分割的命运共同体。“这个世界，各国相互联系、相互依存的程度空前加深，人类生活在同一个地球村里，生活在历史和现实交汇的同一个时空里，越来越成为你中有我、我中有你的命运共同体”[1]。因此，在国际事务中，各国切不可隔岸观火，幸灾乐祸，而必须携手共赢。现在，全

1 习近平：《论坚持推动构造人类命运共同体》，北京：中央文献出版社，2018 年版，第 5 页。

球性生态环境问题已严重威胁到了地球的存在和人类的存亡。所以，国际社会必须牢固树立尊重自然、顺应自然、保护自然的生态文明理念，坚持走可持续发展之路，坚持共谋全球生态文明建设，坚持以人与自然和谐相处为目标，坚持构筑尊崇自然、绿色发展的生态体系。生态体系是人类命运共同体的重要内容和物质外壳。在此基础上，2021 年 10 月 12 日，习近平主席在《生物多样性公约》第十五次缔约方大会领导人峰会上又呼吁“共同构造地球生命共同体”。唯此，才能确保地球和人类的可持续发展。

2. 人类命运共同体的生态正义要求

基于人类命运共同体的科学理念，中国呼吁按照生态正义的原则推进清洁美丽世界的建设，推进全球生态环境治理。

（1）坚持实现气候正义

为了控制全球气候变暖，1992 年，联合国通过了《联合国气候变化框架公约》。但美国以各种理由为借口拒绝签署公约。对此，中国和国际社会一直强调要按照共同但有区别责任的原则处理气候议题。随着《京都议定书》时间期限的到来，国际社会决定制定《巴黎协定》。其目标是：将 21 世纪全球平均气温上升幅度控制在 2 摄氏度以内，并将全球气温上升控制在工业化之前水平之上 1.5 摄氏度以内。但美国特朗普政府悍然退出协定。2018 年 12 月，在中国的努力和斡旋下，波兰气候大会正式通过《巴黎协定》实施细则。按照人类命运共同体理念，中国一直强调，国际社会应该坚持民主、平等、正义，应该遵守共同但有区别的责任原则。2020 年底，习近平主席提出，为了推动全球气候治理，必须团结一心，开创合作共赢的气候治理新局面；提振雄心，形成各尽所能的气候治理新体系；增强信心，坚持绿色复苏的气候治理新思路。中共中央和国务院提出，必须“积极参与应对气候变化的国际谈判，坚持我国发展中国家定位，坚持共同但有区别的责任原则、公平原则和各自能力原则……推动建立公平合理、合作共赢的全球气候治理体系”[1]。在此基础上，才能实现“全球同此凉热”。2020 年 9 月 20 日，习近平主席在第七十五届联合国大会一般性辩论上向国际社会庄重承诺，中国二氧化碳排放力争于 2030 年前达到峰值，努力于 2060 年前实现碳中和。现在，中国已经将碳达峰碳中和目标纳入到经济社会发展和生态文明建设整体布局中。这不是别人要中国这样做，而是中国积极主动要做。这样，就充分彰显了中国对气候正义的坚持和坚守。

（2）坚持按照正义原则推动生物多样性保护

发达国家的原始积累，对全球生物多样性造成了各种破坏，导致发展中国家生物物种大量流失，因此，发达国家理应对此负责，向发展中国家提供更多的援助，并对历史责任作出补偿。但发达国家一直不愿承担责任。围绕生物多样性保护，

1 《中共中央、国务院关于完整准确全面贯彻新发展理念做好碳达峰碳中和工作的意见》，《人民日报》2021 年 10 月 25 日第 1 版。

习近平主席提出，要构建人与自然和谐共生的地球家园，构建经济与环境协同共进的地球家园，构建世界各国共同发展的地球家园。在此基础上，习近平主席代表中国政府宣布，中国将率先出资 15 亿元人民币，成立昆明生物多样性基金，支持发展中国家生物多样性保护事业。在中国政府的努力下，联合国《生物多样性公约》第十五次缔约方大会达成协议，就资金调动形成规定。这是中国对全球生态正义的重要贡献。

（3）坚持实现绿色发展正义

针对逆全球化的潮流，中国积极推动全球化朝着更加包容、普惠、绿色的方向发展，积极推动全球绿色发展，提出了携手打造“绿色丝绸之路”的倡议。2017 年 5 月，中国发布了《关于推进绿色“一带一路”建设的指导意见》和《“一带一路”生态环境保护合作规划》等文件。中国将生态文明领域合作作为共建“一带一路”的重要内容，采取绿色基建、绿色能源、绿色交通、绿色金融等诸多配套举措，持续造福参与共建“一带一路”的各国人民。现在，中国进一步呼吁，“加强应对气候变化、海洋合作、野生动物保护、荒漠化防治等交流合作，推动建设绿色丝绸之路。”[1] 对于中国来说，还必须进一步加强对外绿色援助，继续向各国提供优质和环境友好的产能和先进技术装备。只有这样，才能使“一带一路”倡议真正造福沿线

1 《中华人民共和国国民经济和社会发展第十四个五年规划和 2035 年远景目标纲要》，《人民日报》2021 年 3 月 13 日第 1 版。

世界各国人民。现在，建设绿色丝绸之路已成为落实联合国2030年可持续发展议程的重要路径，已成为实现绿色发展国际正义的重要平台。

此外，中国还提出了构建能源命运共同体的倡议，集中体现着国际能源正义；还提出了构建海洋命运共同体的倡议，集中体现着海洋正义。

3. 人类命运共同体的生态正义贡献

以马克思主义的世界历史理论为科学根据，中国创造性地提出了人类命运共同体的理念，进一步丰富和发展了马克思主义世界历史理论。“马克思、恩格斯说：‘各民族的原始封闭状态由于日益完善的生产方式、交往以及因交往而自然形成的不同民族之间的分工消灭得越是彻底，历史也就越是成为世界历史。’马克思、恩格斯当年的这个预言，现在已经成为现实，历史和现实日益证明这个预言的科学价值。”[1] 因此，学习马克思，就要学习和实践马克思主义关于世界历史的思想，积极推动人类命运共同体的科学构建。人类命运共同体理念具有扎实的生态依据和明确的生态指向。这是人类立足于地球村的实际，科学应对全球性问题、科学处理全球生态环境事物、科学推进全球生态文明建设的科学选择。但是，在世界资本主义体系中，“贫民窟和贫困城市的大规模感染也有可能改变冠状病毒

1 习近平：《论党的宣传思想工作》，北京：中央文献出版社，2020 年版，第331 页。

的感染模式，重塑疾病的性质。”各种情况叠加在一起表明，“随着世界进入二十一世纪的第三个十年，我们看到灾难资本主义的出现，因为这个体系的结构危机具有行星层面的意义。”[1] 在这种情况下，我们应该从旧的全球化转向新的全球化。这样，就彰显了中国对国际生态正义的立场和态度、追求和向往。

总之，人类命运共同体理念夯实了世界生态文明建设的哲学根基，必将成为引领全球生态文明建设和全球生态环境治理的先进理念。这样，必将推动国际生态正义事业向前发展。

二、不平等国际政治生态学的生态正义启示

现在，资本逻辑的全球性扩张是形成全球性生态环境问题的重要原因，是制约全球性生态环境治理的关键要素。一些西方激进学者和进步学者已经指认出了这一事实。为了在全球化的背景下有效地推进当代中国的生态革命、进而为全球生态正义作出贡献，我们有必要进行“不平等的国际政治生态学”的澄明。

1. 不平等国际政治生态学的设想

德国学者乌尔里希·布兰德是奥地利维也纳大学教授，是批判政治生态学的代表人物。从历史唯物主义理论出发，他提出了“帝国式生活方式”或“奢靡式生活方式”（imperial mode

1 John Bellamy Foster and Intan Suwandi，COVID19 and Catastrophe Capitalism，*Monthly Review*，Vol. 72，No. 2，2020，pp.1-20.

of living）的概念，提出了“社会生态转型”的问题。

在布兰德那里，历史唯物主义主要指马克思主义关于资本主义生产方式的理论、管制（调节）理论和葛兰西的霸权（支配权，领导权）理论。除了资本主义生产方式的内在矛盾、国家的生态治理职能之外，葛兰西的霸权理论有助于发现普遍的各个领域的统治模式和统治机制。自从工业资本主义开始以来，资本主义通过帝国式（奢靡式）生活方式等途径以破坏环境为代价而获得了霸权。

帝国式（奢靡式）生活方式概念指认的是这样的事实：通过无限占用全球性的自然资源、全球性的劳动力和过度利用全球性的生态环境，促进发达国家生活方式的普遍化，即以小汽车为代表的由化石燃料支撑的消费和文化的全球性扩张，资本主义国家在使“全球化的北方”成为“绿色资本主义”的同时，却使“全球化的南方”陷入了严重的生态环境危机当中。由于资本和资本主义国家通过塑造、确证和推广这一生活方式，巩固了自己的霸权地位，因此，全球性的生态环境治理就成为反霸权斗争的重要场所。

这样，就必须实现社会生态转型。这就需要在现有的社会（再）生产和统治形式的基础上，实现一个新的、可持续的、民主的、公正的、自由的世界。在布兰德看来，社会转型和社会自然关系是否发生转变不是问题，而是在这种转变背后的主导逻辑存在问题。对资本主义社会自然关系的社会调节是可能的，绿色经济、生态现代化等绿色资本主义方案或许能够带来新的积累动力。这样，就暴露出了这种设想的不彻底性。

2. 不平等国际政治生态学的同道

生态学马克思主义和生态学社会主义同样严厉批判资本主义全球化导致的生态危机，提出了代替资本主义全球化的共同体方案。

生态学马克思主义看到，世界贸易组织标志着资本主义全球化的全面胜利，已经导致了地球级别的“物质变换的断裂”（全球新陈代谢的裂缝），可能破坏所有已经存在的生态系统和包括人类在内的所有物种。这充分暴露了生态帝国主义不公不义的实质。由于整个人类当前面临着巨大的危险，因此，不仅应该在一国范围内进行生态革命，而且应该在国际尺度上推进生态革命。这样，“世界迫切需要选择一个新的方向——朝着共同福利和全球正义迈进，即全球性社会主义”[1]。对于生态学马克思主义来说，可持续问题的长期答案包括重建人类共同体（以及共同体的共同体），自觉地与自然建立一种动态的、相互依存的关系。即，只有全球性社会主义这样一种新的共同体，才能实现全球正义。

生态学社会主义认为，在世界资本主义体系中，依附性发展导致了严重的生态危机。生态危机是全球化对全球生态系统

1 ［美］约·贝·福斯特：《生态革命》，刘仁胜等译，北京：人民出版社，2015 年版，第 89 页。

产生破坏影响导致的结果，是资本浪潮对生态屏障的严重侵蚀。即使西方国家加强了生态环境治理，实质上仍然是资本主义的方案。例如，《京都议定书》完全就是将对气候变化的管理权交与那些最有实力的跨国公司，而这些企业自身恰好是引起气候问题的罪魁祸首。只有生态学社会主义是解决这一问题的出路。“现在我们能够更具体地描绘生态社会主义政治过程。它包括定位一个共同体的出现，并防止过于满足生态中心力量取得的胜利。”[1] 其中，防止工业污染入侵，就是要实现环境正义。生态学社会主义就是为实现将人类作为生态系统内在的一部分而战斗的“共同体”。

在实质上，生态学马克思主义和生态学社会主义的上述理论与布兰德理论相一致，都具有明显的反对帝国主义、反对殖民主义的左翼色彩。当然，他们都具有理想主义的色彩。

3．不平等国际政治生态学的建构

生态危机的国际政治处理和治理，是建设社会主义生态文明的一个极其重要的维度。“批判政治生态学”彰显了根深蒂固的日常习惯、国家与公司战略、生态危机和国际关系之间的关联，是从霸权理论视角出发解释帝国主义的南北关系的一种理论。

但是，一些国内学者刻意回避以获取剩余价值为目的的资

1 ［美］乔尔•科威尔：《自然的敌人——资本主义的终结还是世界的毁灭？》，杨燕飞等译，北京：中国人民大学出版社，2015 年版，第 205 页。

本主义制度在生态危机形成中的作用，不承认资本逻辑和社会制度是造成生态危机的根源，诉诸走向生态中心主义的单纯的伦理学革命。其实，中国的社会主义革命、建设和改革开放都是在“世界资本主义体系”中展开的，不可能不受到外部国际环境的负面影响。在参与全球化和对外开放中，资本逻辑自然会侵入我国的自然生态环境领域。当代中国的生态环境问题，既是现代化过程中滋生的问题，也是市场化过程中衍生的问题。在市场经济条件下，生态环境问题是典型的外部不经济性问题。因此，在全球化的背景下，在实行拿来主义的同时，我们必须防范和警惕资本逻辑的侵蚀。

在生态文明建设中，我们既要虚心学习发达国家生态环境治理的先进经验，也要旗帜鲜明地反对“生态帝国主义”。就此而论，从资本逻辑和社会制度的视角审视当代中国的生态环境问题，就是要避免重蹈西方国家的覆辙，努力走向社会主义生态文明新时代。因此，我们必须在马克思主义的指导下，立足建设社会主义生态文明建设的实际，推进不平等的国际政治生态学的研究。这样，就可以为实现国际生态正义提供智力支持。

总之，正如沃勒斯坦的“世界体系论”和特奥托尼奥·多斯桑托斯等人的“依附论”开创了“不平等的国际政治经济学”一样，现在，我们亟须创立“不平等的国际政治生态学”。不平等的国际政治生态学是研究南北问题和生态问题内在关联、复杂成因、化解之道的环境政治学或生态政治学的专门学科，实质上是国际生态伦理学。这样，可以促进国际生态正义事业的健康发展。当然，在这个问题上，我们应该坚持现实主义的立场，不能将“理想主义”变成“空想主义”。在当下，倡导全人类共同价值，构建人类命运共同体是唯一可行的选择。

显然，与反全球化和逆全球化不同，按照人类命运共同体理念，中国积极推动经济全球化朝更加开放、包容、普惠、平衡、共赢、绿色的方向发展。这就表明：不仅生态文明的希望在中国，而且中国有可能引领世界生态文明。正如一些国际人士指出的那样，中国在生态文明领域中，不仅给自己，而且给世界提供了一个机会，让全人类更好地了解并朝着绿色经济转型。这是中国对国际生态正义所做的集中张扬和突出贡献。

参考文献

[1] 马克思. 1844 年经济学哲学手稿//马克思恩格斯文集:第 1 卷. 北京:人民出版社，2009.

[2] 恩格斯. 英国工人阶级状况//马克思恩格斯全集：第 2 卷. 北京：人民出版社，1957.

[3] 马克思，恩格斯. 德意志意识形态：第 1 卷第 1 章//马克思恩格斯文集：第 1 卷. 北京：人民出版社，2009.

[4] 马克思. 资本论：第 1、3 卷//马克思恩格斯文集：第 5、7 卷. 北京：人民出版社，2009.

[5] 恩格斯. 自然辩证法//马克思恩格斯全集：第 26 卷. 北京：人民出版社，2014.

[6] 中共中央文献研究室. 习近平关于社会主义生态文明建设论述摘编. 北京：中央文献出版社，2017.

[7] 习近平. 决胜全面建成小康社会　夺取新时代中国特色社会主义伟大胜利——在中国共产党第十九次全国代表大会上的报告. 人民日

报，2017-10-28（1）.

[8] 习近平. 论坚持人与自然和谐共生. 北京：中央文献出版社，2022.

[9] 习近平. 高举中国特色社会主义伟大旗帜　为全面建设社会主义现代化国家而团结奋斗——在中国共产党第二十次全国代表大会上的报告. 人民日报，2022-10-26（1）.

[10] 黑格尔. 自然哲学. 梁志学等译. 北京：商务印书馆，1980.

[11] 汉斯・萨克塞. 生态哲学. 文韬等译. 北京：东方出版社，1991.

[12] 阿尔贝特・施韦泽. 敬畏生命. 陈泽环译. 上海：上海社会科学院出版社，2003.

[13] 阿尔贝特・施韦泽. 文化哲学. 陈泽环译. 上海：上海世纪出版集团，2008.

[14] 阿尔伯特・史怀泽. 中国思想史. 常暄译. 北京：社会科学文献出版社，2009.

[15] 奥尔多・利奥波德. 沙乡年鉴. 侯文惠译. 长春：吉林人民出版社，1997.

[16] 丹尼斯・米都斯，等. 增长的极限——罗马俱乐部关于人类困境的报告. 李宝恒译. 长春：吉林人民出版社，1997.

[17] 奥雷利奥・佩西. 人的素质. 邵晓光译. 沈阳：辽宁大学出版社，1988.

[18] 奥雷利奥・佩西. 未来的一百页. 汪帼君译. 北京：中国展望出版社，1984.

[19] 卡洛琳・麦茜特. 自然之死——妇女、生态和科学革命. 吴国盛等

译. 长春：吉林人民出版社，1999.

[20] 查伦·斯普瑞特奈克. 真实之复兴. 张妮妮译. 北京：中央编译出版社，2001.

[21] 薇尔·普鲁姆德. 女性主义与对自然的主宰. 马天杰等译. 重庆：重庆出版社，2007.

[22] 默里·布克金. 自由生态学：等级制的出现与消解. 郇庆治译. 济南：山东大学出版社，2008.

[23] 霍尔姆斯·罗尔斯顿III. 哲学走向荒野. 刘耳、叶平译. 长春：吉林人民出版社，2000.

[24] 霍尔姆斯·罗尔斯顿. 环境伦理学. 杨通进译，许广明校. 北京：中国社会科学出版社，2000.

[25] 余谋昌、王耀先. 环境伦理学. 北京：高等教育出版社，2004.

[26] *Marx and Engels on Ecology*，edited and compiled by Howard L. Parsons，Greenwood Press，1977.

[27] Arne Naess，*Ecology，Community and Lifestyle*，Cambridge University Press，1989.

[28] Arne Naess，*Life's Philosophy：Reason and Feeling in Deeper World*，The University of Georgia Press，2002.

[29] *Environmental Philosophy：From Animal Rights to Radical Ecology*，edited by Michael E. Zimmerman etc.，Prentice Hall，1993.

[30] *Earth Ethics*（Second Edition），edited by James P. Sterba，Prentice Hall，2000.

[31] Murry Bookchin，*Toward an Social Ecology*，Black Rose Books，1980.

[32] Murry Bookchin，*The Philosophy of Social Ecology*，Black Rose Books，1995.

[33] Jozel Keulartz，*Struggle for Nature：A Critique of Radical Ecology*，Routledge，2003.

[34] *Ecological Modernization Around the World*，edited by Arthur P.J.Mol etc.，Routledge，2000.

[35] *Nature in Asian Traditions of Thought：Essays in Environmental Philosophy*，edited by J. Baird Callicott and Roger T. Ames，State University of New York Press，1989.

[36] *Confucianism and Ecology*，edited by Mary Evelyn Tucker etc.，Harvard University Press，1998.

[37] *Buddhism and Ecology*，edited by Mary Evelyn Tucker etc.，Harvard University Press，1997.

[38] *Daoism and Ecology*，edited by N.J. Girardot etc.，Harvard University Press，2001.